秦东魁

著

运气提升法则　随身自查手册

——你是自己命运的设计师之二

团结出版社
UNITY PRESS

图书在版编目（ＣＩＰ）数据

运气提升法则：随身自查手册 / 秦东魁著 . -- 北京：团结出版社，2017.9（2023.5 重印）
（你是自己命运的设计师；2）
ISBN 978-7-5126-5339-9

Ⅰ . ①运… Ⅱ . ①秦… Ⅲ . ①人生哲学 – 通俗读物
Ⅳ . ① B821-49

中国版本图书馆 CIP 数据核字 (2017) 第 166777 号

出　版：团结出版社
　　　　（北京市东城区东皇城根南街 84 号　邮编：100006）
电　话：（010）65228880　65244790
网　址：http://www.tjpress.com
E-mail：zb65244790@vip.163.com
经　销：全国新华书店
印　装：三河市腾飞印务有限公司

开　本：170mm×240mm　16 开
印　张：22.75
字　数：341 千字
版　次：2017 年 9 月　第 1 版
印　次：2023 年 5 月　第 8 次印刷

书　号：978-7-5126-5339-9
定　价：58.00 元

目　录

天时不如地利　地利不如人和

▪ 天时不如地利，地利不如人和

每年的十月份，我都会给大家讲一堂运气课，跟大家结个缘。运气学是我们传统文化里面的一部分内容，是我们古人和自然界相处总结的一些经验。

但是，我在很多课上也都给大家讲过，我讲运气学的初衷，不是为了推行它。主要是为了和大家结缘。

其二呢，过去我来北京的时候，大概是 2004 年到 2005 年，也遇到过很多这类的大师。他们算我命不好、名字也不好，更严重的还算我短命！说得都是比较凄惨的。

很多人听完，算得好的都特别高兴。那要算得不好，我们都特别紧张。这实际都是我们对运气学没有一个深刻的理解所致。

实际上，我在很多课上给大家讲过，我对运气的理解是非常简单的。

我这节课，就先给大家讲运气的总纲。天时不如地利，地利不如人和。前三章大概都会围绕总纲进行阐述，到第四章，我们才正式进入每条运气细则的讲解。

▪ 天时，讲人与天如何和谐相处

古人经常讲天时地利人和。天时，实际就是讲人与天如何和谐地相处。现在的雾霾、风灾、冰雹，还有别的一些自然灾害，就是证明。证明我们人不太注重生态环境，破坏了生态环境。

实际上，天时就是讲我们人与天如何相处。那人与天到底要如何相处呢？

上天有好生之德。好生那就是不杀生，就是善良啊。

我们平时做事情，要用良心对待所有人。我们也想一想，我们有没有良心？别人对我们好了九次，如果有一次没对我们好，这时我们就把人家当成仇人，那是我们忘恩负义啊。

太阳天天给我们取暖，可是我们夏天嫌热，说：你看这太阳毒的。说这话还是小事情，可有些人还咒骂。天下雨，他嫌下雨；天不下雨，他嫌天不下雨。他的能力比天还要厉害，天天要指挥天，对天没有一点恭敬心啊。

要知道，我们住城里不需要雨，可是农民需要雨啊。

天是什么呢？清轻，天是清轻的。清也是代表我们的内心世界里面没有丝毫害人的念头，我们的内心世界里面，真的能做到思人恩德想人好处。

古人讲滴水之恩当涌泉相报。我们有没有做到？真没有啊。所以我们的天时就坏了。

我们对运气学要有个正确的认识：原来天时，就是讲我们人与天如何相处。

最简单的理解就是，夏天穿短袖，冬天穿棉衣，这就是天时。

为什么呀？夏天天热，你要随顺天嘛。太阳出来那么热，你非要穿个棉袄，你不神经病吗？这叫逆天呀。逆天了你就会怎么样？中暑。你看，夏天的时候，我们吃西瓜，这也是顺应天时。这要是冬天吃西瓜的话，就是伤害我们的身体了。

关于人讲的人定胜天这话，怎么说呢，真的是不能听。

为什么呀？人胜不过天。

你看，汶川地震的时候，大灾难来了，我们死伤了十几万同胞。在大灾难面前，生命多脆弱呀，一点儿办法都没有。

天时就是讲人与天如何和。我们要夏天穿短袖，冬天穿棉衣。我们要有善的念头，我们要有好的想法，随时随地起心动念都想着要符合天道。

古人有一句话叫：天网恢恢疏而不漏。天也有天网啊。

所以我们跟天，要这样去和，这个是非常重要的事情。

现在的天时就是秋天了，那秋天就开始落叶子了，我们就开始穿长袖。现在就感觉得到，早上洗脸的时间，身体告诉我们开始干燥了，需要润肤了。一般夏天都不需要润肤，夏天我们人自身有自然润滑的体液出来。这就是为什么要顺应天时。

立春以后，我们人身体的骨节就开始开合，为什么开合？春天是生发的时间。但立秋以后呢，骨缝就开始闭合了，就不能吹空调。一吹空调寒气进去后就出不来，那这一冬天你就将要受病，第二年肯定就生病。这是身体的季节变化，所以我们一定要顺应天时。

吃东西也是一样啊。夏天要吃夏天的食物，春天要吃春天的食物，冬天要吃冬天的食物。要是我们吃错了呢，身体就不好了。

▪ 天时的核心是人的良心，地利的核心是人的善行

更重要的是，天时的核心其实是我们人的良心。

核心是良心。你这个人有没有良心？你要有良心就会对父母孝顺、会对太太好、会报答国家的恩德、会报答所有帮助过你的人。思人恩德想人好处，感恩他们，没有丝毫害人的念头。这就是我们人与天和谐相处，这非常的重要。

第二个我们讲什么呀，地利。

天时地利。那地利是什么呀？是大地上长的东西。我们人在地上生活：鼻子，呼吸的是天上的空气；嘴巴呢，吃的就是地上的物质、食品。

古人讲：病从口入，祸从口出。吃东西的时候，冬天要吃什么呀？吃冬天的东西呀，什么土豆啊这类接地气的东西，像红薯、白菜、萝卜。古代养生学都讲：冬吃萝卜夏吃姜，不找医生开药方。这里面就蕴含了天时和地利的内容。非常简单，我们不要把它神秘化。这就是古人在教我们如何与天相处、与地相处。

那地利的核心是什么呀？核心就是我们的行为，善的行为。

我们今天所做的任何事情，有没有害国家？有没有害社会？有没有害父母？有没有害自己？这个很重要，地利的核心就是行为呀。

当我们人没良心就与天失和了。像俗话说的，你坏了良心了。你对父母都不孝敬了，对你的老师也不尊敬了，包括对你有恩的人你也不太纪念了。满脑子为了钱不择手段，这就叫坏了良心、坏了天性啊。

当我们在卖食品的时候，往里面掺杂防腐剂、害人的东西。像最近看到新闻媒体报道的毒包子，这就是坏良心啊，这不符合天性。坏了良心、坏了天性，这时你的行为呢，也就不符合地利了。天性坏了以后，那很容易行为跟着就做错了，是和地失和了。

▪ 人和，与国和，与父母和，夫妇和

古人讲了一句话：天时地利人和，天时不如地利，地利不如人和。把人和摆在了最后，却也摆在了最重要的一个位置。因为人要一和，通天彻地。

人跟谁和呀？第一，和国家和。

怎么和国家和？遵守国家法律！

国家没让你卖毒奶粉、国家没有让你卖过期食品啊，是不是。我们做

任何事情啊，要遵守国家法律法规，这就通天了，也就彻地了。那我们人自然也就非常兴旺了。

所以第一要和国家和，那第二跟谁和呀？跟父母和呀。

未结婚之前，我们自己想想，我们小时候吃妈妈的奶，大了以后要靠父亲养，可是现在，我们对父母说话敢顶撞啊。顶撞父母相当于顶撞天地。敬父如天、尊母如地，孝敬父母就得天地护佑。

我们现在大了，对父母说话敢顶撞。但是，几个月大的时候咋不顶撞呀？尿床上了、弄脏自己裤子的时候，你咋不顶撞呀？现在大了会顶嘴了，学点知识就瞧不起父母了？用种种行为攻击父母，看不起父母，虐待父母，这就是和天失和，和地失和了。

和父亲失和等于和天失和，和母亲失和等于和地失和。所以说，你要是孝顺了父母，也能通天彻地，得天地护佑。这是第二个和。

古人讲：天地人三才。我们看，小小的一个人，如何和浩瀚的大地、宇宙来齐称为三才？现在我们就知道了，因为人可以代表天地说话。你看，我们的孔老夫子，是不是代表天地说话了？

所以我们不能失和，和他们和谐相处非常重要。我们要是真正明白了、懂得了这个道理以后，最简单的方法，就是要和国家和，和父母和。

你犯了国法以后，要是把你抓进去，谁最难过？你的爸妈最难过，这叫天塌地陷，他们一难过就是天塌地陷呀，你这就出现问题了，运气就不好了，命也就不好了。

很多人都会怨，我命不好啊。为什么不好？不好是因为你的心坏了。你对你爸妈都不好，你说你心肠能好嘛？

我经常讲：一个人，只要能懂得孝顺父母，他再坏，也坏不到哪里去，因为他会顾及父母。一个人，要是不懂得孝顺父母，他再好，也好不到哪里去。这就是个真实的道理。

要是真正明白了懂得了，就知道，原来我们想要通天彻地，得天地护佑，第一要和国和，第二要和父母和，那第三个呢？和天地能沟通的是谁呀？夫妇啊。男子为天女子为地，夫妻和谐就是上等运气。

所以我讲的运气学里核心的内容就是，思人恩德想人好处。我们要是能思人恩德的话，请问你能不想国家的恩吗？

你要想爸妈的好处，你能和爸妈生起气来？不可能啊。

你要能思人的恩德想人的好处，可以说全天下所有人，无一不是你的朋友。虽说有的没见过面，但是我们都有间接的缘分啊。像我们去进口商店买的进口商品，是不是国外生产的？加工它的工人，还有创造者、设计者，虽说没有见过面，但是，他们和我们是不是有连带关系呀？你看，这就是间接缘分哪。

第三个和天地和的就是夫妻。为什么这么说呢？我经常在讲：夫妻代表阴阳，妻子代表阴，丈夫代表阳，阴阳平衡万事则兴啊。就像我讲的，好字怎么写，一个女一个子嘛，合一块儿就好了。夫妇和，合一块儿就是个宇宙，通天彻地啊。

我在很多内容里面给大家讲过，求财求谁？求太太。

我们真正明白了这个道理以后，我们就知道，原来要和天地和的方法很简单，不在别的地方，而在孝顺父母、夫妻和睦、遵守国家法律，你做到了，那就通天彻地了。就这么简单。

人生幸福就从这里开始，所以运气学并不神秘，我们对运气学要有一个深刻的认识。

为什么古人讲天时、地利的内容在书籍上记载的比较多？因为那个时候，不像现在这么发达，没有电，当然也没有现在的物资这么发达。冬天，很多穷人都没有棉衣棉袄，所以古人要尽量让大家把房子盖在阳面，不冷！

那现在呢，房子盖在朝北的阴面也没问题，为什么？有暖气。

古人或许也知道未来的发展会非常了不得，所以把人和放在了最后，也摆在了最重要的位置。就像古人讲的：天时不如地利，地利不如人和。

把人和摆在这么重要的位置，我们就知道了。夫妻一吵架，天地就坏了；我们一顶撞父母，天就塌地就陷了；一违反国家法律，把你一抓进去，你想想，你们家就塌了，你爸妈最伤心啊。他们有这种联系。

我讲的运气学主要讲人和。我经常讲：你亏了哪一块，你就会倒霉。为什么倒霉啊？因为不符合古人讲的家和万事兴。

这也是为什么每年我要给大家讲一堂运气课，实际上呢，就是为了让大家破迷——不要迷信运气。运气有没有？有，但我们不要把它迷信化。要明白，天时地利人和，天时不如地利，地利不如人和。

现在我们知道，最重要的病根儿、最重要的改造命运的主导权在谁身上？在我们自己身上。它就是人和啊。

▪ 孝顺好了四位老人，四平八稳

五伦里面，夫妻关系最重要。夫妇一和就能安抚四位老人的心啊。四位老人一高兴，这叫心安啊。四位老人代表四个方向，心安就四平八稳了。

自己的父亲是什么呀，中央土；自己的妈妈是北方水；自己的岳父是西方金；自己的丈母娘是南方火。作为夫妻，只要孝顺好了这四位老人，你们就会四平八稳。自己是什么呢？东方木啊。四位老人就代表天地，他们会滋养你这个东方木啊。

我们想一想，人为什么招灾？人为什么受病？人为什么不顺？就是因为亏了这四位老人了。

▪ 失和者求福不来，易遭灾祸

我们很多事情不顺利，我们生意不好，我们求福求不来，我们常遇小人不遇贵人，种种原因在什么地方？告诉大家，就在人和缺失。

你想想，你跟谁和？你跟你父母和吗？跟你岳父岳母和吗？和你朋友和吗？和同事和吗？你到底和谁和呀？

我们想想，你和谁都不和。不说你和别人不和，甚至你和你自己都不和呀。你看，最简单的，我们有时牙齿还把自己舌头咬了呢，你说你和吗？我们自己把自己还气得要死，气得要生病，是不是？很多人气大了干什么？跳楼自杀。完全不顾及父母、不顾及家人。

我们想想，我们跟谁和了？

如此失和的人生，还想求福、求寿、求贵、求名利？你要知道，一切名利富贵，只要失和，都是病苦，都是毒药啊。为什么呀？有钱会让你去吸毒，有钱会让你去赌博，有钱会让你去嫖娼，有钱会让你去做违法乱纪的事情。

为什么？因为失和了。

因为你有钱以后，欺上瞒下；你有了钱以后，胆大妄为；你认为你有钱，谁都看不起。可是在这个浩瀚宇宙中，只有人是最为尊贵的啊。

你看，很多男人有钱干什么？换老婆。女人有钱换老公。

我们犯了种种不规范的行为，丧失伦理道德，导致我们遭遇很多灾难、疾病，导致人生不幸福。

我们一直把古人讲的天时地利人和误解了。认为是我命不好，是我运不好，实际上是你自己不好，是你坏了呀！

第一，良心坏了，第二，行为坏了，第三，言语坏了。

天时就是人的良心；地利就是人的行为；人和就是人的嘴巴呀。

为什么失和？说话尖酸刻薄、狠毒、不顾情面；做事泯昧良心。做了这么多这样的事情，你说你怎么发财？你想得千万，你就要有千金之福啊。

我们都知道，福利彩票很多大奖的得主，下场都不好，好的很少。没得之前还行，得了以后，家破人亡啊。最严重的，得完奖以后就出车祸死了。这是新闻报道的。

横财也不富无福之人啊。我们要明白这个道理，你要无福，有这个钱你就死了，这个钱来了你就直接短命了。

天时地利人和，这是古人给我们讲的最经典的一句话，也是我们最熟悉的一句话。我们要如何去理解它？

8

它非常深刻，不是我这三言两语就给大家能讲出来的。

我为什么每年要给大家讲运气，因为大家喜好运气。我讲这个课的目的，就是给大家结个缘，我只是假借运气之名，希望用这个名词导归大家，常存良心、行为端正、言语和谐，大家就家庭幸福啊。

这是我真正的目的，也是我真正的想法。

所以我们对运气学，要有一个深刻的理解。天时地利人和。人只要一和，和天地就通了。

这个是非常的重要，我们大家要是把这个轴心真正明白以后，你就知道，原来一切福报、祸患，都由自己掌握。你的命运、你的幸福、你子孙的幸福，都是由你自己设计的，完完全全可以掌握，并不可怕。

所以我们人要活得明明白白，做事要做得清清楚楚。

▪ 很多人认假不认真

其实，我原来不是不爱搭理人的。但是，总被一些熟人把我折腾得哭笑不得。

有人说：秦老师，你给我们家孩子起个名字吧？于是我给他起了几个名字任意选一个。他呢，反而给你来一个，秦老师我也想了一个名字，你看这个好不好？你既然问我，我都给你说了。结果，你自己起好了，那就不用再问我了呀。是不是？

就像医生一样，你找医生开药方，人家把药方开给你了。你还说：医生，能不能把这几味药调了？你是医生还是人家是医生啊？

所以你看，我净干这得罪人的事。我又不吃人家一碗饭，不挣人家一毛钱。其中还有一个人说：有人给他孩子改个名字花一千五。我说：我给你们家孩子起个名字不要钱。他说：你那起得不灵，一千五的灵。

我知道的，一个朋友找人起个名字最贵花了十七万。愚痴嘛！没办法。

所以现在这个人啊，认假不认真啊。我被这些朋友折磨得已经体无完肤，真的是这样。所以我经常短信发来不回。我说了，你都不听，你受骗受灾，也没办法，自作自受。

我呢，只能在这个讲座的过程中讲一讲，讲一些例子，让你照例子自己改。所以，我不怎么见人，也不太愿意见人，就这个原因。有几个听你的？不听你的呀，你对他好，他误认为你害他，那我也没办法。

▪ 如何与自己和

我们人与人的这种和细分看：与父母和，在孝敬上；夫妻和，阴阳平衡万事则兴；朋友和，在义字上面；跟社会和，在讲诚信上；与国家和，在不做危害国家的事情上。

还有一个重要的，就是自己与自己和。

我们如何与自己和？我们心里想的和嘴上讲的是不是一致？心里想，我要谋人家的钱财，嘴上却说我为你好——这就叫心口不一，这叫失和呀。这种失和更可怕，比夫妻失和还可怕。因为你自己不和呀，你自己心口不一，你的福就失了，就丢掉了。

我们内在的五脏，通的是我们的五官啊。我们人要与自己和，要做到心与舌和、肾与耳和、肝与眼和、肺与鼻和，脾与口和。为什么这么说？

你看，我们上火了，舌尖上就容易长痘痘、这是心火起来了；耳火起来，耳鸣了，其实是肾虚了。眼睛红了，其实是肝火旺盛。你看，我们五官和内脏都是通的。我们真要是和了，你还能生病？你不可能生病啊。

▪ 要学会给自己装藏

我过去在北京碰到过密藏的活佛，教了教我如何给佛像装藏。装五金：金银铜铁锡；装五种颜色的线；还有经文藏文。

我在这上面呢，悟到了一个事情——我们人要如何给自己装藏？

让我们的心有良心，这就是给心装藏。

我们给肝装藏，从今天开始，永远再不发脾气，发脾气是我们最缺德的表现。

我们给我们的胃装藏，能不能爱护些野生动物啊？家畜我们断不了，算了。那我们能不能管好嘴巴不吃野生动物啊？我们跟胃和一和好不好，给胃装装藏。

很多人说：我吃羊肉补肾、吃牛腰补肾。

那我说：吃山药也补肾嘛，枸杞子更补肾，是不是？你可以换一下东西吃，就完了嘛。

我也补肾。我经常讲：山药最补肾。为啥？阴阳体，它是阳性的又在土里生长的，补肾最好啊。你看，它里面是白的，代表金。你看，枸杞子外面长的是红的，它们也是阴阳体啊。

大自然中，人有八万四千病，地有八万四千种药啊。都是有对症的，每一个食物都是药啊。

大家有没有注意，我们这些蔬菜长的形状。

其实，对症的食物就是最好的药物。

我们要给自己装藏啊。给肝装藏、给心装藏、给肾装藏、给肺装藏。

不怒肝脏就装好了，不怨脾脏就装好了，不恨心脏就装好了，不烦肾脏就装好了，这就是自己与自己和呀。

▪ 与自己不和，身体百病丛生

你自己要与自己不和，身体一失和，百病就起来了。

我们要和国和，跟父母和，跟兄弟姊妹和，和同事和、夫妻和、朋友和，更重要的是和自己和，让自己变成一个五福之人。你的五脏都通了，五福皆通。

我们中国人和五，是非常有缘的。我们人自身和五也很有缘。

你看，我们有五个手指头、五个脚指头啊，这五个手指头是接天福的，五个脚指头是接地福的。我们的内脏啊，实际就是通天彻地的。包括我们的五官，它所表现的都是这样。

我们要把自己变成个五福之人，谁碰到你都有福，谁碰到你以后都欢喜，谁碰到你以后都受益。你就是五福之人！

真正的五福之人，给自己家族、给这个社会、给这个国家都带来福气啊。你看孔子、老子，给全球都带来了光明啊。我们想一想，他就是自己先都和了。

我们有没有真正的和？你要真和以后啊，我告诉你，你料事如神啊。

懂人性你能享人之福，你懂物性就能享物之福，懂动物的性就能享动物之福。

我们看到一个新闻，好像是洛阳一个残疾人养了一只狗，狗会帮助他推车，狗会帮助他拿东西。为什么呀？他懂狗性啊。

我们想一想，我们同样是喂狗的，那我们的狗为什么不会那样？因为你不懂狗性，他懂。

那我们要是懂物性呢？这个笔你懂不懂它的性，你懂了以后，笔你拿上写字就非常正规，不然的话，它的能力你施展不开，你写的字就比较潦草。

有些人，他就能享物的福。佛教的弘一大师传记里面讲到，他用一个毛巾能二十年不换。我们谁能做到？他懂物之福，他知道惜福，我们懂不懂得？

你要懂得这个小麦的性，那你吃这个面，你肯定养生。你看，印光大师懂，所以印光大师在《净土辑要》里面讲什么呀？吃麦最养人。真是这样，他懂麦的性啊。

所以我们要明明白白做人，清清楚楚做事啊。这样与天地人就全和了，一旦和了以后，那你就心想事成啊。

▪ 养得三宝天地通

大家要是把我这堂课听明白了以后，我告诉你，个个通达明了啊。

我讲过，人有三宝精气神，天有三宝日月星，地有三宝风火水。我给他加了一句话：养得三宝天地通啊。

你如何养好你自己人生的三宝？你要把你自己人生的三宝养好了以后，天地也就通了，这也是和天地和的一种表现。我们要明白，要懂得。

你和肝不和，你肝就会生病；你跟心不和，你心脏就会生病；你和天地不和就受病；你夫妻不和你就受厄运啊。

所以我们一定要明明白白、清清楚楚，我们要反省自己是不是与天失和了？是不是与地失和了？是不是跟国失和了？跟父母失和了？夫妻失和了？跟兄弟姐妹失和？和朋友失和？

你在这上面要是能找到原因，我告诉你，你就是真正的大师啊，什么坏事也伤不到你。天时地利人和就这么重要啊。

传统文化年节日　仪式核心在三和

■ 八月十五根在看望并孝顺父母

我们中国有很多传统的节日，实际上都讲的是"三和"。

其中，八月十五，我们都知道叫团圆节，八月十五跟谁团圆啊？当然是跟父母长辈团圆。你看，我们过去送的月饼和现在不一样。传统的月饼是纸包装的，上面有一张四方的红色纸，里面月饼是四摞八个，代表四平八稳，这个月饼送给谁，谁就会四平八稳啊。

我们现在的月饼过分追求豪华包装，失去了本意。你看，刚把八月十五过完，大家可能都收到过很多月饼，月饼盒是过度豪华的包装，内容实际上都一样。

实际上八月十五也是个"和"的节，它体现的文化就是去看父母，孝顺父母！我们现在过八月十五呢，可能对看父母呀，和父母一块过，都变得淡一些了，反而看朋友比较热闹，变成了一个送礼的节日了。甚至现在把月饼都变成什么样的？金月饼银月饼，我都收到了一盒银月饼，里面有拿银子做的月饼，给你送来。

我们想一想，这完全失去了过去的文化内容。

▪ 八月十五也是月亮的生日

八月十五这个节气啊，不光是和父母和。实际上八月十五与民间信仰也有关系。据说是月亮的生日。我们古人啊，都懂得知恩报恩。我不知道在城市里大家还有没有这种习惯，我在农村的时候，每年八月十五都会在院子中间摆一个四方的桌子，为什么呀？天圆地方，和天地对应。里面摆一个圆形的香炉，奉物焚香，摆八块月饼，再供点水，供给谁呢？供月亮。

民间八月十五，农村这种气氛还是比较浓的啊。就是说：今天是月亮的生日，感谢月亮在晚上出来给我们照亮，代表了在最困难的时候帮助我们，这是雪中送炭的行为，所以，感恩天地。这是八月十五的景象。

实际这也是人和的一个现象，人去看自己的父母，就是知恩报恩。知道今天是月亮的生日，我们供月亮、焚香，这是感恩月亮。

一年就这一次给它过生日，体现了古人的智慧，让我们懂得知恩报恩，也是孝道文化的一个内容，也是人和的一种体现。

▪ 五官吸收负能量，身体就变垃圾桶

古人定的这些节日，我们细想想，就是讲人和。就像我刚才讲的：我们有没有和自己的五脏六腑和；我们有没有和我们的眼睛和，跟眼睛的仁德和？什么是眼睛的仁德？就是微笑啊。人不微笑了，眼睛的德就失了，和眼睛就失和了。

与耳朵的和呢？就是听圣贤教诲，不听是非之言，不听尖酸刻薄

之词。当我们爱听是非，爱听黄色笑话，眼睛爱看黄色录像这类的东西，我们就已经失去了人道，变到畜牲道里面去了。为什么？畜牲行为啊。

我们的五官工具，该用来给我们自身吸收正能量的东西。如果变成了吸收负能量的东西，我们这个身体就是垃圾之身，就像我讲的垃圾桶啊，你的身体是垃圾桶。

我们连人都做不好，当男人的不会做丈夫，不会做儿子，不会做父亲，不会做个好公民。当女人的不会做女儿，不会做妈妈，不会做妻子，不会做母亲，完完全全和谁都不和呀！

所以，我们古人总结一句话——家和万事兴，这叫齐家。家齐不齐？我们在跟谁齐？

你看，我们古人有智慧，八月十五这个节日，实际就是和合节。古人的智慧，讲到以和为贵，和气生财。

八月十五这个节，也体现了我们人与父母的和，我们只有孝顺好了自己的老人以后，那你这一生才会四平八稳。我们不管父母慈不慈，我们只管自己孝不孝，看自己有没有做到，这是非常重要的事情。

▪ 春节的和，三和具备

大家有没有注意？春节也是一个大团圆、大和气的一个节日。

在外的游子都回家看父母、祭祀祖先，这个比八月十五更隆重。

八月十五这个和，是人与父母和，人与月亮和，也是所谓的人与天和。

那春节这个和呢，是三和具备，为什么是三和具备？第一，跟父母和；第二，跟天地和；第三，跟祖先和。

过年的时间，我不知道大家有没有过这种体验，像我每年过年都是回老家的，腊月二十三就在跟天和了，具体跟谁和啊？灶王爷呀，跟灶王爷和，二十三祭灶啊！

我们会给灶王爷买十二个烧饼，给他供在那个地方，代表一年十二月。还会给灶王爷蒸一碗那个甜米的甑糕，我们农村讲的，让他干什么呢？上天言好事，下界降吉祥。让他给天报告，跟天和。这是我们民间的传统啊。二十三那一天，我们跟我们的家宅之神灶王爷和了。

二十三以后，二十四开始干什么啊？与屋和，打扫卫生啊。

▪ 腊八节与五谷和，少生病

进入腊月以后，腊八节和五谷和呢。

我们应该都知道，腊八那一天，把家里剩的一些五谷凑在一起煮腊八粥喝，那是与五谷和，也是古人教给我们惜福的一种方法，不能浪费。进入腊月以后全部都是和的一种表现，了不得啊！

可是我们现在传统没有，我们不懂得，和五谷要是和上以后，那你这一年很少生病啊，病从口入，吃出来的呀，是不是？那你和五谷不和嘛。我们讲的五谷，谷字怎么写，底下一个"口"上面两个"人"，养上人、下人呀，上人是父母，下人是子女，从哪儿养啊？从嘴上养的。

所以我们古人发明的这个汉字，里面都充满了和。

那人与人如何就和了？人与人之间的和就在口上。

夫妻之间为什么不和？你一句他一句争理。朋友为什么不和？认为他错我对，争理。你看，人真正失和的原因全在嘴上，逞口舌之快，忘却易忘之恩导致的。

要不我经常在说：思人恩德想人好处，这就是聚光。光则上扬，招财招贵。天天想人不好，抱怨人、嫉妒人、仇恨人，这是招阴啊，阴气下沉，招病招祸。

▪ 大年三十与祖先和

那大年三十干什么呢？去墓地请祖先。我老家那边的讲究是，大年三十要去祭祖，吃完中午饭，下午就开始，拿点纸拿点香去坟地了，焚香烧纸礼请历代祖先过年呢。说：你跟我回家吧。就把父母啊，包括祖上的这些遗像或牌位，包括我们过去讲的家人的这个柱子，历代祖先的牌位全部就供在中堂了。

从大年三十那天晚上开始，各家的长子长孙，我们讲的老大，那天晚上坐在那个地方守祖先，这也叫压岁。不是像现在一样，晚上坐在电视机前守春晚。

很多人不明白，为什么是长子长孙去啊？我们古人讲长兄为父，长姐为母，他是老大，因为父母不能陪我们到死，可是兄弟姐妹相伴我们的时间比较长，这是古人讲究尊重家人，还是一个和的表现。

这么多年在我的印象中，还没正儿八经看过春晚，为什么呀？因为大年三十那天很忙，祭祖先、供牌位，给祖先要摆很多供果、糕点，要给他们焚香，这是在外地的时间。

在家里的时间，就是自己家人，在祖先堂，那天晚上经常是香火不断，这叫什么啊？焚香的过程中向祖先报告一下，我这一年里面做了什么光宗耀祖的事情，做了什么对不起祖先的事情，我向祖先深深地忏悔。

祖宗虽远，其德不能不扬啊，这是大年三十和祖先和。现在还有几个人去做？

再加上我们想想，我们谁没有被爷爷抱过？离我们最近的就是爷爷嘛，是不是？你看，我爷爷还陪我到 2009 年才去世的，八十岁走的，奶奶走得早点。有的人，爷爷陪得更久，都五六十岁了，他爷爷奶奶还活着。

我们想一想，都对我们是有恩的人，是非常亲的，我们有没有记起他们？大年三十有没有在家里供奉，实际那一天就是祭祖守祖先，是和祖先和。

▪ 腊月正月不生气，一年顺利

第二天，大年初一游庙，这也叫消灾。新年第一天，其他事情都不干，干什么呢？去寺庙去道观拜佛拜神。祈求神佛菩萨保佑我们全家一年平安。

我在陕西，离法门寺比较近，大年初一有一次，那一天几十万人堵在高速路上，干什么啊？去法门寺祈福，排长队啊！

那你要想一年和顺该怎么办？进入十二月初一，到正月三十，六十天不能和家人生气，不能和任何人生气。即使你今年一年不顺利，你在腊月三十的这个过程中，你能不能和五谷和上？你能不能和灶土爷和上？你能不能和天和？你能不能和祖先和？

与五谷和是第一和，与灶王爷和是第二和，跟祖先和第三和，跟诸佛如来和是第四和，正好代表的是四季。

你要和上了，那你从初一以后今年一年就顺了，你想一年顺利，那就六十天不生气啊，所以我们古人讲了这些东西，全部都是以和为贵的。

▪ 初二回娘家探望父母，报恩

初二以后就是报恩了，也是和。初二干什么呢？我不知道各地是什么样的风俗，我们那个地方是初二那天，嫁出去的女儿要带着女婿回娘家看望自己的父母，报恩啊！

人家养个女儿不容易，养了二十多年后嫁给你了，甚至跟着你在外地打工一年又一年的。所以那个时间该回娘家，探望父母，报恩。给父母买点厚重的礼品，正好也给父母禀报，我们这一年在外面工作怎么样，收入怎么样，让父母好安心在家。

我们想一想,这是我们的春节啊!春节的这种和,就是在这个上面体现的。

▪ 过去的传统,年年都在做五和之事

我们农村过去的传统,年年都在做五和之事。什么叫五和呢?我们过去的房屋中堂都供着什么啊?天地君亲师,这叫五和。五和代表的也是五方,也代表着五行,也代表着五福。

你看,我们过去供着的这五个牌位:天和地。君,是君王。一个家里就是你的父亲,就像我们的户口本上,谁是主人,户主,这也属于君。亲,是亲人,我们都知道六亲眷属。

大家知道六亲眷属是谁吗?内三亲,外三亲啊,内三亲是姑姐舅,这是内三亲。外三亲呢,娘姨、堂弟、表亲,这是外三亲。这就是六亲眷属啊!

我们在过年的过程中,就是和这六亲眷属和合去了。

我们都想着要六顺六顺,你和谁顺?这就是和六亲顺。

▪ 走亲戚变味成了看手机打麻将

我们过年的时候,到了初二,报答岳父岳母的恩,去看他们。初三初四就开始走亲戚串门。过去走亲戚串门,相互之间问一问,今年你们收入怎么样?家里困不困难?亲戚之间没成亲时是两家人,成亲以后是一家人,要相互帮助。

可是现在把走亲戚变质了,变成什么了呢?在一块就打麻将啊,赌博啊……完全变了味,现在变得更可怕,干什么啊?走亲戚的时候都玩手机呢,都坐那看手机,一个个的都看手机。

看望爸妈时也是,爸妈还没手机亲呢! 要不老人都说啥啊? 我下辈子当你手机吧! 你看,手机都当了第三者,我们离开手机都活不了了。

我们的距离是坐在一个桌子上看不见对方,为啥? 看手机了,都不给父母帮一下忙,妯娌之间也不聊天,兄弟之间也不说话,就坐那儿等着吃呢。

所以,很多人过个年吃胖了几斤或者吃成"三高",为什么呀? 找死去了,不是找"和"去了,本来我们走亲戚是找"和"去了,疏通血脉去了,交流经验去了,报恩慰问去了。我们现在,跑去赌博吃喝去了。把自己吃成"三高"得病,我们把过年走亲戚都变味了,完完全全不符合古人的和。

所以运气学里面关键讲的是和呀!

▪ 与老师和,智慧增长

与老师和,也很重要。

我们都知道程门立雪的典故:两个学生去请教老师一个问题,看老师伏案睡着了,站在门外不忍心打扰,外面下着大雪,已经下了一尺多厚了,一直站着,直到老师醒来。儒家把这个作为一个尊师的典范。

孔子和弟子之间的关系更让我们感动,最感动的一次,就是颜回和孔老夫子走散了,兵荒马乱的,最后两个人相见以后孔老夫子说了一句话,哎呀,我以为你已经死了。颜回回了一句话,让我们很感动,颜回说:先生未死,我怎敢先死啊。感人啊! 对老师尊敬到了极处。

我们去曲阜的孔林看一看,孔老夫子去世以后,子贡还在那个地方守了几年墓。

佛教有一个大居士——丰子恺老先生,他最出名的作品是《护生画集》。

《护生画集》的由来,就是他的老师弘一大师,每年过生日,他会以放生这个形式给老师庆生,因为佛教讲放生能增长寿命,他祈求老师健康长寿，一直到他老师去世过后，他还坚持每年给老师过阴生，并且作画，直到他自己去世后才停止，就为了报答老师的恩德。

这就是尊师，这就是和师和。

你和老师要是和了的话，那智慧增长啊。智慧不开皆因不敬老师啊。

印光大师讲：一分诚敬得一分利益，十分诚敬得十分利益啊！

我们对老师的恭敬心有多少？我们对父母的恭敬心，对祖先的恭敬心，对天地的恭敬心有多少？恭敬心一起，这就是和了。

我们都失和了，错在这个地方。

▪ 失和则失去贵人，失去财富

所以你看，我们的八月十五，我们的春节，都是和合节，教我们与天地和。春节的时间与六亲和，与父母和，与兄弟姐妹和，与祖先和。无不是让我们知恩报恩，让我们要有仁德之心啊，我们把这些传统都忘记了。

我们天天为了名利不择手段，你失和了，你如何能得名得利？

古人讲：以和为贵。一失和，你贵也失了。和气生财，你财也就失了，你全都是在失和，你如何得贵，如何得财？

尤其现今社会我们都知道，人脉大于财脉，你为什么没人脉，人家有人脉？人家懂得人和，你不懂得，所以人在做任何事情的时候，自始至终心口要和，语意要和。

▪ 感恩尊师十年，财富增长

我在北京时，有件事就让我很感动啊，有一个老阿姨，我们认识将近有十年了，我推荐她儿子看了一些书，他看完以后很感恩我。

在我们认识的这十年里，来往非常简单，过年也没见过他，八月十五也没见过他，唯独每年的端午节，我们家吃的粽子都是他妈包的。人家送一年可以两年可以，三年四年都可以，竟然把他妈妈包的粽子，给我送了十年到现在，不管我在不在家，照送不误。

可有的人就不一样了，有的人一看，秦老师在，我去，不在，我不去。

你看，这个人是秦老师在不在我都去，我是为给秦老师送粽子。粽子不说它值不值钱，可这粒粒米里面，粒粒枣里面，有这个老阿姨和他们全家人的心意啊，它是不一样的。

我们见面很少，聊得也并不多。能自始至终十年不间断，这个非常难得啊！我们看看她儿子做的这个事情。

我跟那个老阿姨说：你儿子能没福吗？实际上，人家儿子现在好得不得了，资产也上亿了，每次来了还很客气地感谢我说：我在最困难的时候，是你的引导让我知道，我错在什么地方了。

人家孝顺，给他妈妈买套房，在北三环边，房价当时最便宜的时间买的。他岳父岳母好像是北京的，虽然有房，但还是给他岳父岳母买房子，光在二环边、三环边就买了三四套。他说：我爸我妈爱住大房，阳光要好，要让他们住着舒服。你想想，这样的人，朋友相助啊。每年过年回家走亲戚，人家就把和字给落实到位了。我呢，就算他朋友，他把朋友这个和也做到位了。

所以有时候我们再想一想，对待我这样一个人，又是个农民，自始至终从他穷到富，他对我都是一样。

可是我还遇到过很多人，不一样，一旦升官发财对待我的态度就变了。我这个人说话是很直的。

▪ 看视频落实老师教诲，一样能改

前两天一个女士给我打电话，她和我也认识很多年了，四五年了都没来往过，又遇到危机了，给我不停地打电话呀，我开着会，她也不停打，完全不顾忌你现在忙不忙。我这个人耐性也不好，我接了电话后，就回了一句话，我说：我过去就给你说过解决的方法呀。

她过去那是几天就去我那一趟，隔几天就给我打电话，我接她电话一年接几百个呀，我也受不了，是不是？我还要管孩子，我也没办法。

她一会儿说她这不好了，一会儿说她那不好了，我说：方法我给你说了，你照着落实不就完了吗？哪有快捷方式啊，是不是？

我和很多朋友聊天说：你不用见我，看我讲课的视频照着落实，一样有用。

大家知道吗，一个人的精力是有限的。

我听报道说：一个人交朋友最多六十个到极限。可是大家知不知道，我朋友简直多得受不了。有时候你没给他回个短信，他也生气。

我有时候在想，我现在把手机号换了，会稍微好点了。过去老号码的时候，过个春节收几十万条短信，我敢给谁回啊。是不是？这几十万人都要跟我生气，那我挨个回一遍我电话费都没了呀，是不是？我得交多少电话费啊！

所以，我只能通过网络让朋友代写一句：祝大家节日快乐！让大家放过我吧，发短信发得我手机一会儿电就没了，还弄得拥堵，最后到电信局去，人家说：你这短信也太多了，怎么能不拥堵，短信都进不来了！短信拥堵导致手机死机，受不了啊，真受不了！

所以现在的人，就不会为他人着想。要不我讲过一句话——常为他人着想，这是世界上最上等的学问啊！我们有没有替父母着想？我们有没有替朋友着想？我们有没有替别人着想？人家也有忙的时间嘛，是不是？

没随顺我们的意，我们就把他定为坏人，一随我们的意，我们就把他定为好人，实际我们是坏人啊，真的是这样。这是我们不能与人和啊。

真是不能与人和，这是我们错了，这也是失和的一个现象。

所以运气学里面，上等的方法就是大和，和谁都能和得上。和天能和上，和地能和上，和君王能和上。

和君王和，就是遵守他制定的法律法规；和父母和，就是尽孝；跟老师和，就是听老师教诲。那你既然听了就照着做嘛，那你不照着做，你就更别问了。对老师应该做到最简单的一个尊敬。

我也有我自己的生活嘛，我也是拿出业余时间来服务大家的，大家一定要理解。所以我想要和所有人和，那所有人也要跟我和嘛，你不和就对不上号，我就帮助不了你啊，是不是？

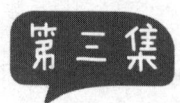

不急不躁不生气　不给厄运添柴火

▪ 欺负三类人必遭奇祸

好，咱们接着讲。

实际上很多事情，不是天降的灾，而是我们自己招的祸，是我们做人做了过头事。

这世上有三种苦人，你要欺负了他们以后会遭大祸。

第一类，就是幼年丧父母之人。我们想一想，孩子小的时候父母去世，没人照顾，多可怜。所以这些孩子，应该是我们帮助救济的对象。

我每年都会组织大家去孤儿院，这几年因为工作忙，会委托朋友代替我，通过慈善机构，去做一些这类的工作。包括六一儿童节，八月十五。像今年的八月十五，我委托朋友去孤老院，看望了很多老人。

我做慈善，是从来不募捐，不号召，都是随缘自己做。自己有能力，就多做点。没能力，就少做点，反正总会去做。

这是第一类人，就是孤儿。这一类孩子是非常可怜的，更是我们应该帮助的！

第二类人，就是我们所谓的寡妇，中年丧夫或者是丧妻。这寡妇（夫）分为，男寡夫（鳏夫）或者女寡妇，能尽量帮助我们就出手帮助。像经济上的帮助，物质上的帮助都可以。并且要是有合适对象的话，也可以给他介绍个好对象。给人介绍了好的对象，也是修福的一种方式。

第三类人呢，就是晚年丧子的人。这类人是非常凄惨的。年纪大了想要孩子又要不了，等到孩子成人了呢，又因故去世了。老来无子女送终，再加上白发人送黑发人，这是人生最悲惨的事情。

像这类人，要是自己亲戚或者朋友家里是这种情况，我们在有能力的前提下，最好的方式，就是去给他当个儿子。当干儿子，我觉得最好。名正言顺地去看老人家，这个是非常了不得的！

你看，所以说行善事啊，不一定要捐很多钱，代替他的子女尽尽孝，帮助帮助，跟老人聊聊天，实际就扯扯家常而已，让老人不要再感觉那样的孤单就行了。

上面这些，就是人生三大苦难的人，这三类苦难的人你要是欺负他、骗他、坑他，必遭奇祸，非常可怕！但是你要帮助他呀，必得好运！

▪ 帮助人是次要的，尊敬人是重要的

很多人说：啊呀，秦老师我怎么修福。我说：就用这种方法修福。

我今年还资助了二十名特困学生，都是单亲家庭。我连这些孩子见都没见，因为我是民主党派，通过我们民进秘书长，还有考察组织考察完以后，钱我直接捐到民进，通过民进把这份捐助送到孩子手里。

我们秘书长说：你见见这些孩子。我说：别见了。他说：为什么呀？

我说：帮助人是次要的，尊敬人是重要的。因为我一直的理念，就是慈善贵在尊敬，不在捐钱。

而且我说：这些孩子都特别自卑，你无非让我见见他们，让他们给我鞠个躬，是不是？我要见他们，我要给他们鞠躬啊！就因为他们可怜，我

才有了行善的机会啊！他要给我鞠躬，我反而不自在。他本身就很自卑，是不是。

所以我要给他鞠躬，要让他感觉到，你家庭的这种不幸，不是你人生的不幸，正是因为这种不幸，你才应该让你的人生大放光明，做一个正派的人。让你逝去的亲人，让你的祖宗，不要蒙羞。

所以做慈善，不是捐物资啊！尊敬为要！

要不我每年去敬老院，去很多地方捐东西，从来都不捐次品，尽量买好的。因为这些人比较自卑，我给他买点好的东西，他会非常珍惜。你给他买点次的东西，跟打发要饭的一样，那效果就相反了呀！真的是这样！

要饭的现在也嫌馍馍黑，所以我们要做就做好，做圆满，要不做，我们就不要去做秀。所以我和被资助人，都很少见面的，就是这个原因，让他不要产生自卑。他要实在想见我，我就见见，并且还要感谢他。

▪ 用孩子的压岁钱资助人，岁就压住了

大家都知道压岁钱，压岁钱也是和的一种象征。

你看，我们大年初一拜神的时间，是不是要给庙里的功德箱捐钱？实际捐那个钱的时间，就是求神压岁呢，这是以舍为得。

给老人去拜年的时间，老人给你钱。我们古人有一句话，家有一老，全家之宝。你家里只要有一个老人，你给他去拜年，他给你个小红包，这就是替孩子压岁了。

可是我们现在，给压岁钱也变质了。实际压岁钱真不用太多。现在压岁钱也变成了行贿性质的，甚至亲戚与亲戚之间，比着看谁给得多，完全失去了压岁钱的真正含义和作用。

我记得我有个亲戚，说他在深圳去弘法寺。本焕老和尚在那儿给所有人发压岁钱呢！那信封里就放一块钱红包，啊呀，大家高兴啊，排队去领啊！

百岁老人给的压岁钱，这真是一福压百祸啊！钱真是不用太多。本焕老和尚这个方法，真是太好了！了不得！

所以老人给孩子钱，真是不用太多。每年我就用儿子的压岁钱，去资助一些特困学生，最多的时间是一百位。到也不多啊，一个孩子几百块钱。所以，用孩子的压岁钱，要是能去照顾一些需要帮助的人，那这个岁就压住了。

▪ 现在人容易上火，克财克婚姻克自己

我们做任何事情都要应稳守，莫急进。

我经常在讲：贵人，性缓而平。贱人，躁而急。什么叫贵人啊，你没发现，有很多大德高僧，那平稳得很，安静得很啊！你见到他以后就欢喜，就想给他顶礼，是不是？我们看到一些古圣先贤，那真是不紧不慢啊！所以我们要应稳守，莫急进，做任何事情不要急。

现在人为什么得病的人多，受祸的人多，享福的人少啊！我们人的身体啊，是一个阴阳体。我们的血就代表的是水，我们的温度就代表的是火。现在人都容易上火，身体里面都不容易水火既济，水火不既济，那水火就克，那病就多，运就不顺。

我们现在大部分的人，都是火在上，水在下呢。这麻烦了，你看，我们用锅烧水的时间，火在下水在上，这叫水火既济。我们大部分人，现在是火在上水在下，水火克啊！你自己水火克，就算命里有座金山，都会被你的性格克掉，变成水流掉，没有了。

昨天上午，我碰到一位大姐，非常能干。她是经营图书的，有一个图书联什么会，一年销售额非常大。可是，脾气很大，克婚姻啊，离三次婚了。现在养的这个对象，比她小八岁，人家都说她养个小白脸。而且她还克自己啊！子宫都摘除了。这个克是她自己克的，不怪天，不怪地，不怪父母。

她说：我就是脾气大。

所以我讲呢，这个两个火摞一块，就是炎症啊，就生病了。那人要怎么办？淡定啊！三点水一来，你看，这个字就淡定了，就淡下来了。

所以我们应稳守，莫急进。不要躁，不要急，不要发脾气啊！

■ 不急躁不生气，厄运就没有粮食和营养

要想不发脾气，有一个方法。什么方法？耳顺！

听谁说话，你耳朵都能听得顺顺当当的，那你的火就起不来。你为什么发脾气，听老婆说话你耳不顺，不舒服。听父母说话不舒服，听同事说话不舒服，听老板说话不舒服，听所有人说话，你不舒服。

你一烦就急躁。再以后就要出现财运受损。

那厄运最喜欢什么呀？最喜欢就是上火！

你一上火。这个厄运就像干柴遇到烈火，猛然爆发了！你倒大霉啊！你要不上火，等于给厄运没有了粮食。你不生气，等于给这个厄运没有了水。它没有水没有粮食，它不就死了？是不是？

我们要想让这个运气不变坏，那就听我说的话，断掉它的粮食和水。不急躁，不生气。你要不急躁不生气了，厄运它没有粮食和营养了，它就死了。

■ 是非止于智者，以德报怨可以化解仇恨

还要注意什么呀？是非多。我经常在讲：是非止于智者。所以我经常在任何一个地方，跟所有的人来往，我只是说一句话，就是个好字。

谁说谁不好，我淡淡一笑就完了，好与不好，不清楚。

我们对人评价的好坏，有时候是站在我们自己的思想里面。他对你好

了，你觉得他好。他对你不好了，你觉得他不好。我们要用智慧的方式，去处理这类关系。

对恶人怎么办？我恭敬远离嘛，我惹不起总能躲得起吧！如果再用上乘一点的办法，就是以德报怨。

我看到有一个故事，一个寺院的法师给一家做完佛事以后，回寺廊。正走着路呢，就下了大雨。这法师一看，前不着村后不着店，一看有一个庄园，他说呀，那我就在这一家休息休息。他就敲门，敲了很长时间，出来一个门童。

门童就说：你要干什么呀？他说：你看，天下这么大的雨，我能不能在你们庄园借宿一宿。

门童就跑去给庄园主禀告，庄园主说：我向来不好佛不好道，与僧道无缘，不要他在我这儿住。这个门童又出去给他讲了，讲完以后，他说：那这样行不行，既然与僧道无缘，我不在你家里住，我能不能在这房檐底下坐一晚上。

门童很为难，说：那我回去再问问主人。庄园主说：房檐也不能让他坐。

这个出家人呢，就详细地问了一下书童，庄园主人叫什么名字，就冒着大雨，回到寺院了。回到寺院以后，在寺院的消灾延寿药师佛像边上，写了这个人的名字。消灾增福长寿之位，就供在那个地方。

这个庄园主非常有钱，娶了个小老婆，小老婆信佛。她有一天给庄园主说：你陪我去寺院求福吧。可是这周边呢，也就有这一个寺院，庄园主就陪着他太太去了。他自己也不信佛，去到寺院以后，突然在消灾延寿药师佛的佛像边，发现了有他名字和地址的长寿牌位。

他觉得很惊讶，他说：我没来过这儿，我也不认识这里面的和尚，谁给我写的？他就问小和尚。

小和尚就给他讲了：这已经供几年了。我们住持和尚，有一年赶路，碰到大雨了想在这一家借宿，这一家主人不给借宿，连房檐也不让他坐。所以我们大和尚回来以后就说了，我既然和这个庄园主没有缘分，那我要和他结结缘。给他写个长生牌位，希望缘分成熟的时间，他能接受佛法教诲。

就因为这个以德报怨的行为，化解了他和庄园主的怨恨，最后这个庄园主成了寺院的大功德主。寺庙香火鼎盛，全仗这个庄园主供奉。我们想想，是不是？

对我们越反感的人，对我们越有仇的人，用什么方法化解？以德报怨！真的是这样，这个方法是最有效果的。所以是非啊，不怕多。止于智者，还怕什么呀？

▪ 出现问题几乎都是失和导致的

我们呢，出现问题几乎都是失和导致的，我们这一失和诸事就不顺了。

和，最简单的，第一从口上和。言语上面，在家庭不起争端。第二行为和，第三心和呀。

我们现在想一想，有几个和的？夫妻两个睡着觉还同床异梦呢，夫妻两个还没离婚呢，男的就要找小三，女的也找小三去了。所以我们现在这些人，为什么幸福很少，痛苦非常多。就是因为失和导致的！和，没有做到位呀！

这是最究竟的原因，这也就是和谐家庭运气学的原理呀！

最可怕的，就是我们生气，我们急躁，我们发怒，我们违法，我们乱纪，我们违背伦理道德，做了种种不好的事情。

人们遇到非常多的问题，实际都是自身出了问题导致的。

▪ 人越倒霉越着急越发脾气，运气越差

你所有的厄运，所有的灾难，火就是粮食啊，生气就是给他喝水呀！不急躁了，你断了他的粮草，我们想一想，你这个运气怎么能倒霉？你怎

么能不顺？

我们为什么倒霉，我们为什么不顺呀？就是因为我们火太旺！火和水克了不能相生，不能水火既济，我们给它们吃粮食，给它们又喝水的。你说咱们能不倒霉吗！你要断了它的粮草，它饿死了。

咱们打个比喻，一粒种子，我要种在桌子上，能不能结果？结不了果。为啥？没土壤啊！土壤是缘呀。

我同样是粒种子，我要放在土里以后，它就生根发芽了。

我们改变运气也是一样，从内心世界改以后，从今天开始起，不发脾气，我火就不会克金。

我不生气，不生气不上火，就等于把命里头不顺的，这种障碍的东西的营养成分给切除掉了。就像我们把种子种在桌子上了，它还能生根发芽吗？生不了根，发不了芽了。

你一发脾气，一生气，就等于把种子种在土里了。生根发芽你受其害呀！

所以我们要真正懂得，不生气，不上火。就等于掐死了倒霉运气的粮草。那你就倒霉不了！

你为啥倒霉？你没发现，人越倒霉越着急越爱发脾气？越抱怨人，越嫉妒人，越仇视人，看谁都不好。

心好的那个人，看谁都好，天天笑得像元宝一样。不好的人愁得像鬼一样，愁眉苦脸。

我们要喜笑颜开呀，这个词多好，喜笑谷颜开了，这一廾，元宝接福，是接福的脸。但是你一愁眉，就苦脸了。有的人长时间愁眉苦脸，笑比哭还难看，那样就倒霉了。

我经常在讲：巴掌不打笑脸人，你这一笑跟谁都和了。跟父母也和了，你跟太太也和了，丈夫也和了，同事也和了，你跟所有所有的人，我们都和了。就是这个道理呀！

好多人不明白人倒霉就是失和。跟天不和，跟地不和，跟君不和，跟亲不和，跟师不和，我们到最后跟自己都不和呀！正是因为这些不和，所以才导致的一身疾病，一身灾难呀！

今天大家都听到这个真理性的东西，我们把这个方法运用到家庭，那你家庭就会顺利，子女就会兴旺。

▪ 动物都通灵性！乌鸦和蛇不进孔林

孔老夫子知道这个方法，所以我们看孔老夫子讲的五伦大道，讲的《论语》，孔子家族旺了两千多年呀！长盛不衰呀！号称天下第一大家。这是什么原因？孔子的后人，都遵循孔老夫子的教诲。

我有一年去曲阜，导游竟然给我讲了一种自然现象，让我很惊讶。他说：孔林啊，有十万株大树，十万个姓孔的墓地。但是孔林里面，竟然没有一只乌鸦！孔庙有乌鸦，孔林没有乌鸦。

我当时就问导游，这是什么现象。他说：这是圣人休息的地方，乌鸦不愿意来这个地方，打扰圣人休息。我一听，这鸟都通人性啊！都被圣人的威德所感化。

然后我继续问，那第二个呢？

导游跟我讲：第二个现象，你看孔林里面这么多的草，这么多的树，竟然里面没有蛇！孔林外面就有蛇，但是蛇却不进入孔林。

我就问：这是什么原因啊？他回答我说：拜访圣人的人太多了，蛇怕惊吓着了来拜访圣人的人。

我当时听完以后说：这是真的假的呀？他说：是真的。

我们想一想，动物都通灵性啊！乌鸦不进孔林，蛇不入孔林，一个怕打扰圣人休息，一个是怕吓着拜访圣人的人。所以国外把曲阜称为东方圣城啊！我们想一想，孔老夫子威德到现在为止，他的文明都在影响着全球。了不得呀！我们想一想，孔老夫子做到什么了，做到三和了。

与天和，与地和，与人和呀！

他和了，与人和，不光是跟他子孙和，他和我们所有的人、全球的人都和了，所以家族兴旺啊。

■ 女子要有上善若水之德，男子要有厚德载物之德

我经常在讲：我们要当好孩子的贵人，当好孩子的福星啊。我们也要当好自己的贵人，当好自己的福星，我们也要当好父母的贵人，父母的福星，让我们变成一个真正有福的人。

你看，我讲的运气核心是人和：夫妻和谐就是上等运气。

那男人要做微风啊、柔风啊、德风啊！这是男人的三风啊。

你是不是微风？你看，我们坐在湖边，微风来了，清凉地吹着柳条，我们感觉是不是很舒服。

柔风啊，这个风非常柔，挨到我们皮肤上，柔和得不得了。这就是孔老夫子讲的，彬彬君子之行为呀！

德风啊，你这个风是来让大家感觉到清凉的！

那你自己一发脾气，变成什么呀？台风啊！你打妻子，攻击父母就变成什么啊？龙卷风啊！违法乱纪，你就变成了暴风了！我们想想这叫暴风雨啊！这男人做好三风，这叫上等之风。

男人要是变成暴风了，这叫贱人啊！男人要是变成台风了，这叫罪人啊！男人要是变成了龙卷风了，这叫苦人啊！一辈子受苦啊！你哪有一天福可享啊！

男人三风做不好，就得不到女人旺你，你一辈子倒霉。

男女是相互旺的！人有自私的念头才想：我老婆旺不旺我？

很多人都问：我妻子旺不旺我？那我还问你：你旺不旺你老婆啊！武则天就是他老公旺起来的嘛！是不是？我们想一想。你看，李治对武则天好到什么程度，阴阳是互旺的，互补互生的。

所以，男人要做到上等之风，就是我经常讲的：第一，性刚没脾气。第二，心刚没私欲。第三，身刚没有不良嗜好啊。

发脾气的人，刚就爆了。心有私的人，刚就裂了。身有不良嗜好，吃喝嫖赌吸。这就叫身已经死了。你看看，又爆又裂的你不死吗？你还旺，旺啥旺。

那女人是什么呀？柔水，德水，净水。

什么叫柔水啊？你看，水硬的时候，水碱特别大，我们喝完以后难受。有些地方水就是养人，所以女子要当柔水啊，要当净水啊。

什么叫净水啊，你一个女人，是不是干干净净的。我们古人讲得好啊，家里要个男孩，对得起祖先，要个女孩，对得起世界呀！

为什么呀？男孩是祖宗的血脉，女孩是人的来处啊！古人把女人多看得起，因为所有人，都是女人生的呀！那你这个女人，如何对得起世界呀？

我看到上海一则新闻，竟然上大学的女孩子都卖淫去了！这不是坏了世界的源头嘛！那作为孩子，走到这条路上怪谁？怪父母！父母没有教好，父母给孩子灌输的，都是利欲熏心的念头，没有灌输仁德智信的念头。

女人要做好柔水，做好德水，做好净水呀！

你这个水干不干净，你这个水柔不柔和，你这个水是不是上善若水的水？

我们看水，调五味和五色，在器具里面遇到圆的是圆的，遇到方的是方的，这是水啊！这是上等运气，这是上等之水啊！

我们看孔子家里，孔子的妈妈就是上等的水。他的父亲，就是上等的风啊！为什么这么说呢，孔子的姥爷要嫁女儿的时间，发现这个地方遭水灾呢？孔子的爷爷净捞人呢，而别人净抢钱财呢。

所以他姥爷一看：哎呀，这一家人有仁爱之心，后代一定兴旺。这才把他女儿嫁过去的，所以有了个孔子啊。我们想一想，这就是上风上水啊，了不得啊！所以孔子的母亲，被称为圣母啊，孔子的父亲称为圣父啊！我们想想，是不是这个道理。

女人要做到三柔：性柔如水，旺家；嘴柔家和；心柔家暖。这非常了不得！那女人一发脾气，就变成开水了，女人不懂得守身如玉，乱交男人，就是污水啊！

女人动不动耍心机，再有害人的心，这就变成了红颜祸水，殃国之水呀！我们看一看，商朝的时间，妲己就是这样！所以说，一个女人，在不同的位置上，起到的作用都不一样。

女子要有上善若水之德，男子要有厚德载物之德，这是男子女子的最上等的运气呀！

这一和了，就像我们的太极八卦一样，阴阳鱼和了，也就像我们古人创造这个好字，一个女，一个子，就好了，非常了不得呀。所以女人如何做好女人，男人如何做好男人，这是运气学里面最核心的地方。

也正是我讲的话：思人恩德，想人好处，这叫聚光，这叫装阳，阳则上扬。天天想人不好，嫉妒人，仇视人，这是聚阴气，招病招祸啊！

所以一切坏的运气，好的运气，都是我们自己可以设计的，也都是由我们自己掌握的。

▪ 开启五福，改变命运

我为什么每年给大家讲一下这个课，因为大家喜欢听喜欢看，我也是为了跟大家结个缘，也希望大家真正地明白，运气的内涵在我们自身，我们自己的身上，就有开启运气，改变命运的法宝。

我也给大家讲过：第一眼睛就是微笑；第二耳朵听圣贤教诲；第三嘴巴不说是非，说古圣先贤教育之语；第四行为端正，不做吃喝嫖赌之恶行；第五心常起感恩之心，知恩报恩，长养自己的德行。

这是开启五个方向，得五福，改变我们五行命运的方法，也是我们运转东南西北中，五个方向的密码钥匙啊！这是真的，不是假的。

一个朋友问我：你讲的这个和，非常好，但是，会不会很难做到？

我讲的时候，实际上把这个问题已经回答了。现在很多人，自己不愿意改就不愿意改，还老嫌难！

万祸之首是邪淫　毁损家庭伤和气

前面三章主要是一个运气的概述。从这一章起，我们要进入提升运气的 26 条规则的细节讲解。

首先要讲第一条规则，邪淫影响运气。这是一个大的专题——主要讲邪淫对运气的影响，仅仅这部分的影响就有 21 条细则。

昨天晚上，有两个朋友来拜访我，是两兄弟。哥哥在一个省会城市做生意，开始还做得非常好，现在竟然已经负债三百多万元，还是高利贷。高利贷的人追他要债，吓得跑路了。哥哥来北京，还是弟弟用自己的身份证给买的车票。为什么呀？人家把他已经告成了诈骗了！怕在火车上给拦截了。

■ 请人嫖娼，找小三亏妻子，赔钱

这个哥哥把自己的经历给我讲了一遍。

我就分析说：你知道你为什么倒霉吗？主要因为你失和啊！你和太太

先失和，在外面找了个小三，运气就开始不好了呀。

上天是佑有良心的人的。我们为什么不得上天眷顾，就是因为我们没有良心。亏国家，亏父母，亏妻子，亏丈夫，亏兄弟姊妹，与人家不和导致的。

我说：你看，与妻子失和，好字则散。两个女，一个子，阴盛阳衰啊！

他说：还真是，自从遇到那个女的以后，我的心思都不在生意上，运气急速下滑，霉运连连。

他又问我：我想了想，好像认识这个女的以后，确实加剧倒霉了。可是没认识这个女的时间，我那个时间就已经负债了，这是什么原因啊？

我说：你刚刚不是说过，你之前经常请人嫖娼吗，你为什么给人家掏钱？嫖娼有利益来往啊。你为了和人家有私人交易。你这个心不正，钱不干净啊！你请人嫖娼后，自己又出去找小三，你的心坏了，运气就坏了呀。你看，你的妻子后来不是也出轨了。凄惨啊！

▪ 跟父母失和，让父母操心，钱财难赚加易耗

他们这两个人为了自己的肉体私欲，扔下一个七岁的男孩交给谁？交给他父母。

我就给他讲了：第二个和你也失了，跟父母失和，让父母为你操心。

我说：你在这个省会城市是不是你老家呀！他说是。

我说：你请别人嫖娼的钱是不是都超过了给你爸妈的钱？他说完全超过。

我说：这叫亏孝啊！自己的父亲是什么呀？中央土！亏了自己的爸爸，在当地不挣钱。

我说：你亏你爸，让你爸为你操心。他说：我真是亏我爸呀！

我说：第二，你亏你妈。自己的妈妈是北方水，你亏了你的母亲，你挣的钱就存不住。你有没有注意，你开始没有花钱请人嫖娼和没找小三

前，那几年挣钱了还存住了。

他那几年确实挣钱了。最后呢，一败涂地啊！犯在哪儿了？犯在邪淫上面！

你看，他受钱财损失，自己的太太被别人邪淫，父母受累，又怕孩子被人绑架。吃不下睡不下。

受牵连的还有他弟弟，他弟弟还是学传统文化的，甚至在传统文化圈里面还稍微有点影响，还跟我很熟悉，竟然知道这个事情都和我没说过。

我说：人这一生要遇到良师益友，这都是外在的老师和好的朋友。你都是亲兄弟，知道你哥哥犯邪淫为什么不能相劝？父母有过失，我们都要诚心地劝谏。怪不得你哥哥因为高利贷在你这都借了八十多万元，你活该啊！

▪ 你是什么样的人，我就对你说什么样的话

我这个人过去比较直，只要我当你是朋友，你错就是错，对就是对。我该说你就说，你不听我的，就和你不来往了。

我这人过去性格比较暴的，和现在不一样。我过去是，不孝顺父母的坚决不来往。要不有些人说我高傲。不是我高傲，你做的事情让我不屑与你说话。我跟你说话都嫌脏我的嘴。你对你爸妈都不好，你能对我好？你对生你养你的父母都不能尽孝，你对我今天所有的好都是献媚！都是巴结拍马屁！

很多人说：秦老师为什么对有的人非常热情，对有些人非常耿直，对有些人不理睬？

我就说了：我对上善的人，这个人是为善的，又能孝顺父母，又能厚爱自己的手足，又能对自己的妻子子女负责任的人，早晚打电话我都接。这是上善的人！他早晚来我们家，我都给他泡茶喝，亲自给他泡，走时还要给你送点东西。为什么呀？我觉得你的德能让我的德念增加，让我的自身修养提升！这叫良师啊！也是益友！

那有些人为什么我要跟你柔和地说啊？因为你光爱听好话不愿意听坏话啊！其实你不咋好，还要让我把你夸一夸。你是探我口气，一说起来：你看，秦老师都夸我好了。你为了借我的名，提升自己的声望，那我宁可得罪君子不得罪小人。你说啥，我都说好好好，把你就打发走了，也就和你不来往了。

还有一种人呢，我一看实说了，他还能改，那我就当头棒喝！我就直接说你了。要不跟我时间长的朋友才说：原来你对人是这种方法。我说是啊！

▪ 教而不改者、知错不改者，是为大恶

我这几年改了，越是跟我没缘分的人，我越要给他种个缘，想办法帮助帮助。还对他要好，和过去的我不一样了。

我过去是约法三章。第一，不孝敬父母的人不来往。第二，在外面嫖娼找小姐的。无论男女，我也不来往。我连正眼都不看你，看你都嫌脏了我的眼睛。

我觉得人和动物的区别就在于，人懂得礼仪廉耻。你男女裤腰带一松就是畜牲行为了，那肯定跟你不来往了。我嫌脏我的眼睛！你说话脏我耳朵！所以我就会视而不见，听而不闻。就是过去为什么很多人说我高傲的原因。你就知道你错在哪儿了。

我对人的好坏与你钱多钱少，与你的职位高低没有任何关系。为啥？你钱多我也不借你的，你当官我也不求你什么。我上个班挣点工资够我花，是不是？业余时间讲讲课，我这朋友哪儿都有，我这晚上能睡好能吃得香。你挣点钱要贪污来的，你吃不好睡不好，你还没有我有福！

所以我过去约法三章，我不来往不是不尊敬你，我尊敬你的天性，我远离你的恶习。我怕被你染污。因为我怕我自己定力不足与你不来往。

那第三种人是教而不改者，我也跟你不来往。跟你都说了，指出来

了，你就是不改，知错不改是为大恶呀！

你知道自己错了，明知这事不能这么做，你还要这么做，给你都讲出来了，你还要不该为之反而为之。让你别贪污你还要贪污，让你别嫖娼你还要嫖娼。

像我遇个老板。我说：你别嫖娼啊。别去找小姐啊。

他还说：秦老师我就好这一口！你看，你跟这种人怎么说啊？

他反过来还给我说：秦老师，你说得也不对，人家大师算了，我命里就犯桃花，为啥不让我犯？

我说：人家大师还算你命里犯车祸呢！你为什么就要大师给化解化解。是不是？你想做坏事还要找借口。这种人我也是不交往的。

现在我都变了，现在对谁都一样。为什么呀？省得人家仇恨你，非议你。现在我对谁都好好先生。

▪ 哥哥邪淫弟弟不劝，同样受牵连

昨天晚上碰到这弟兄两个，我就给弟弟讲了：你是你哥哥的亲弟弟，知道你哥哥找了一个"90后"的女孩，你竟然都不劝，你置你嫂子侄子和弟兄之情于不顾，你错了。那第二呢，作为良师益友，你这个道也失了，那他不问你借钱问谁借，活该。

我们想想，哥哥前期生意做得很好，为了贪财，花钱请人嫖娼，导致招惹一个桃花来败了他的家，殃及父母，殃及兄弟。

你看，五伦里面，孔老夫子把朋友也加在里面。什么原因？就是作为朋友之间，要是知道对方做了不如礼的事情，不如法的事情，我们都要规劝啊！当你劝了，他不听你的，你职责尽到了，你就没过失了。不然，你是有过失的。你该提醒一定要提醒啊！

就像我们朋友在一块吃饭，明知他开车，你还劝他喝酒，你肯定不是好朋友嘛！那他开车出车祸了呢？他父母你养啊？所以，我们国家有的规定现在有连带关系，就是你们一块吃饭喝酒出的车祸，凡是参加的人都要赔偿。我觉得这个条款太好了，警醒你呀！是不是？

那真正的好朋友该怎么样？你开车呢，就别喝了。你看，这才是朋友啊！

古人讲的好朋友之间，对方做错了，都要劝谏啊！我们无意中助纣为虐，做了坏事，我们还不知道。

■ 淫是万祸之首，损耗肾脏这个先天之根

意淫严重以后啊，会影响自己的运气。为什么呀？肾为自己的身上之水，水就是财，你的水老动，那你钱财流失量就比较大，存不住啊！

淫不光是万恶之首，还是万祸之首啊！

你遇到所有的祸所有的灾，你所有的疾病，都与这个有关系。因为肾脏是先天之根本，你让五脏六腑里面的肾脏处于一个不停损耗的状态，它就完了。它是先天之根本，你这个先天根本再断了，你就得肾炎了，就得肾衰竭了，就要命了。

诸事不顺因亏孝 诸事不顺因邪淫

■ 犯行淫后，心烦易躁，贵人会变小人

咱们继续讲，一个人要想一辈子好运，百祸不临，要想让我们的子女都成才，家族兴旺，旺过三代，就一定不要犯邪淫，这个是非常了不得的事情。

我们的古圣先贤一再提到——万恶淫为首。这个淫啊，非常可怕，对我们人生影响大得不得了。

心易烦躁。犯了行淫以后，就直接跑到心脏这个位置了。我们容易烦、容易躁。烦是什么呀？看见谁都烦，烦父母、烦同事、烦老板，有时候我们在工作过程中，经常和同事关系处不好，为什么呀？因为你心里烦人家，和人家那种磁场波就相克，同事看见你也烦，就变成了小人。

要不为什么很多人跟我说：秦老师，我工作中经常遇到小人。我们不知道原因在哪里，就是你心里产生烦念导致的。当你心生烦念以后，你身上的磁场波一变弱，甚至产生和别人的克，那别人也看见你不顺眼，老板看见你也不顺眼，就给你穿小鞋甚至把你开除了。

要不很多人工作过程中容易被开除，即使在国有单位工作，不是被开

除也是不被提拔。为什么呀？老板就是不喜欢你，你磁场波和他不结合。本来过去和你非常要好的朋友，因为你心烦以后，易躁，火就起来让你失和，本来是你命中的贵人，反而就会变成你命中的小人，甚至变成罪人连累你。

我们有没有注意到，有很多朋友关系好得很，恨不得穿一条裤子，最后却和仇人一样。什么原因？实际就是在犯邪淫上面，心的磁场波变了。

■ 福不双至，祸不单行

我们身上有三宝：精、气、神。

精，居于肾脏，起了意淫以后，肾脏一动，精就散了。气，是居于胃脏。最后是神，居于肺脏。

我们都知道，眼睛是心灵的窗口，是不是？邪淫以后，精气神不足，你看有些人的眼睛不明亮，暗淡无光，这就是烦躁，火起来了。

我给大家讲过，运气最怕两种东西——烦躁和生气。本身你运气非常好，能发财。你一烦躁，火上来了，水下去了，不能水火既济，你自身就已经失调失和了。那你一失和，你和别人就谁都和不上，和老板和不上，领导和不上，同事和不上，朋友和不上，你和你员工都和不上，你和你老婆也和不上，父母也和不上，全部失和以后，你就知道有多倒霉。

为什么古话说：福不双至，祸不单行。

你看，这个祸啊，接二连三地发生，不断地发生。什么原因？实际是我们自己烦躁引起的，你要是把烦躁心断了，跟人不生气了，等于你这个厄运没有营养了，它不生根发芽。

我们经常说的一句俗语：能控制自己情绪的人，才能控制自己的未来。我们想想，情绪对我们的未来影响多大？情绪就是烦躁心啊！

▪ 淫心一起蒙蔽天性，遇事易冲动

我们现在看到很多新闻，谈恋爱时，对方一说分手，怎么样？把对方杀死！为什么呀？因为他犯邪淫，真的，他这个淫心，已经把心本质的淳厚善良蒙蔽了，和天失和了，他决定要做出冲动的行为把对方杀了。

你看，最近发生了一件事情，男的把女朋友杀了，把他未来丈母娘都杀了。我们想一想，可不可怕？一说分手，这女的还在上大学呢，男的跑学校去把她都杀了。多可怕？什么原因啊？就是心易烦躁，烦躁不安就会干什么呀？没有耐心，做任何事情容易发怒、冲动、暴跳如雷，做出非常危险可怕的违法行为。

常犯意淫还会怎么样？常说错话，让人笑话。你会无意中经常说错话，把人得罪了还不知道。经常说话颠三倒四，最明显的一点就是，常会因为琐碎小事无端生气，就为了一些琐碎的小事把你气得不得了，人家一句话就能把你气得不吃饭，傻瓜嘛！人家又不知道，是不是？

无端生气都是小事，关键是生气也不解决问题啊，一生气就阻运，运就不好！

常因琐碎小事无端生气，还会导致与家庭成员、与别人的口舌之争。家庭成员之间最明显的就是夫妻，为点小事生气，跟父母、跟兄弟姐妹、跟自己孩子生气，到最后跟谁呀？跟自己都生气。

我们有没有注意，跟自己生气的人，会跳楼自杀、自残，是不是？

有些人为谈恋爱，心情烦躁，拿烟头把胳膊上全部都烧成坑儿。我有个表弟就这样。这明显跑到了心淫上，意淫跑到心淫上，这个时间就会做出冲动的事情，不顾及伦常，完完全全不顾及自己的身份。

▪ 烦躁易克命中金，金山变水全化了

我遇到有很多人，都是当地首富，因为有了小三以后，逐渐贵星消失，负债累累，这种例子特别多。

达到心淫的时间，心情烦躁以后，火则上升，水则下行，克命中的金。

五金，最怕什么呀？最怕火！

我们有没有注意，火一起来金山全变成水了，这一变成水会怎样？流掉了！你本身是金山，一旦变成水以后，水往低处流啊！不是你的了。

我们要是真正明白了，懂得了以后，你就知道，原来是烦躁把我们命中的金山变为水流掉，我们就没钱了。大家有没有注意，有些人挣钱挣得非常多，就是存不住。就是脾气躁啊，你来点化点，来点化点，最后把你那点财运全部化了，就完了。

▪ 财运是把财往外运，运财是把钱往回运

财运和运财是不一样的，我们要清楚啊！财运是你的财旺以后，召集了人脉，变成了财运，运财是你的德行非常足，你的运特别足，把财给你运回来了，财运是把财往外运呢，运财是把钱往回运呢。

什么样的人能得到运财呢？厚爱父母的人，厚爱手足的人，对妻子子女负责的人，不犯邪淫的人。

很多人都爱说我财运不好。你看，他都不说运财，是不是？

我不说我财运不好，我说我运财。大家有没有注意，很多人数钱都是钱往里数，唯独我数钱都是钱往外数。我老婆说：怪了，你和别人不一样。我说：我天天布施嘛，往外数钱呢，习惯了，你们都是往里数呢。

舍，反而能得。得，反而就散了。

所有的东西啊，它都是反作用力，就像我们看那个皮球一样，你越拍越弹，不拍它就静止了。

那我们人的财运也是，贵人是静而稳，贫人是躁而贱啊！你为什么贫穷啊？你躁啊！急躁啊！你就变成贱人了。你没发觉做大事情的人都非常稳，稳得不得了，稳如泰山，这叫如如不动啊！了不得的事情！

所以引起我们内心世界这种变动的，那就是邪淫。你淫心一起以后，你就有这种念头了，谈个恋爱，对方一说分手你就想把对方杀死，烦躁不安，没有耐性，常说错话，和自己家人、同事、朋友之间，没有一个人，你能和他和得来的，那最后导致的就是什么呀？诸事不顺。

▪ 诸事不顺皆因亏孝，诸事不顺皆因犯邪淫

我把诸事不顺列了两个主要的条件：第一，诸事不顺皆因亏孝。第二，诸事不顺皆因犯邪淫。

这是两个运气不顺的主要毛病啊！亏孝呢，叫亏了内德，犯邪淫叫亏了外德。

孝顺父母属于内德，为什么呀？父母生你养你，你本身就应该尽孝，只是尽你本分。

你跟这女的谈对象，你要对人家好一辈子，对她爸她妈好，这就是外德。为什么呀？岳父岳母没生你没养你，人家养个女儿，嫁到你家来了，你如何报答人家？那就是对人家女儿好，孝顺她爸妈嘛，这叫外德。

你要是亏了自己的岳父岳母，亏了自己的老婆，这叫亏了外德，缺外德。不孝顺自己的父母这叫缺内德。

▪ 亏了丈母娘，就是亏了南方火，一辈子不红火

我遇到个例子，一个男人啊，三十多岁了，跟丈母娘竟然骂架，还跳

着骂。我是见过女人跟女人骂架是跳着骂的，一个男的，蹦着蹦着，去骂他丈母娘。

我说：像你这种人，亏了丈母娘，就是亏了南方火，火位是红红火火，你把你丈母娘一亏，你一辈子红火不起来，为什么呀？你丈母娘不高兴谁就不高兴？你老婆就不高兴。

你老婆一不高兴，天天一哭一伤心，这叫什么啊？克夫啊！要不很多人问，这女人旺不旺夫？

我说：你天天让她高兴，她一笑像元宝就旺夫，你让她嫁给你享福，她心里美，她心里安稳，这叫旺夫。你天天让她伤心难过，在家里哭，这叫哭丧啊！你让她妈那么不痛快，她怎么旺你？

果然，跟丈母娘对骂以后，老婆跟他离婚，他想当处长也很久没当上。

你即使对你的父母很孝顺，这是你应该的，你以为这是善事啊？是不是？你对你丈母娘岳父要是能孝顺的话，我给你说：这比孝顺你爸妈德都厚啊！

为什么呀？毕竟你爸妈生你养你，这是你应该的，你岳父你岳母没生你没养你啊，你要是再能尽孝，这是厚孝啊！那是不一样的。

你孝顺了你岳父岳母以后谁高兴？你老婆心安啊！老婆心一安，就安在你家里了，夫妻一条心，黄土就变成金了，这是古人讲的。黄土如何变成金？就是夫妻一条心。

■ 夫妻一和，阴阳平衡，五伦转圆

夫妻一条心，运气学上大家知道是什么吗？太极八卦图！

我们都知道阴阳鱼，这阴阳鱼平衡，万事则兴，夫妻这一伦一旦和谐，家庭五伦全部就转圆了。父慈子孝啊、兄弟啊、朋友啊、君臣啊，是不是？全部都能转通。

我们一般不顺的原因都是夫妻失和，夫妻失和的原因，最严重的就是男人女人犯邪淫，人都有第六感觉啊！

很多人说：女人天生第六感觉很敏感，男人在外面一做坏事女人就知道。

我说：是这样，实际男人女人都是一样的，所以心情易烦躁。

实际我讲过人生如何能四平八稳？这四平就代表的四位老人，父亲中央土，母亲北方水，岳父西方金，岳母南方火，自己是东方木，你孝顺好了这四位老人以后，你就会四平八稳一辈子，一辈子不会遇到波折。

当你出事的时间，你就想想，这四位老人你亏谁了？你就找到原因了嘛，你不用找我啊，你哪用找我啊，是不是？

就像昨天我那个朋友说：哥哥在他们省会城市为什么挣不了钱？

我说：亏了爸妈了嘛，是不是？你亏了你的父亲在当地不挣钱，你亏了自己的母亲北方水聚不住。你哥哥挣的钱是不是都存不住啊？他说真存不住。我说：这明显的亏了父母导致的，这就是实例啊。

▪ 心淫一起抹杀天性，百会穴堵塞

每一个人出生时，人的头顶有五个穴位，代表五方。大家可以看有关穴位的书，中间的穴位叫百会穴，百福相会之地，百会穴的四周，东南西北中，是四神聪穴的穴位，这是聚气的地方。

当我们的天性使然，什么叫天性？纯善、感恩、包容、理解、常为他人着想，这是通天的。那彻地是什么呀？彻地就是常帮助别人、可怜别人、救济别人，帮助他人完成心愿，救死扶伤，照顾孤寡老人，遵守国法，不违背伦理道德，这叫彻地。

那我们头顶这五个穴位，通的是什么呀？通天地的，通五方的。当我们的天性一旦被意淫所控制，你看，我们的天性和意淫的这个念头，一个善一个恶两个人就会斗争，怎么斗争？脑子里边意淫想看黄色的东西、黄色录像、黄色书籍，可是另外一个善的念头就想，看这不对，看这不好。

刚开始，这个看这不对看这不好，这个天性的念头还能产生，时间长了以后，你意淫的恶念严重了，就把这个天性的念头抹杀了，就不让它发声音了。

你那个时间就变成什么呀？行尸走肉了。我们有没有注意，吸毒的人就是这样，六亲不认。你看，吸毒的人，你问他，吸毒是不是不好？不好，吸毒会要命。他知道。他思想知道不好，心里也知道要命，可是控制不住行为，就去了，这个时候人就沦为行尸走肉了。

当邪淫把我们的天性抹杀的那个时间，我告诉大家：天性被抹杀以后你的百会穴堵塞，四神聪穴就堵塞了，和天就断绝了，你那个时间就纯恶无善了，因为天性是纯善无恶的。

▪ 人善则百穴皆开，人恶则百穴齐闭

我爷爷过去是中医，学过针灸，我对穴位还比较了解，我过去还扎过针，扎过干针。

我练习针灸的时间，是自己给自己扎，因为我爷爷要求就是先从自己身上练，不能在别人身上练手啊。所以，我当时呢，照着镜子给自己印堂穴扎、太阳穴扎、手上的合谷穴扎针，我都扎过。

你扎下去以后，你感觉它的气，它的抽、胀、麻、酸影响到整个胳膊，它有传导作用。

我对穴位比较懂，我就知道一个人要是善，百穴皆开。你要是非常善的话，你所有穴位的气都是开的。一个人内心世界要是恶的，百穴齐闭，穴位就闭了，它就排解不出去寒湿。

▪ 天性是纯善无恶，禀性习性会阻碍善念圆满

本来我们人的身体有自动排泄功能和调解功能。当我们的意淫把天性一蒙蔽，天性一失，我们所谓的君王就没有了，紧跟着传到心脏。

心脏是大臣，一开始心里还会想，我看这个实在不应该啊！影响精神

啊。可是呢，当心淫超出了心的仁厚，就全部都变成了感官享受，就变到身体上面去了，那个时间就控制不住了，就刹不住车了。

那个时间，你的天性就被色所迷。所以古人给色字上面立了一把刀啊！

我给大家举过一个例子，什么叫天性啊？天性就是第一念。你的第一念想到我要去看我爸妈，第二念就会产生一个不好的念头：我这挺忙的，我爸妈也没啥事我去干什么呀？

你看，就阻碍你不去了。第三呢，就会导致行为，你爸妈那儿就去不成了。

所以我做事情啊，历来都是第一念一起，赶快去做。我今天想做慈善，当下我就赶快去做，我要是这个慈善不做了，我这个禀性习性立即就产生，就阻碍你。

就像我想了，我今天要资助特困学生，我怎么都要找方法解决，把这个特困学生找到，通过渠道给他捐赠，我把这个善要落实，这个天性就圆满了。当你想了没做，没圆满。

你看，我们看到一个乞丐啊，我们大家可能都有一连三种想法，第一乞丐来了，天性出来：我要给他给一块钱。接着，心里马上就想了：那是不是骗人的呀？立即这个念头就会把你的天性拉一下，不让你散发这种善的这种念头。接下来行为就说了：我挣钱也很辛苦，我为什么给他呀？

你看，在你想的过程中，可能乞丐就走了。我在给乞丐钱的时间，都是第一念我想给他钱，马上摸口袋就给他。我在摸口袋摸钱的时间还要想，我给他给一块呀，我一摸口袋，是五十、一百的怎么办？五十、一百我也给。

我不能说：我没有了一块钱我就不给了，为什么？我这个善念没有圆满。

所以，不要让禀性和习性的这种恶，有丝毫可乘之机。

▪ 犯邪淫不知悔改，公司老总得面瘫

我在北京，过去遇到一个集团公司老总。他跟我说：秦老师，我不抽

烟不喝酒，我就好那一口，找小姐。

最后，我见他的时候，他得了面瘫，脸上就开始坑坑洼洼，整个就没有知觉，嘴就歪了。

我说：你看你，肾精不足，形象尽失啊！

所以邪淫分为三种，意淫、心淫和身淫。我们要从意淫的时间就把它切断呀！千万不敢跑到心淫，再跑到身淫上面。

我告诉大家：那时候就控制不住了！那个时间啊就不顾廉耻了，那个时间啊，就光是用下半身想了。

不光是犯邪淫，赌博也是这样，大家有没有注意？

一旦染上赌博以后控制不住，吸毒也是一样，别说这些严重的呢！我们就说抽烟，我们想一想，你能不能控制住？你不抽难受啊！

你就知道，你脑海中想着，我这抽烟不好，可是你所有的细胞告诉你，要抽要抽，我们需要！实际不是你需要，是他们把你的天性控制了。

▪ 小孩出生自带五福

我们每一个人出生都是带福来的，最后为什么没有福？就是我们的禀性和习性把天性蒙蔽了。

什么叫习性？我们都知道，小孩一出生不会邪淫嘛。你看，那个小男孩小女孩，跟着妈妈爸爸什么男厕所女厕所，他连管都不管就去了，没有这个念头。

那小孩会饮酒吗？小孩也不会饮酒啊。饮酒是后天学的，没有孩子一出生就会喝酒啊，是不是？

小孩也不会偷盗啊，他都不知道那是偷东西，他拿着就走。你看，我们家孩子小的时间去超市，他不认为是偷盗，他拿着就要走，我说没交钱，他说这还要交钱？他不知道。

再加上小孩不会说谎啊！我记得最明显一个例子，我们过去在百子湾那边住，孩子在二环内上幼儿园，早上送得比较早经常堵车。有一天并没堵车还去晚了。我太太就跟我儿子说：你跟老师说堵车呢，所以来晚了。老师就问：怎么来晚了？儿子就说：我妈妈说堵车呢！那堵不堵车呀？不堵车。

你看，孩子不会说谎，孩子不光是不会说谎，孩子也不会杀生。

我记得我们老大有一次，他妈把一个蟑螂拍死了，你知道人家说什么：我要告诉我老师，你欺负小动物。你看，他把小蟑螂，我们认为的四害，他都认为是小动物，你不能欺负它，你打蟑螂，我要告诉老师去。你看，孩子那种心多善良。

小孩那个时间带着天生五福，不饮酒、不偷盗、不邪淫、不妄语、不恶口。这些小孩最后为什么饮酒了、邪淫了、偷盗了、赌博了、吸毒了？长大了，后天学的。我们有很多人都是后天蒙蔽。

包括抽烟一样，谁出生就会抽烟呀？谁出生就会喝酒啊？这是后天导致的。

▪ 天性是皇帝，上等人用天性说话，天性做事

我们要想让自己的好运不断，就要常发觉你的天性，保持天性。

我经常在讲：天性是皇帝呀！心性是大臣，身体是工具，也是士兵。你指哪儿，士兵就干哪儿。你要时常保持天性清醒，那对财运肯定有帮助啊。

我告诉大家：世界上百分之二十的人，掌握了百分之八十的财富，就是因为他用天性想事，用天性做事，用天性去处世。还有百分之八十的人，只掌握了百分之二十的财富，因为他把天性给丢了，把心性也丢了，就被身体控制了。

大家有没有注意？富人啊，光赚钱还很少花钱。穷人啊，净花钱不挣钱。

我们有没有注意？买彩票的那个地方，有几个富人去买，是不是？去的都是穷人，他本来就没钱，还不停地去买彩票，给人家送钱，是不是？

人家富人，有那个时间都赚钱去了。

大家有没有注意，挣钱和赚钱都是两个概念。挣钱是提手旁一个争啊，粥少僧多啊，争啊，辛苦啊！你看，大富豪都是什么呀？赚了多少钱，赚呀，翻倍呀。你看这个词，古人都非常有智慧，这也是一个思维的问题。

上等人用天性说话，天性做事，那老天爷肯定给你好运。

▪ 天性常保持，百福齐临，万祸皆消

我们都知道，大多数人生下来都有五官，都是双手双腿嘛，没有说千万富翁亿万富翁生了三只眼四只耳朵，他比咱们多长一个？没有啊！

那为什么人家发财咱们不发财？就是人家把天性保持住了，人家让天性时常做事，天性发挥到了淋漓尽致的地方。

就像我给大家讲课一样，都是天性讲的。

让我们的天性常保持，你是百福齐临，万祸皆消啊！我就是开发你天性啊，所有的好事决定聚到你身上，为什么呀？头顶这个是百会穴呀，百福齐会呀。

从我发现了这个秘密以后，我就是好事不断。我一个农民一个文盲，能在那么好的单位，算命的算我又短命，算我又没儿子，女儿也没有。你看，我都有两个儿子了，是不是？我工作还这么好，我一个小学三年级没有上完的人，我出口成章啊！能把每一句话讲那么多东西出来，什么原因？我在用天性讲，不用禀性讲，不用习性讲啊！

▪ 用禀性讲的东西，里面有自私，会让人反感

用禀性讲的东西，里面有私，这叫自私。比如做保险做直销的，他讲得也非常好，大家听完以后，为什么就非常反感？就是因为他里面有自私

的想法，他想让你买他的保险。

那我讲的东西，为啥大家喜欢听呢。因为我这里面是无私、全公。区别在这个地方。他讲，心里想着利己的想法。我讲，是利大家的想法。

要用行为区分的话更可怕，有的人呢，一看当官的，立即端杯好茶，一看你是老百姓，乞丐，就不理你。你看，分别表现太明显。

▪ 心量不一样，人生结果不一样

我记得，给大家讲过一个例子。

在北京，我过去认识了三个人，同样都是干建筑工作的。

跟他们聊天的时间，我问第一个人：你们干这活辛不辛苦啊？他说：辛苦，一天就挣那几十块钱，养家都不够，可是在当地挣得更少，所以才跑北京来。

我问第二个：你干这活辛不辛苦啊？他说：辛苦是辛苦，我觉得挺好的，为啥？我们小地方看不到这么多的高楼大厦，看不到那么好的车，当我把这栋楼盖起来以后，每次从这儿经过我还非常自豪，我过去还在这儿盖过楼。

你看，这个人和第一个人的心量就不一样，第一个人全为己，我挣钱呢，辛苦多挣钱少。第二个人呢，他的想法不一样了，我辛苦是辛苦，我在这个地方能看到高楼大厦，能看到好车，从这儿走过的时间，我还非常自豪的。

那第三个人呢，又不一样，他说：我虽说在这儿工作呢，我还学习呢，如何设计这栋楼更合理。

三个人，若干年以后，我再见，第一个还在打工，第二个跑人家一个公司当经理了，第三个人呢当了老板了，正好就聘请的第二个人。你看，第三个人，他是天性使然的，心量宽广。

56

▪ 人是两条腿，钱是四条腿，钱追你易你追钱难

所以我今天给大家讲的方法里面，没有神奇的东西，真没有。

我讲的就是如何开发你的天性，让我们有一个量大福大的胸怀，有一个好的高超的思维，能让你的思维比较敏捷。

我经常在讲：人是两条腿，钱是四条腿呀！你追钱辛苦，钱追你太容易了。你没发觉，那么多百万富翁亿万富翁，人家都是钱追他成就的呀！

我们要明白呀，我们要懂得呀，这就是他用天性赚钱，我们在用禀性挣钱，我们在用习性挣钱。

▪ 邪淫是禀性和恶习的钥匙，孝顺是与天地相合的钥匙

天性的人，纯善无恶，常为他人着想，不自私不自利，做任何事情能包容人、理解人，与天相合，能得天福。

禀性的人，纯恶无善，爱发脾气、爱抱怨、爱嫉妒、爱仇视。你看，禀性比较重的人，经常发脾气爱生气。

那我为什么把这一块要给大家讲呢？

因为邪淫啊，就是开发禀性和恶习的钥匙啊。你一旦犯了意淫、心淫和行淫以后，等于把你身上最丑陋、最恶毒的地方，拿钥匙开发了。

孝顺是开发与天地相合的钥匙啊。这是两把钥匙啊，古人把这总结出来了，我们要明白，我们要用孝体现，那我们就能感恩。

你首先对你父母孝顺，是不是就有感恩父母的念？你这样延伸的话就会感恩到妻子、感恩到朋友、感恩到同事、感恩到国家。所以古人讲：忠臣出于孝顺之门。你对国家忠是什么原因？因为孝父母啊。

所以我们看，岳飞，精忠报国，他妈妈给他刺的字在背上。实际我给

大家讲密码呢，开启你天性的钥匙，就是从孝入手。

我们为什么不顺？我们为什么倒霉？倒霉也是因为我们拿了一把钥匙，邪淫的钥匙，开启了万恶之门啊！

诸事不顺皆因亏孝，诸事不顺皆因邪淫。你看，这两个，一个亏孝一个邪淫，这两个是有联系的。

要知道禀性是纯恶无善的，那习性是半善半恶的。为什么呀？行为嘛，是不是？我们捡个垃圾就是善，我们偷个东西就是恶，这个行为是可以善可以恶的。

那我们用天性指挥我们这个形体，光做善不做恶就完了嘛，这不就成了善体了？天性就全部保持了。天性加习性两个把禀性一夹，这禀性就变成仁慈心了，他就发不起脾气来了。你看，禀性的人爱发脾气，爱动怒、爱计较、爱仇视、爱怨恨，喋喋不休啊！

▪ 福地福人居，福人居福地

很多人付出了一千分的努力，却只得到了百分之五十的财富。他的付出和他得到的不成比例，什么原因啊？因为把天性扔了，这是发财的钥匙！他用行为了，用禀性了，耍奸。

他一天到晚计较、跟人算账、偷税漏税，经常昧着良心挣一些凶财，就这得到百分之五十的财富，还存不住啊！甚至不敢有钱，一有钱就出事儿。

大家有没有注意？很多人有钱存不住，一有钱就生病，要不家里出事。什么原因啊？因为他没有用天性做事，天性处世，天性做人，全部用的是禀性和习性。

禀性一旦当了习性的家以后，习性也变成了全恶无善了，我们就会出现什么呀？前面进财后面就跑，你就是万贯家产也留不住，就算在特别好的房子里住着也没用。所以古人讲了一句话：福地福人居，福人居福地呀！你有没有福？这个是非常可怕的事情。

▪ 漏财是虚耗，破财是出横祸

有时候，你说自己没钱，还没人相信。人家都说你有钱，实际你负债累累，殃及六亲，那这个命运的格局就变成什么呀？漏财。

漏财，财就虚耗掉了。就好像有一笔钱，也没买房也没买车，不知道怎么，这个钱就无端端地花完了，这是漏财。

那破财呢？是出横祸、出血事，一笔一笔的就这么给人家赔了。

漏财是虚耗，有很多人就说：我一年挣钱也不少也没干啥，怎么到头来没钱了？这钱就是虚耗掉的。

破财纯粹就是大块儿的，出车祸了、公司把人伤了、几十万上百万赔出去了。漏财和破财是不一样的，不招财，不存财，什么原因导致的呢？百分之七八十都是邪淫导致的。

▪ 邪淫对我们的影响是百分之八十

邪淫对我们的影响是百分之八十啊！万恶淫为首啊。

淫啊！是除了正常夫妻关系以外，除了你正常谈恋爱以外，你要是有玩弄女性、男性的思想都算。

所以，不顾伦常，你现在犯了之所以没有发生问题，那是你的好运气还没用完，好运一旦消耗大了，奇祸必临。

就像我们知道，有很多富二代开着宝马奔驰。有人说：这小伙子，吃喝嫖赌还这么有钱。

我说：那是他爸的不是他的，你别看错了，他爸存的钱，一旦消耗掉就完了。

未老先衰伤精力　邪淫之人福泽消

▪ 色情业对现今社会危害大

咱们继续讲邪淫。现今社会，搞什么性开放，危害非常大，对青少年，包括对成年人现在都危害非常大，色情业也是非常厉害。

我看到了很多民间的组织，在高速路边立的大横幅"情人节请回家"。

我讲过：人这一辈子最好的情人是自己太太，或者是自己丈夫，那可不是说在外面找情人。

现在很多人把情人节给理解错了。什么叫情人呢？夫妻之间要过情人一样的生活，相处要像朋友一样的关系，这叫情人。

什么叫情人的生活？你对情人会大呼小叫吗？你不会嘛，是不是？其实，也是讲和气的。

▪ 女人怀孕的时间要四正，不要影响胎儿

古人讲究，女人怀孕的时间要四正啊：眼正不邪视，耳正不邪听，嘴正

不邪说，行正不邪做。坐都有坐相，站都有站相，生怕对胎儿产生负面影响。

从这里，我们就知道现在孩子为什么多灾多难，都是父母导致的。

我们去儿童医院看看，有的很小的孩子，很可怜，做手术无数次。实际上，很多都是父母的原因，要不是邪淫心影响了孩子的肾精，让孩子身体差，要不就是暴躁烦躁影响了胎儿，让胎儿在肚里就身体基础不好。

▪ 阳则外泄，阴则内聚，身体容易不适

凡是身体犯邪淫的人，除了心理开始烦躁以外，接下来影响运气求财不得，那再接下来，就影响自己的身体。

自己身体就会经常觉得酸痛不适，查也查不出来大毛病，就是不精神，这儿痛那儿痛的。

什么原因导致的？阳则外泄，你身上的阳气外泄，手脚冰凉。阳气外泄呀！你手脚冰凉，你怕冷，这就是意淫、心淫、身淫导致自己身体出现问题。

阳则外泄，阴则内聚。阳泄了，阴就不断地内聚，冷得不行。

我遇到夏天那么热，有个人，坐在车里不敢开空调不敢开窗户，冷得不行。

我最后问她：你是不是犯邪淫了？她才说：过去小，不知道，当过几年妓女。

我说：怪不得，你想想，年纪轻轻的，六月天热成这样，窗户都不敢开，大夏天那么热还围个围脖，脖子冷。这都是阳外泄，阴内聚导致的，这是身体状况。

▪ 邪淫之人做善事都做不成，人人反感

还有，邪淫的人，经常想做善事却老是做不成。打个比方，你想给爸妈买

点东西，可能都买不成。你买一件衣服，不是大了就是小了，不停地要换来换去，让你还要心生烦恼，就是做善事，你都做不成，就会出现这类的事情。

邪淫的人，做任何事情你都不大舒心。包括你吃顿饭，我跟你讲，都可能苍蝇掉在碗里，让你和服务员生气，和店里生气，你走个路都可能让别人把你碰倒。

总之，这人比较容易不舒心，不能让其他人生欢喜之心。就是你和朋友相处，朋友见你也心情不好，欢喜不起来，就不愿见你。

夫妻之间，对方见你就不高兴，就比较烦，就不愿意见你。不光是不能让别人生欢喜心，还致使众人见之生厌恶心，你如同过街老鼠一样，人人喊打，人人见你反感。还不光是见你反感，听你说话声音都反感，看见你的图像都反感，就这么可怕。

所以人要明白这个道理啊！我们想一想，为什么有的人人缘那么好。

我不知道大家有没有注意，一个店里卖东西，你看没什么人，突然进来一个顾客，他即使不买东西转一圈，这个店里立马人就满了，这就是招人气的人。

有些人不行，人家生意很好，他一去，立即生意就散了，他不招财。他那个气场坏呀，别人看见他就不舒服，和他相处就非常累，听他说话也心情不好，看见他心情都不舒服，自身的场能完全凌乱。

我遇到同样做生意的，有的人就是不用找人求人，天天生意多得不得了，有些人天天找人求人，求不得，做不成，非常辛苦，贵人助不了。

我遇到一个朋友在国税局上班，他们单位领导就对他有意见。他经常给我说：秦老师，我要调动工作到别的税务局去。

我就给他讲：你恶不能改，就如同身上有个毒瘤，走哪儿你都是带着毒瘤走的，你应该要把这个毒瘤切掉，而不是换地方。

他没听，换了非常多的单位，竟然都碰到领导不喜欢他，领导都变成他的小人。他最后才明白，可惜，明白也照着做不下去，最后弄得家庭败落，经济萧条。

我们想想，恶不除，善如何体现？致使众人见之生厌恶之心，不愿意和他往来，不愿意和他做真正的朋友，人脉不旺啊！

我们想想，有的人为什么人脉四通八达，有些人为什么交一个朋友就落一个人，就是留不住人脉，为什么留不住人？什么原因？你同样送礼送钱，人脉都留不住，很可能在犯邪淫上出的问题。

▪ 邪淫改了，才能留住人脉

你要把邪淫改了，人脉就能留住，人脉大于财脉，人脉不旺干啥都不成。

而且，邪淫多了，你身上还会有臭味，眼睛无神，难以集中精力，做任何事情都难以集中精力，还总干啥都不顺利。

我过去碰到一个朋友，他就跟我说：跟客户签订的订单，到手了都会被别人抢走。

你不信用这个方法问他，你肯定犯邪淫了，百发百中，无一幸免。

古人为什么讲万恶淫为首？邪淫犯过了以后非常可怕，做任何事情都是步步栽跟头，跟不上趟。

很多人遇到这类事情，他还没有认识到是自己的错。就像那弟兄两个，他哥哥还说：我觉得我挺善良的，我怎么这么倒霉？

我说：你善良啥？找小三善良？不孝父母善良？几句话让我说得不说话，原来我这么恶。

我们人有个毛病，就是对自己的缺点包容再包容，理解再理解，我们要对自己的缺点、恶习，斩尽杀绝，痛下狠心，这是非常重要的事情。

▪ 常犯邪淫之人耳朵易出问题

常犯邪淫的人耳朵经常出现问题。

我们看到，有很多人上百岁了，人家耳不聋眼不花的。比如，我看到本焕老和尚的一个视频，那时他都一百零四岁了，说话清晰、声音洪亮。你看人家那身体，了不得啊！

邪淫的人，耳朵经常出现问题，耳鸣耳聋，年纪轻轻，听什么都不灵敏、反应慢，还经常会听错，很多人半夜三更，还经常听见有人叫他。

实际啊，这个也算是走神所致，走神了。

为什么耳朵出问题？耳朵我们都知道通于肾，你邪淫了，邪行一犯，意淫就已经伤肾气了，心再一起淫又伤心了，实质再一犯直接伤身。

▪ 邪淫之人易损伤精力，不务正业

损伤精力，不务正业。损伤精力，精力就不足了，不务正业，经常想着赌博、吸毒、贩毒，做一些违法乱纪的事情，是非颠倒、迷失本性。不知道什么是善，什么是恶，也不知道什么是德，完完全全不知道，更不知道善和德有什么作用。

就像吸毒的人一样，吸完了饿得不行，甚至把自己老婆孩子都卖了，或者威胁自己的父母要家产，这种现象多呀！你看，很多犯邪淫严重的人，时间长了就染上吸毒了，殃及自己的子女不懂得廉耻，我们想想，邪淫多可怕呀！多凄惨呀！

要不我说：诸事不顺就是两个原因，一个亏孝，一个犯邪淫。就这两个原因。你拿这两把尚方宝剑，你去看，谁倒霉谁出事，你拿去对比，你让他自己回想，百发百中，这是人最易犯的两个东西，我们不能不知啊！

▪ 邪淫之人易未老先衰，不断流产

未老先衰。恐怕被邪淫纠缠的人都会有这个体悟，凌晨一点仍然不睡，置亲情健康责任于不顾，眼睛熬得通红。花天酒地呀，经常在歌舞厅。

　　我还遇到有很多犯邪淫的人，放弃邪淫以后开始正式结婚了，却要不了孩子，要不然要的孩子就多病多灾，要不就是白痴，不断流产，这种例子也非常多。

　　要不然男的就开始精子成活率降低，没法生育，女的输卵管不通，有的最后得病还要把卵巢子宫全部摘除。

　　我们想想，这都是我碰到非常多的真实例子，非常可怕。

　　有的人，还会被邪淫的思想控制，拼命在网上下载什么黄色录像、黄色网站，天天在网上看这些东西，沉于里面不能出来，被这些东西控制。

　　非常可怕呀！大家不能不谨慎。所以我们要是清清楚楚、明明白白懂得了这个道理以后，谁还敢去犯？

邪淫肾气易妄动　正桃花变桃花煞

▪ 邪淫之人肾气妄动，易恼羞成怒

凡是犯邪淫的人，容易恼羞成怒。犯邪淫的人，导致肾气妄动。

肾代表的是水，在我们身上，它属于平稳、下沉，先天的根本。肾气，它要静则能养全身经脉，一动它就不养全身经脉了，它就会变成什么呀？变成火，就会伤及内脏。

犯邪淫的人，就容易恼羞成怒。

要不有很多人脾气控制不住，火气非常旺，就是这个原因。

恼羞成怒要是严重了以后，我们可以看到的，抑郁症、精神病包括精神分裂症这类症状，会殃及自身。

很多人不知道自己错在哪儿，就是有钱以后，把我们这个载道之器，给毁掉了。

我们的身体有两种功能，一种是载道之器，载道啊，学孔孟之道。第二呢，是行道之具，学而时习之，学完以后呢，身体力行，点点滴滴落实在我们自己的人生里，落实在家庭里，这个家庭就兴旺了，还要用出去服务大众。这是我们身体的两大功能啊。

▪ 邪淫之人，男女相互残杀

犯邪淫不光是男人杀女人，这女人也杀男人啊。

你看，我们这几年的新闻报道，女的把男的杀了，这种例子就比较多。

我还碰到一个例子，这个男的在外面找了个小三，他也不知道这个女的是干什么的，准备要和他老婆离婚了，和这个女的结婚。突然发现这个女的干什么呀，吸毒，还有点抑郁症。他就不愿意离了，不愿意和这个女的结了。这女的恼羞成怒，叫了两个人去他家里把他老婆杀了。

这都是真实的例子啊。我们想一想，家破人亡啊！

我们就知道，古人为什么讲万恶淫为首啊。所有的恶事里面，把杀人都没有摆在第一位，把邪淫摆在第一位，我们就知道这个可怕！

你看，有的人容易恼羞成怒。恼羞成怒厉害了，能成什么样子？我遇到一个女士，给她男朋友打电话，男朋友无非就是忙了，没接她电话，最后也忘记回了，她见了面就把男朋友捅死了。

你看，犯邪淫的人，命都丢了！

关键是我为什么要把这个话，给大家讲出来呢，因为很多人把命都丢了，到死都不明白，自己错在哪里呀。这个可怕，这个是非常可怕的！

我们要明白，为什么我倒霉？为什么我子孙不孝顺？为什么我要不了孩子？为什么？为什么？现在同样的事情人家发财，我挣不了钱，原因在哪里？

我就是给大家找原因啊，就给大家讲原因，就是这个原因啊。

■ 邪淫之人，贵人想帮帮不上

昨天下午，一个朋友，给我打电话，说要来见我，我就回绝了。我说：我早上讲课，下午就很累了，不愿意见人。

他说：你见见我吧，都说我有钱，我就是没钱。

我说：你知道为什么吗？我这两天在讲课，讲邪淫，你觉得你对你老婆好吗？

他说：不好，你这一句话点到病根了。

我说：那你不用见我了嘛。裤腰带紧了，对你老婆好了，加上祭祖行孝了，你再看你的运气就有变化了。

他说：别人欠我几千万，我收不回来，我欠人家几千万，追债的债主不断地追，所有领导朋友想帮我，就是帮不成，贵人都使不上力。

我说：你才知道吧，犯邪淫就有问题啊，想帮你都帮不了，别人想给你帮个忙，甚至还弄巧成拙，有时候反而记仇。

犯邪淫还会让你对儒学等知识，知而不悟。你就是知道一个道理，决定没有悟性，理解不了。你想碰到一个名师，一个善知识帮帮你呀，闻而不见。你闻听说这人了，就是见不到。我们想想，这叫人性渐失啊，非常可怕！

■ 正桃花即正婚，是天作之合

我们都知道桃花运，所有人都说桃花运这个词。

实际上桃花分为三种。正婚称为桃花，因为桃花是春天开的，粉红色。男子女子经媒人介绍，或者自由恋爱结婚，这个桃花我称为正桃花。也是我们所谓的命中动婚，就是命里面动婚了。这种婚姻是天作之合，注定的好缘分，这是正婚。

▪ 桃花分桃花运、桃花煞、桃花劫

可是我们大家也要明白，桃花分为男桃花、女桃花。也不能光怪女的，这男的也有桃花运，男的也有桃花煞。有的女的遇到这男的了，这是桃花煞，这女的就倒霉了。男女是相互的。

我们古时候重男轻女，所以讲的大部分偏到女的上面，可是要是正常来讲的话，男女都一样。有的女的碰到这个男的以后出问题。

桃花分为桃花运、桃花煞、桃花劫，三个层次啊，桃花劫非常危险。

▪ 不想结婚只想上床，必定桃花煞

第一个是桃花运，怎么样能分清它是桃花运呢？

真正的婚姻，你见到她以后非常动心，可是并没有冲动想上床的念头，我告诉你，这叫正桃花。

你见了她以后并不想结婚，可是非常想占有对方，这肯定是桃花煞。为什么呀？她来的目的就是败你运的。这是衡量桃花煞和桃花运的。

包括朋友之间，我们也能感觉到。你看，有男闺蜜、女闺蜜，有的男的和女的也是闺蜜，可是人家就是朋友，一点儿邪思杂念都没有。无话不说，也可以说到亲密无间，可是绝对不会有这个出轨行为。为什么？一点儿那种念头都没有。

所以这是桃花煞和桃花运的区别。

■ 相互怀疑，不放心对方必是桃花煞

桃花运见完以后，人特别清净，常为对方着想，有包容心、理解心、珍惜心。

可是桃花煞见完以后，自私自利，想占有对方，控制对方，对方上哪去我都不能让他去，走哪儿都要跟着，经常还怀疑对方，是不是在外面又胡搞了，在开始相处的时间就已经多疑，没有信任感觉。

你看，桃花运的时间就不会，特别放心对方。你像我出个门多少天几个月，我太太放心得不得了，她不会有这个疑惑现象。

你没发现，有很多人把自己的正桃花运败掉以后，在桃花煞里面，要是跟桃花煞结了婚以后，夫妻一辈子不幸福，相互怀疑，打架斗殴，简直和仇人一样。

我们大家有没有注意，上等夫妻真是相敬如宾啊。

你看，那个中等夫妻犯桃花煞的，那就像见仇人一样，不是女的控制男人，就是男的控制女人，这种要是桃花煞结婚的，殃及子孙。为什么？失和呀。夫妻天天吵架天天打架，他这还离不了，就要折磨对方一辈子，折磨他的子孙。

那桃花劫呢，其中就会离婚，甚至把对方杀了，离开了也等于死了一样。为什么？不见面了嘛。

■ 古代检验婚姻方法对现今一样有效

古代的各种检验方法，对现今的婚姻有没有效？我不知道对别人有没有效，反正对我非常有效。

我从娶完我老婆到现在为止，我两个儿子一个比一个聪明，我的生活

是一天比一天好。我们夫妻两个人结婚十一年了，不生气，相敬如宾啊。孝顺双方四位老人，没有一点意见分歧。帮助双方的兄弟姊妹，都是痛痛快快的。对所有的六亲，我们都是亲上加亲啊。

不然你看看，我结婚之前我还在农村呢，在我们老家呢。

你看，我结婚以后来北京，工作非常好，社会荣誉非常多，还能讲课了，还粉丝多得不得了。

那这个现象归功于什么地方呢，归功我老婆，我们所谓的旺夫。

那我有没有旺我老婆呀，我给大家说个心里话，我老婆过去没有现在漂亮，这是实话。现在，人家见我老婆都说颜值很高，像演员刘涛。你看，过去不是这样啊，我也旺她呀。

她从跟我结婚以后，她的娘家变化也非常大。

你看，我的岳父，一个农民，竟然在北京找了个工作，人家还有医保。有医保是小事情，上满十五年以后还能正式办退休。一个农民啊，也从农村住在县城了。

■ 我父母是桃花劫，卖我都卖了几次

你看看，两家相旺啊，过去我们两家那不是这样的。

我丈母娘跟我讲：过去几分钱买盐都没有啊，问人借钱都是几十块钱几百块钱呀，供他们姊妹两个上学。

家里老人分家分得早，就住了两间厦子房。我岳父干工作过程中，还把手指头弄断了，手有点残疾。

我们家里更是凄惨呀。我爸跟我妈完完全全就是桃花劫，还不是桃花煞。

为什么？我妈是四川的，我爸是陕西的。我姥爷当时因为我爷爷是离休干部，能给他两个儿子找工作，就把我妈以女儿交换性质，嫁给我爸的。

这是我妈给我讲的，所以我妈怨恨我姥爷姥姥。我妈从四川嫁到陕西来，嫁到陕西以后，在我一岁左右，她就跟我爸生气。

所以，在我的幼小童年，我脑海中没有我妈的影子，我爸一个男人也不管我，我跟我爷爷奶奶长大的。

我最后为什么研究这一块呀，也就是因为我特殊的家庭背景。要不最后我就在想，唉呀，这个命到底是个什么东西？命运如何能在我手里，我自己掌握，我自己设计。

我父母不光是不管我，我爸光卖我都卖了几次啊。

第一次，要把我卖到我们宝鸡的一个医院，我爷跑去把我救回来的。我还很小，在他们眼前跑着玩呢，就听他们讲嘛，那个时候还挺聪明的，记忆力还挺深。我就在想：我爸为什么要卖我啊？最后才知道，我那个时间值十万块钱呢。那个时间，我才也就两三岁的样子。

第二次，卖我的时间没卖得了，我跑了，为啥？没妈嘛。

要不很多人说：你怎么上个小学三年级？

没父母怎么上学啊，上那三年级，都是非常艰难上的，三年级还只上了一半。

我才知道，人犯这个桃花劫呀，不光是夫妻两个人痛苦，孩子也痛苦。

▪ 利益熏心，正桃花变桃花煞、桃花劫

那要是桃花煞和桃花劫，这个现象为什么能犯得了呢？利益熏心！

你看，现在人为什么都容易离婚，容易犯。

现在女人嫁丈夫，不是嫁丈夫，是嫁房呢。看你有多少钱。现在男人娶女人，不是娶女人啊，看她是不是独生子女，他们家有没有钱，我要把她娶了以后，他们家的财产全是我们家的。

你看看，大家知道钱字怎么写，金字旁边那是个戈，两把刀啊，这是杀伤力。

我就在我爸我妈的这个事情上，我才明白了，原来我姥爷为了依靠我爷爷的能力，给他儿子解决工作，以利益相交的婚姻。所以他害了他

女儿。

不过，我也是幸运的，那他两个不结婚就没有我嘛。

可是这个害得也是非常可怕的，桃花运也能变成桃花煞、桃花劫，里面有了贪财的念，有了自私的念以后，桃花运都会变过来。这是非常可怕的一个事情，非常严重的一个事情，那个不是开玩笑！

■ 能做传统文化，与小时候的善念有关

我就记得我小时候，我爷跟我奶不能老管我呀，一个人在家里。

我八岁就学会擀面条，就开始蒸馒头。我爸干什么呀，赌博呀，输了钱回来打我一顿。我擀完面条等我爸回来，给人家做饭。

我们家住了两间厦子房，锅在那个房檐台底下支着，这面做着饭，那要下雨的话，那水滴就得滴下来，就不停地烧柴火，经常自己还要捡柴火。

我爸饭量比较大，我还有一个妹妹，本身人小擀面擀得很少。每次擀完面条，我爸下锅里煮好了以后，我爸说：我尝尝看熟了没熟。一熟先给他自己捞一大碗，剩下多少你们兄妹两个分吧。锅里面几乎没有面，净喝面汤。

我经常饿着怎么办，去地里挖土豆啊，都别人家的，也不知道谁家的，那个时候小。

我在这个事情上，我还觉得，我这人比较善良。为啥？挖土豆的时间，还不想把那个土豆秧给拔了，我一拔，这么绿的秧秧就死了，在周边刨，看它结土豆了没有，结了以后，把土豆摘了又埋好，过一段时间它就又结了。

我在这个小事上觉得，自己还比较善良，连青苗都不愿意伤害它。我最后觉得，我能讲课，能开始做传统文化，可能与小时候的善心现象有关系。

一天我在锅里面烧火呢，那个柴火里面埋着土豆，我们兄妹两个就吃土豆，饥一顿，饱一顿。所以我到十七八岁的时间，还瘦得不得了，经常营养不良。

▪ 桃花劫导致夫妻互相砍杀，严重了要命

我妈这个也算是正婚，最后变成了桃花劫，原因就是我姥爷贪财导致的。你看，人这一贪财，正婚就变质，我们就知道，这个钱非常可怕啊！

我记得佛教把钱称为——毒蛇。大家有没有注意，释迦牟尼佛是王子啊，弃国出家。不光是弃国出家，在讲道的时间，所有国王都是他的护法，他还每天照样托个钵去乞讨为生。什么原因？他知道钱是毒蛇，害人啊！

为什么我把这一段给大家重点讲一讲，就是正常的桃花运，要是我们存心不正，这个桃花运就会变质。桃花运会变成桃花煞、桃花劫，最后克你的财。不光是克你的财，严重的话要你的命，就这么可怕。

我就是在这种家庭中经历过来的，我才对这一块非常的了解。

我爸跟我妈不和，打架的时间，我妈是拿刀，我爸是拿铁锨，我妈拿着刀就扔过去了，我爸拿个铁锨就把我妈给拍地上了。这都是我小时候，经常经历的一些场景，经常我们吓得在床底下趴着。

到现在为止，我爸都快六十了，我妈也快六十了，夫妻两个人没在一块生活过，我妈在一边住，我爸在一边住。

他这个桃花劫严重到什么程度？我们想想，跟死了一样啊，相互不来往。

我就知道，种这个恶因啊，几十年都不能化解。所以弄得我跟我妹妹都没上学嘛，我妹妹比我更惨，都不认识字，最后学校说，不要学费，你来上学吧，都上不起，为什么？没人做饭，我爸经常赌博嘛，赌得家里没有吃的。

▪ 我最好的贵人是我爷爷

我经常在讲：我这一生，离我最亲近的不是父母，是爷爷奶奶，一直管我到七八岁。一直到二十多岁的时间，我都跟我爷爷奶奶非常亲。

我能活到今天，是我爷爷跟我奶奶的功劳。我能懂得传统文化呀，也是我爷爷跟我奶奶的功劳。

因为我爷爷是离休干部，他文化也不高，好像是 1937 年参加人民解放军，参加过平津战役，华北华南这个解放运动。

大家知不知道我这个名字为什么叫秦东魁？爷爷起的名字。

我在我爷爷这一支的家族里面，我是男孩子，是老大，称为长子长孙。我爷爷呢，他非常有智慧。我讲祭祖的渊源就因为我爷爷。为什么？

他跟我父母说：我的祖根在河南洛阳，离咱们现在居住的地方，在正东方，或许我这一代开始到你们，还能记得祖先的根在什么地方，我怕再过几代以后就忘记了我们的祖籍还在河南啦。为了让下一代都不要忘记，所以给第一个男孩起名字取一个东字，不忘祖的意思。东方成魁，这是我爷爷当时说的。

我跟我爷爷生活的那个阶段，爷爷经常跟我说：孩子呀，爷爷什么都给你留不下，给你留下的全是书。这是我爷爷给我讲的第一句话。

第二句话说：你爸那人啊，你也别怨恨他，他有精神病。所以，我爷爷一说这话，我心里对我爸不怨恨了，有精神病，怪不得这样呢，原来是这样，所以包容他们了。这就是我爷爷用的教育方法。

但是，我一直对父母爱不起来，没感觉。可是，我对他们很孝顺，跟我父母一直大声话都没说过，就和客人一样。每月给父母生活费，去了我爸家又去我妈家，去完我妈家去我爸家，就经常是这样。

我这三十四岁啦，我告诉大家，没过过年呀，我不知道年是干什么的，家里没贴过对子，过年不知道要吃饺子。

我就知道，这个桃花太可怕了，尤其犯了桃花劫！动不动，我妈不是要把我爸弄死，就是我爸要把我妈弄死，经常性我听到的都是这类话。

我生命中，最好的贵人就是我爷爷。我爷爷让我要感谢毛主席，感谢共产党。因为我爷爷说，我们家族祖籍是河南洛阳人。我爷爷十三四岁参军到的陕西，复原以后就在陕西工作。

我爷爷的嫂嫂、侄女、哥哥，全部是日本炸弹给炸死的。我爷爷那个时间很巧，没在窑洞里面，没被炸死。他从那个时候就开始参军，参军以后还得过三个勋章。解放运动的时间还得过军功章。自小受他影响，让我学习党章。

我的古代文化的基础，也是爷爷那个时间教的。所以，我还把《弟子规》专门做了一次注解，讲了很多。

■ 犯桃花煞、桃花劫，夫妻离婚殃及子女

我为什么要把桃花劫、桃花煞、桃花运，这一块要给大家详细讲呢。我觉得我是幸运的，幸运的原因是我遇到一个好爷爷，我有信仰啊。

可是有多少人犯了桃花煞、桃花劫以后，夫妻离婚，相互残杀，殃及子女，都去坐牢啊。

我记得我去朝阳区监狱讲了一次课，一个一个都那么年轻，大家都不知道什么原因，我一看，全是父母的原因，把孩子都送这来了。

父母都顾及自己，离婚了，单亲家庭。75%的少年犯来自于不健全的家庭。那我就在想，这夫妻为什么离婚？大多就是犯桃花煞、桃花劫了。

我就在想，有机会要把这个详细讲一讲。原来很多是贪钱导致的，给变了。

这个桃花劫非常可怕呀！这个对我影响还小点，可我父母他们夫妻两个人痛苦到现在。就今年有一段时间，我爸还拿了这么长个刀，跑到县上

要把我妈杀了，我妈吓得不敢在家里住啊。我们想想可不可怕，我就知道这在犯桃花劫呀。

最后桃花劫什么时间了结？死了就了结了。所以我们不要犯邪淫啊，连这个念头都不要起啊！一旦给你招个桃花劫、桃花煞，你一辈子都痛苦不堪，非常可怕！

家族亏孝多灾难　苦难逆境助成长

▪ 桃花劫是意淫感召而来

桃花煞、桃花劫，我们如何能避免它？为何遇到桃花煞桃花劫？就是因为我们有了意淫。思想里面有了淫的念头以后，就会感召而来。

按《易经》上讲的：物以类聚，人以群分。

我经常讲一句话：苍蝇不叮无缝的蛋，当苍蝇来叮我们的时候，证明我们就不是好蛋。

有的人说：我怎么遇到桃花煞了，我为什么遇到桃花劫了？

那证明你就不是好人，这证明你是个臭鸡蛋，所以苍蝇来了。你要是一朵鲜花，那蜜蜂就来了嘛。这是一种吸引力法则。

▪ 我生在一个特殊的苦难家庭

我们家庭在我们当地应该是比较奇异的，也是比较少见的。

我在想，我为什么生到这样一个特殊的家庭呢？过去也不明白，我在跟我母亲聊天的时候发觉，老天爷可能故意让我来到这个家庭，来给大家创造一个方法，解开运气学神秘的方法。

可能大家在这听我讲课和别的老师讲课不一样。不一样的原因，就是我所讲的有亲身经历！

我当时就立志，我要研究一下这个命！我小时候命也太苦了，苦得不是一点。我就想，这个为什么苦？苦的目的就是让你清晰明白！

我在我们当地，小时候也是被称为最坏的孩子，淘气！没爸管没妈管。非常幸运，我还有一个我的叔父——我爸爸的弟弟管。

他们家有只牛，我在他们家每天能吃一顿饭。

为什么吃一顿饭？他牛要喂草，我去给牛割草。要是早上去割草，早上早饭没吃，正好割完草以后午饭在他们家吃。我有几年生活是在喂牛的过程中生活，那个时间我就在想，老天爷啊，你既然生我了，那要给我个方法把苦命解决掉。

这个牛也很争气，每年下一只牛犊都是母牛，就因为这样，我叔叔把这个牛都不卖，他要卖了，我就没牛喂了，我就饿肚子了！这个牛确实争气！

所以，我到现在为止，一直劝大家不吃牛肉，也与这个有关系，我感恩牛啊！

实际我们家是姊妹三个，到最后我还有个小妹妹。在我们姊妹三个里，老小妹妹受害比较小。

她很小的时间被我妈带走了，带到了山东，我妈在那个地方又嫁了一个人。而我跟我大妹妹就一直在陕西生活。

我妈给我们家里面，给我们姊妹两个邮衣服的时候，写了一个地址，只写了一个县，叫山东的曹县。我现在都记得很清楚，我当时最多也就十一二岁的样子，带着我的妹妹，那个时间坐车查得都不是很严，前面有大人，我就走在他后面，悄悄地把人家后面的衣服捏住，我们跟着就上车了。

那检票员一看：原来这是他们的两个孩子。就这样，我带着妹妹竟然从陕西眉县跑到了山东曹县。一路上还聪明得不得了，找公安局找我妈妈，最后上了个电视，我妈在我继父家里看到了这个新闻，最后在县城真是抱头大哭啊，我们这是很多年没见面了。

我为什么去那个地方？因为我上学的时间离学校比较远，几里路要走路去，只要一下雨，别人的妈妈就给孩子送伞来了。我一直是淋着雨走回去，还没有饭吃，回去还要做饭。同学们经常欺负我，欺负我是野孩子，没妈。两边是稻田嘛，动不动人家把我一打，就把我推到稻田里满身都是泥。

受的那个苦特别特别多！

我从 2005 年，知道了改命的秘密以后，就抽时间给大家讲课，讲到现在应该十年时间了，讲了非常多的东西，也是近几年才稍微有点影响。我这一笔财富从哪里来的，从我父母对我虐待的这个过程来的。

有很多人，他在苦的过程中，能吸收正能量的东西。有些人在苦的过程中，就开始自暴自弃，就走向了另一个极端。

▪ 谁苦也没有我苦，再苦都要尽孝

我觉得我非常幸运的原因，是因为有爷爷和自身的信仰，我要没有爷爷和自身的信仰呢，我现在绝对是坏人了。

那我为什么讲这块？谁再苦，也没有我苦。我都能对我父母大声话都不说一句。在尽孝上面，到现在为止，妈妈每月的生活费，父亲每月的生活费，养老保险，医疗保险，我是年年全部买齐。

我都能对我父母这样，那你们自己想想，你们的父母对你们当时要有多好。你们对父母，用什么样的方法回赠呢？

所以我掌握了一把钥匙，孝养父母是万福之源啊！我现在这个福一直从孝来的，这个孝不光是对父母，包括对祖父，对爷爷奶奶的孝。

我记得我奶奶那个时间特别喜欢吃鸡肉。我离奶奶住的那个地方三十里路，我为了去看我奶奶跟我爷爷，因为我爷爷退休以后在一个小镇上住，我在农村，我就从早上开始，走路走到下午，一般都是六七个小时，才能走到那个地方，第二天还要去另外一个小镇。

因为当时卖烧鸡肉的地方比较少。我奶奶喜欢吃，我十几岁稍微经济好一点儿后，我经常性步行去那个地方，给我奶奶买鸡肉吃，一直连续买了几年。

我想这第一步福，就是从孝敬我奶奶这个地方积的。那个时间，拿鸡肉供养奶奶，非常地孝顺我爷爷。

因为那时没上学嘛，我就希望在我爷爷那个地方，得到更多的知识。实际我小时候还是蛮聪明的，跟我爷爷的那七八年里面，学到了太多太多的东西，要不我们家里也供毛主席。因为我爷爷讲：没有毛主席就没有咱们现在幸福的家。

▪ 扛水泥袋打双份工，为了让继父对妹妹好点

我最后在我继父家里还待了几年，那个时候好像有十五六岁了，跑到河南的辉县水泥厂上班。

人家看我太小，怕是童工不要我。我就一天在水泥厂里面扛水泥袋子，为了多挣一点钱，八个小时一班，我就上十六个小时。

为什么呢？挣点钱为了让我继父对我两个妹妹好点，我都是在这个上面，在悌道上修的这个福。我大妹妹在我继父家也没上学，就我小妹妹上学了。

我们在继父家大概也生活了有几年的时间。最后跟我妹妹两个人养起我妈妈，回去跟我爸继续生活，偷着跑了的，最后我的这个继父还追到我舅舅家。

在我童年的里面没有舅舅的影子，因为我舅舅家在四川，我妈跟我爸

关系不好，我十几年没见我舅舅，不知道我舅舅长啥样。没舅爷没舅婆没有亲戚。可是我每次在这逆境中，几乎没有消极或者怨恨。

▪ 我爸的教育就是打我，但我在逆境中也能吸收阳光

当我爸打我的时候、赌博的时候，尤其是输了钱回来打我的时候，打得满身是伤。

我就在想，这没事，这身体打坏了还能长。这衣服打坏了我就没衣服穿了。那个时候我还在想：我要把衣服脱了你打吧，没有衣服穿嘛，你打烂了怎么办？经常都是这种想法。

我这个为什么能一步一步走到现在，满身充满了正能量。实际就是我在逆境中能吸收阳光，一直会向阳面的去想。

最后我还想什么，别人的父亲教育让孩子上学，我爸的教育就是打我了，只是教育方式不一样而已。一个正向，一个逆向，实际都是教育，这么一想就想通了。所以，很多年轻人，包括跟我同龄的"80后"都说：你现在出名了，你有影响了。我说：我爸打出来的。

▪ 妈妈多次离家出走，妹妹喝农药被抢救

从和我妹妹找到我妈以后，从山东回到陕西，我妈在家里可能待了有一年的时间，又再一次走了，把我小妹妹又领走了，领到我舅舅家去了。我又开始跟我大妹妹两个人一块生活。

因为我们那个地方地还是比较多，一人两亩地，我种了六亩地的辣椒，一年能卖两千块钱，供我大妹妹去学了理发。至今我大妹妹她的生活来源就是开理发店来挣的。

我有一年就在想：不行，我把我妈接回来吧。这别人都说我没妈，我

这把我妈接回来了，我妈跟我爸生气又走了，不行，我要去把我妈看看，看我妈能不能又回来。

我为我妈跟我爸生活在一起，为了让我们这个家在一块，反反复复大概撮合了三四次，没有成功过。一次比一次惨重，一次比一次可怕。

我最后一次把我妈接回来的起因是为了妹妹。我妈当时四十多岁，大概是零三年，我的小妹妹比我要小七八岁，当时在我舅舅家，也受到我舅舅的孩子歧视，我舅舅的孩子和她在打架，我妹妹就喝农药了，被抢救活了。

我听到这个消息以后，去了我舅舅家。我就跟我妈讲：我是你儿子，你就这一个儿子，你就苦点，把我爸忍忍，你还是回家过吧。

最后实在也过不到一块怎么办，我给我妈租的房子，离我父亲住的地方大概有几十里路，让他们不见面，又种地挣点钱供我妹妹上了个中专，就算我在悌道上面把这个补齐了。

我为什么说孝悌圆满，这是了不得的事情。真是了不得的事情。

▪ 种地供着妹妹上学还要挨我爸打

我不敢说我在孝道上圆满，悌道上圆满，可是按我现在这个年龄，都说"80后"啃老族，在我的印象中我没啃过老。为什么？

我十四岁我爸就给我分家，把我分出来了，四根筷子两个碗，叫了几个老人家往那一坐，给我说：你是儿子，以后要娶媳妇盖房子，我没这个能力，你自己单过吧，我就出来了。那时候，没地方住，住的是我四叔家。因为我四叔在外面打工，给我一间房子在他家住。

我当时就种了几亩辣椒，还喂了四头猪三十多只鸡。为什么？我要供我妹妹上学。为供妹妹上学，我爸也把我没少打，为啥？我爸说：是我的女儿还是你的女儿，还靠你供她上学了。

我说：那你不让上学怎么办？

你知道我爸说个啥话：千家万家上学，一家半家当官，浪费钱！这是我爸的至理名言。

我这供着妹妹上学还要挨打！给我妹妹还要转学，求这个求那个，好不容易中专上完，那真的是在这种环境中，我觉得把我的人生很多事情给圆满了。

▪ 真孝顺是不让父母所犯的错误在自己身上重演

我就在想，我难道是出生命就苦吗，难道我注定就该遇到这样的父母吗，难道注定我就该受这样的挫折吗？就因为这种原因我才讲了运气课。

因为我发现里面的秘密，人犯了邪淫的念头，心淫身淫以后就会感召两个有恶果的人聚到一块，聚到一块以后就来毁坏这个家庭。

再加上这个家庭一旦亏孝以后，没有孝的护佑，就更倒霉。

我最后才知道，我这个家族亏孝严重。我把上一代都问了问，我奶奶对我太婆不好，在这上面亏孝。我爷爷一直在外面工作，这个孝没有补起来，导致我奶奶生了六个孩子，她竟然还是和孩子生气喝药自杀的。你看这叫亏孝啊！

我孝顺我奶奶和我爷爷的过程中，把我父母、我叔父这些不孝顺我奶奶的亏孝，我补了。所以我现在好的原因，是因为把孝补了。

我把悌道也补了，我爸爸姊妹六个几乎不来往，和仇人一样，我供两个妹妹上学悌道圆满，还帮助大妹妹买房。

所以我经常说一句话，真正的孝顺是把父母所犯的错误，在你身上不要重演！

我亲身看到过我爸打我妈的景象，我妈打我爸的景象。所以我跟我太太见面的时间，我就说了一句话：我作为一个男人，一辈子不可能动你一根指头。所以我从来没动过我老婆，反而她一生气还锤我两锤。

▪ 像莲藕一样，在污泥里面吸其精华去其糟粕

所以你看，在逆境中你如何给自己装阳？把他变成一个反面的教育，你就不会破罐子破摔。

这样的话，阳一足，天性始发。你把你的天性要常长养！你如何长养它，常为他人着想，常微笑，孝敬父母，夫妻和谐。在所有的逆境里面，你要吸收好的养分！

就像咱们后面的背景莲花，我非常喜欢莲花，我们大家都知道，藕是长在污泥里面的，可是藕那皮扒开是洁白的，荷花是那样的纯洁。

我们古人讲了一句话：人生不如意十有八九。我们在这个不如意的过程中，能不能像莲藕一样，在污泥里面吸其精华去其糟粕，这样你成功了，这就是天性！

▪ 亏孝会持续传承，整个家族多灾多难

我现在为什么服务大家，给大家讲这段，就是我把爷爷奶奶在孝道的亏，我以讲传统文化的形式给他补了。我要拯救我的家族，让我的家族要兴旺。为什么？我爷爷奶奶这个亏孝，导致我们整个家族多灾多难，就因为这个不孝，现在已经传了两代了，仅我知道的就是两代。

我奶奶不孝敬她婆婆，她的子女不孝敬他们。我奶奶因为跟孩子生气喝药自杀的，六十七岁。我当时非常伤心，我回来的时间已经盖在棺材里了。我把棺材打开还把我奶奶看了看，因为这是我最亲的人，没有奶奶的话我长不大。我穿的衣服棉袄全是奶奶做的。几个子女，就因为我爷爷是离休干部，有点工资，到我爷爷生病的时间，我爷爷不能走路，坐在沙发上，给我说了一句话：孙子，你救救我吧！

我当时都已经来北京，大概是 2005 年了，2005 年来的北京。我爷爷 2009 年去世的，2009 年前半年我见的爷爷，我经常回去唯一的目的，就是为了看我爷爷。我奶奶是 1999 年去世的，所以，不孝的这个恶果也是传多少代。

当时，六个子女，除了我小姑不参加外，那五个子女抢财产，老人在那躺着坐着，他们翻箱倒柜全部柜子都挑了。我爷爷见我就说一句话：孙子你救救我吧。

我当时非常难过，不敢救。

为什么不敢救？因为我爷爷是富老头，他要没有工资我就把他接北京了。他是富老头，我要一旦接走，我这些叔父就会以为我爷爷把所有的财产给我了。

为这个事情，我非常难过伤心，没办法，我就给我爷爷把轮椅买了，把保姆雇了，把所有的这些东西做完，我跑到我叔父家找我的堂弟。我说：我一个月给你两千块钱，你打工现在也就挣一千多，你能不能把咱爷爷再去守守？

因为我叔叔我爸爸这些都不会听我的，我只能给我堂弟讲。我堂弟说不去，反而老人去世以后全跑去了。为什么？抢东西！

当时我对我爸讲：你不要争他的财产，什么都不要。最后我爷爷临终的那段时间，竟然还是我父亲在跟前送终的，别的子女都没有在。

我们家里多灾多难。我大伯，我爷爷去世没有回来，他还在河南。

我爷爷去世那年刚安葬以后，他的儿子就犯法被抓进去了。我爷爷过三周年，他儿子才出来。

我四叔家的孩子抢劫被抓进去，我三叔家的老大，大学毕业了得肾衰竭去世。我姑姑家没儿子，我小姑嫁了两次人，一个儿子还被他丈夫卖了，又跟人家离婚回到家里，我们这个家族，他们姊妹六个没有一个好下场。

▪ 为父母买房，因孝聚财

还就我们家最好，我爸我妈虽说一个住这一个住那，还没出多大事。还有就是，我在这个孝悌，包括在做慈善，包括经常劝谏父母这个过程中，我们姊妹三个都还过得不错。

我妈妈，每月我发的生活费，在县城住。我 2002 年在老家花了三万块钱，给我爸爸的房子盖了。当时我奶奶喝完药以后，离县城太远没有抢救活。

因为我奶这个事我就在想：我让我妈要住县城，以后有病离医院近。没想到给我妈四万块钱买了套房，最后还升值涨价了。把那个房子买完以后，又买了现在住的这个房子，你看，因孝聚财。没想到我们当时十九万买的房子，现在涨到一两百万。

你看，福是从逆中而来！

我为什么给大家讲这段，就是，所有的桃花煞桃花劫，决定是我们有淫的思想，淫的心感召聚一块的，再加上你们家一旦失孝，无福可护。家里唯独能护佑子孙的，我们可以说一句话：读尽天下书，无非一个孝！就是所有的书你读完了，就是讲一个孝字。

▪ 恶不能掩盖，要晾晒，忏悔可以止恶

要不我经常在讲：孝是万福之源，淫是万恶之首。我在我们家庭的这个状况上，我明白了这个道理。

我就一直想要讲这堂课，我一直在探究，我该不该讲我们家的这种例子。我又一想，只有我们家的例子讲出来，第一有信服力，第二能替我们家族把这个万恶之源给断掉。所以，恶不能掩盖，要晾晒啊。

就像我们说的话，为什么要忏悔，说自己错了，我从今天改正了，这个罪就截止了。你藏在心里，积多就臭了。所以桃花煞桃花劫，非常了不得！

▪ 出生死过一回，爷爷掐我人中救活

2003 年把我妈妈接回来以后，因为我妹妹喝农药的事接回来以后，我妈妈就给我讲了一段我的事情。

她就说了：你不知道，你可能也就这命，我们对不起你。我说：我是什么命啊？她说：我没怀你之前就做了一个梦，梦里非常清晰说涨大水，水往上涨的时间，一个女的抱着一个孩子，爬岸爬不上来。我正好在那，她就叫我，把孩子给我，给我以后啊，这个女的走在水里就消失了。

她说：我当时都没结婚，抱个孩子这怎么办，可是孩子又不能扔，就把你从后门抱回家了。抱回家以后，她就怀孕有我了。有我以后，我出生的时候是死的。为什么？生下来以后就没气，也不会哭，全身都已经青完了。

农村过去接生又不在医院，都在家里接生，接生婆说：你们还年轻，可以再要，这死了就死了。

我爷爷在部队上是中医，学过针灸，他已经背着包要去上班的过程中，都走出四五里路了又不放心，心想：会不会这几天生了？那个时候又没有通信又没有电话，我爷爷又从街上回来要看一眼我妈。回来以后，知道生了，说这个孙子是死的，我爷爷就很难过，长子长孙呀。

我爷爷说：不行不行，我要去看看。一看，我全身青着，我爷爷在我人中掐了一下，我放声哭了，才活了。那个时候，据说咽气都已经几个小时了，活过来了。

我妈就一直在给我讲：我们尽不到父母的职责，可能这是你的命。我

妈妈讲这个理的时候，我就知道这可能老天爷派我来，让我要给大众好好服务，这就是我出生的事情。

这就是我小时候的经历，这要详细讲，那不知道得要讲多长时间。

为什么我讲这一块呢，就是给大家印证一下古人讲的：孝是万福之源，淫是万恶之源。我们家族就因为失了孝，毁了几代人。我就因为在孝上补了补，因为当时年龄小补孝能力弱，只有我们一家好着呢。

不管怎么样，我爸我妈还在，不管怎么样，我现在有爸有妈，我姊妹三个都还过的挺好。你看，除了我大姑跟我姑父没离婚以外，我小姑离婚了，我大伯跟我大娘像我父母一样，各住各的，不在一块生活。

■ 三婶加害受难中的婆婆，导致车祸

我三叔到现在没老婆。为什么？我的三婶因为出车祸去世的，儿子肾衰竭去世的，等于他们家死了两个人。我最后就研究他们家为什么招此横祸。

因为我还有个四叔，我四叔跟他老婆生气了以后，他老婆跟我奶生气就回娘家了，我四叔想让他老婆回来，娘家就说了，让你妈要来道歉。我奶没去，我四叔就把房子点着了，点着完以后我奶就没有地方住了。

当时那粮食都烧糊了，一点儿糊的粮食，在我三叔家里放着。我爷当时工资就几十块钱，工资很低，我奶就想把这糊粮食拿去吃，我三婶站在大街上骂，不让把粮食拉走，都拉在村子中间了，还给拦了下来。

我就知道，我三婶子为什么去世。因为人在难中的时候，你还在害别人，尤其还是害自己的婆婆，这个罪是最重的。

这是我们整个家族的苦难。我就生活在这样一个特殊的家庭里，就因为这种特殊的家庭，才让我萌发了研究运气，研究人的福从哪里来，祸从哪里来的念头，让我出口成章讲这样的东西。不然，我哪有这么多东西讲。

▪ 我爸妈是我人生中最大的逆缘

到现在为止，我都讲十年了。在这十年里面，我爸跟我妈也算是我人生最大的逆缘。为什么？我爸是攻击我，我妈也是攻击我。

她甚至说：哼，他还讲传统文化，对我都不好，你们还跟他学啥。你看，他们两就跟你来这样一句。

别人说：他妈都这么说了，是真的，就走了。

好朋友就问我说：你对你妈不好吗？

我说：我从把我妈接回来到现在为止，她十几年没上过一天班，我每年给我妈养老生活费，在我们县城每月最少一千块钱。请问你给多少？

好朋友说：你一年给那么多钱啊，我一年给我妈也就几千块钱。

有一次，我遇到一个领导，我问他：你当官呢，你给你妈一年多少钱？他说一年三千。

我说：太少了，我一个农民，我给我妈我爸一年下来要给三四万呢！

我这一说，他说我明白了。我就给他讲：我妈没养我很正常。所以，古人有一句话：生恩没有养恩大。我现在理解了，你生了不养就死了嘛。我是我爷跟我奶自小把我养大的，所以我爷跟我奶，对我实际像对儿子辈一样，好得很。

反而我爸跟我妈，对我不太有感觉。他们在我跟前，就是钱，钱，钱，除了钱二话都不会说。我爸用的方法比我妈更可怕，给钱少了，当人面几下给你撕得粉碎，就给你扔了。

所以，我有很多福是从忍中得来的。我就知道，你看，这是助你成道呢，助你成就！要不我经常在说：各位的父母都好，是不是，加紧好好孝顺吧。

90

■ 想建祠堂，改变不孝老人的风气

我最近还有个念头，我要给我爷我奶建个祠堂。我建这个祠堂，一来为了报答我爷跟我奶的恩德，二来我父母百年以后，把他们也供在里面，化解我和他们之间的冤仇。第三，为了引导。

因为我们当地还没有祠堂，我父母都对我这样差，我都能给我妈买房，给我爸盖房，还能给他们建祠堂。

我想用这种方式，第一，把秦氏的列祖列宗有一个归宿。第二，把当地不孝敬老人的风气改变一下。第三，专门影响一下那些不孝的人，他们给自己的子女把房都买了，把房都盖了，却让自己的父母住窑洞。就影响这些人。

要不我说，我今天所有的成就，是来自于父母的逆推动。也就是逼着我研究了运气。我明白了，家中要想子孙兴旺富贵，孝贯穿家族。要想子孙不受迫害，把邪淫制止掉。这两个是非常重的东西！

所以我们一定在人生的道路上，不要感召桃花煞桃花劫，煞败运，劫要命啊！

■ 孩子不孝不成功，根都在父母身上

愿是个无形的东西，你行善，愿就把善回赠给你。愿望有分别，有善愿，有恶愿。在父母对我的种种恶行里，我都用善的东西跟他对冲，全化解了。

这个善的力量非常了不得，善也就是正能量。我们随时随地吸收正能量。

那如果我们要作恶，愿就把孽回赠给我们。

你看，所有善恶都是自己求的，也是自己设计的。我在对父母对爷爷奶奶孝敬帮助的过程中，我一直都是以德报怨，就想他们的好处。

我爸把我打成那样，我妈虽说离家出走无数次，在我印象中没有什么积怨。我就想：我比孤儿强，我还有妈呢，不管怎么样，她还活着呢，我知道她在哪儿呢。比孤儿强嘛！我这么一想，心里安慰啊。

所以，我对妈妈几乎没有怨恨。不过，也不能说一点没有，也有点！可是孝顺该孝顺，心里有时候想起童年比较可怜，也是有一点点怨恨。

这几年讲《弟子规》，慢慢这个怨也消得差不多了，可是有时候还会想到。我在这个事情上就知道：夫妻犯邪淫，闹离婚，打架斗殴，对年轻人对子女的内心世界伤害有多严重。

你想想，我弘扬传统文化都十年了。经常做慈善做到这种程度，把这点怨才化解掉，那么多的年轻人，谁能扛得住？你说子女能得福吗？肯定得不了福，肯定得祸嘛！

要不很多父母怨孩子不孝顺，孩子不成功，实际上根源都在父母身上。

▪ 父母失和，直克子女

我今年碰到了一个朋友，认识很多年了，我也看到了他的凄惨下场。他父母也是这样，比我父母强一点，父母失和，直克子女，这叫水火克，无处躲。

我讲的这个克是失和的克。和则不克，失和则克，父可以克子，子还可以克父，夫妻可以双克。

你把妻子当皇后，你就是皇帝命。你把丈夫当皇帝，你就是皇后命。你把对方当奴隶，你就是贱命。这就和了。你看你把对方当什么，你把对方要是当珍宝的话，你就是盛珍宝的那个宝盒，这也是愿力！

你看，我把我老婆当什么，皇后，明星！是不是？你看我老婆学历也不高，初中，经常参加我们这些公益活动，很多朋友都客气地叫她苏老师。

你想想，我太太听完心里还挺舒服，说：要好好支持秦老师，给你们大家好好讲。你看，她还越来越漂亮。

▪ 天下的文化，都在孝道上立足

所以这一章我给大家讲得多一点，拿我们家庭给大家做个事例。我们家第一失孝，孝一失是万祸皆来，一犯邪淫就开启了万恶之源的门。所以，天下的文化，都是在孝道上立足的。

所以，愿是个无形的东西，你行善，愿就把善回赠给你，你作恶，愿就把孽回赠给你。运气学里面有个反作用力，就像拍皮球一样，你越大力气拍它，它越反弹得严重，你小力拍它，它就擦擦地，你要不拍它，它就不动了。

所以，你犯什么犯得越重，它反弹力越重。

我们在逆境里面，如何能像莲藕一样，如何能像莲花一样，这个非常重要。我在逆境中就像莲藕一样，随时随地不抱怨父母，随时随地不抱怨命运。我在这个地方，才找到了解决命运枷锁的方法，化解灾难的方法，我才知道从孝入手，从断邪淫入手，这是两大法宝。要是我们犯邪淫太严重了以后，多出逆子败子，钱财不能聚集。

▪ 经常说谎财从嘴上漏，犯邪淫财从命格上漏

邪淫和欺诈是一对兄弟，人犯了邪淫后也爱欺诈人。欺诈的人多半都邪淫，邪淫多的人，也就多半会欺诈人。

人经常说谎也是很难聚财的。你看你一犯邪淫以后，你要瞒老婆，你要瞒老公嘛，谎话就开始多了，也就不聚财了，财从嘴上就漏了。

你犯了邪淫以后，财就从你命格上漏了。你要是孝顺了父母以后，这是后天的行为，把你的运就推在了前面，就变成什么，运命！

93

你要是犯了邪淫，再犯了不孝顺父母，就变成命运。命是死的，运是活的，命和运是两个概念。命就像我们的生辰八字一样，运就像我们穿的衣服一样，我今天能换红的，明天能换黑的，命和运就这种区别。所以，我们要分开来看它，它是不一样的。

孝顺父母为什么能改命？就是它把运推动了！运推动以后，变成动向，把死的命给推活了，就变成运命。

一犯邪淫，命旺运弱，命运就死了，动不了了。

■ 两面照妖镜，百发百中

所以我说：孝是万福之源。我们家就把这个万福之源先断了，虽说我家没有犯那么多邪淫，可是家里子孙一看，一个一个家道败落，亏孝亏的。

我这两天讲了两句话：诸事不顺皆因亏孝，诸事不顺皆因邪淫。这两个是诸事不顺的原因，任何人，大企业，家庭不顺利，你就拿这两个法宝，像照妖镜，你照他去。你就问他：你是不是亏孝了，你是不是犯邪淫了，你自己反省，你对谁不孝，百发百中啊！

所以，我讲我们家族的例子，就是这个目的，让大家要想到孝顺父母。

你爸妈对你，相比我爸妈对我，你爸妈对你像在天堂一样。可是你在天堂里面，都不懂得知恩报恩，你说你还能活？肯定活不了了嘛。

我爸妈对我这样，我跟我爸妈大声话都没说过。我爸早晚骂我，我都是：对，是，好，我改。就这样！为啥？我爷跟我讲的我爸有神经病，我跟病人计较干啥？是不是。

我爷爷有智慧，他不说这话，我是不是就做坏事了，我肯定违法乱纪去了。我才知道，你看，我爸我妈都神经病，我还没有遗传上，我已经很幸运了。你看，不抱怨了嘛。

所以我爷有智慧。要不很多人说你为什么讲传统文化？我说我爷爷教的。

你看，人在所有的逆境中，要反面想问题。即使杀人犯出生的时候，也是纯洁的婴儿，想他好的，给自己装阳，这样就不会自暴自弃了。

那实在这个人太恶了，我们没有办法怎么办？恭敬远离！我不惹你总行吧，是不是。

所以，邪淫一犯说谎话了，丧失财运和功名。严重有不可告人的亏心事，一句谎话说出来，要拿十句谎话去掩盖，真的是这样，我们大家要明白。

我为什么把这个例子讲出来，也希望大家在我的家族受的亏孝的恶果上有所醒悟。

大家一定要遵古啊，包括婚姻的仪式这些东西。你看，现在的结婚仪式，哪是结婚仪式，耍人呢。主持人一说，把爸妈一叫，红包拿来。你看，露骨得很，那财是凶财啊。

你那个时间该干什么呀：爸妈，我们成家了结婚了。你给爸妈红包，这就是福财了。父母是大家的福星，因为不遵古，所以现在离婚率很高。

第九集

一切安排皆有因　以德报怨能改命

■ 要用孝的阳光，把家族亏孝的阴暗驱散

我们继续。刚才我拿了我家里的很多事情来举例，包括亏孝的不顺，如何在逆境中吸收正能量的东西。真正的孝子，是把父母的缺点祖先的缺点，在自己的身上不要重演。这个很重要的。

我记得我爸妈的所作所为，对我们姊妹的伤害是比较大的，除了我爷爷说他们有精神病，让我把这个怨恨消了一部分以外，我在我们村子碰到了一个阿姨对我影响也很大。

这个阿姨在我人生道路上，也是非常了不得。古人讲：滴水之恩当涌泉相报。这个滴水之恩，讲得非常好。为什么？有时候是一句话就把你帮助啦！

当时，我在这个阿姨跟前，和几个人在抱怨，我就说了：我爸我妈，对我爷对我奶不好，对我们也不好，我长大了对他们也不好，我不孝顺他们。

这个阿姨听完说了一句话：父母是不可以选择的，你难道想让你们家不孝顺老人的这种风气，又传到你们的后代子孙吗？

96

就这一句话把我问住了。我一想：我以后长大也要结婚，也要有儿子，他不孝顺我怎么办？就这一句话，把我敲醒了。

我在这句话上明白了一个道理：原来我们自己，完全可以把整个家族的运气，还有一些恶因，在我们这一代身上，把他制止住，不让他再延续。真正的孝顺，不是你当了多大的官，不是你给家里挣了多少钱，而是把父母祖先所有的缺点，在你的身上不要再重演。这是大孝啊！

我一想：我奶奶对我太奶奶不好，传给了我父母辈，我父母辈对我爷爷奶奶不好。那在我手里，我要对我爷爷奶奶好，对我父母好，要变成个"另类"。

要用我这个很弱小的孝的阳光，把整个家族亏孝的这个阴暗，给它驱散掉。所以这个阿姨的一句话，对我影响是非常大的。

我们家族是很明显亏孝的一个家族，导致发生了这么多的事故。我父亲是弟兄四个，我大伯夫妻不和，我父母夫妻不和，我三叔太太去世儿子去世，我四叔老婆已经改嫁，把他的二儿子还卖了，剩个大儿子，因为抢劫现在还在监狱。等于我爷爷的四个儿子，没有一个好下场，就我父亲好点，还是因为我补了他所亏的孝。

最后我爷爷奶奶去世，安葬期间所念经的费用，包括过世三周年立的石碑，我本来想在上面写我父母的名字，因为立石碑，一般都是写儿子孙子都是什么名字的。

我一想：子孙都这么不孝顺，有什么颜面写这个。用什么方法能让我们这个后代，我们这个家族能兴旺呢？

再加上我想：我写了父亲和伯伯的名字，不写姑姑的名字姑父的名字，他们还生气。要是漏掉以后，他们为这个事情，会跟我有怨。

我为了杜绝这个怨，这个石碑上面，只写了"秦氏后代不孝子孙敬立"，这一句话概括完了。为什么？不孝子孙立的嘛！都包括了。

他们所有人跑去上坟的时候，看到这个不说话了。我也是为了让他们上坟的时间，让他们看到这句话，想一想，他们孝不孝顺。我用这个方法，给他们种了这个种子。

孝是万福之源、邪淫是万恶之源，我只是拿我家庭的例子，做一个佐证。这样就更真实，让大家可信。这都是真实的东西，别人家的我不敢讲，我们家的是我最了解的。

■ 钱能让骨肉相残，多做慈善才不会被钱祸害

你看，我爸十四岁把我就分出去，我住我叔家，没有办法生活，就种地。

我爸赌博，把我分出去以后。我要是养点猪养点鸡卖点钱，只要有钱了，我爸还要经常来问我要，气我，就是要我把钱给他。

我种的麦子不敢放自己家里。为啥？收到麦子放到家里，我爸趁我不注意，就给你卖掉赌掉了。

你想，我一个十几岁的孩子，太不容易了，没办法。怎么办？把钱和粮食就放到我叔家，谁知道我叔到最后都没给我。

在这件事情上我就在想：钱能让骨肉相残啊！

从那个时间我就在想：我以后要有钱了，多捐赠，多做慈善，决定不让钱来害祸我。

所以我从 2005 年开始，明白这个道理以后，在做慈善过程中，从来不募捐、不化缘。我跟我太太有时候商量，捐款捐到我口袋剩十几块钱。

大家可能都不知道，我身上穿的衣服，稍微好点都是别人给的。为啥？几乎不买衣服。人家穿过的内裤，都给我，我都穿了。我告诉大家，什么半截裤、裤子，人家说不要了，我看能穿，我拿回家就穿了。

跟我老婆结婚了，在北京，刚开始经济比较困难，硬忍着冷坐在家里，连棉袄都没有，暖气都不开。我老婆看不过去，才花一百二十块钱给我买了一件棉袄。

我最后想了想，我这工资不停地在涨，哎呀！这是因为惜福了啊！在这上面把福惜了，反而省了钱，第一年就资助了五十名特困学生，去孤寡

老人院看望老人，就这样去做出来的，一直做到现在。

那看望的老人，受到我资助的大学生、初中生、高中生，那就太多太多了，很多人因此受我感动。

我这个行为从哪来的？我布施捐钱的第一个原因。就是钱和粮食放在我叔叔家，我叔叔都没给我。

▪ 常常以德报怨方能改命

我叔叔的儿子病重的时候，要换肾脏，我当时就在想：我弟弟这么年轻，我叔叔为什么就不去给我这个弟弟换个肾脏呢？这是他爸呀！

我当时为救这个弟弟，医院也去了很多次。我还背后问人家医生，看我这个肾脏适不适合，能不能跟他配上，还悄悄做了检查。医生说不合适。

我这个弟弟病重睡在床上的时间，他知道他父亲对不起我，把粮食和钱都扣留了，都没给我，也知道我自小受了非常多的罪。

我弟弟躺在床上哭着说了一句话：哥，我这病要是能好的话，你的粮食和你的钱，我就还你了，你跟我爸别生气了。我就听了这一句话，对我叔父的怨消了。可惜，我这个弟弟到最后也死了。我每年上坟的时间，给我爷爷奶奶上坟，也给他上坟。

所以，我想我自己，常用以德报怨能改变命啊！要不很多人说我半年就把命改了。我也不是半年改的呀！我是提前改的。在家里肚子饿，挖人家土豆的时间，连土豆苗都不愿意伤害，把底下土豆掏了，这秧子还在上面还能活。从那个时间我就已经改命了，也是十几年呀！

▪ 希望更多人看到我的故事，不要再抱怨父母了

就像我们经常在讲：我吃第七个包子饱了，那是前六个垫的底儿。我

也就是因为在这个逆境中，一直思索父母的好处，思索爷爷奶奶的好处。谁对我有一句话的好处，我都能记着。

我上小学三年级的时间，我们班主任就问我：你们家一年吃几斤油啊？

我给老师讲了：我们家半年吃一斤油。

老师说：不会吧，你们半年才吃一斤油？

我心里想：老师啊，我们一年都吃不了一斤油啊。我当时说那话，小孩嘛，还怕丢人。

我们家买油，从来没拿过油壶买油。都拿什么啤酒瓶，就那一瓶油，拿筷子蘸着给锅里放。让我父亲赌博，赌得是自行车、手表，所有东西都输光输净了。

我为什么要讲我家庭这段历史？实际就为了希望更多人，能看到我讲的这堂课以后，不要再抱怨你的父母了。我父母对我这样过分，我都能在过分中吸取营养，以德报怨，改变命运。那你的父母就再坏，也没有我父母做得过分啊。

▪ 一切都是最好的安排

我小时候没人管我，我大了能挣点钱了，我爸跟我妈抢我。

我要给谁给钱多了，给钱给谁少了，两个人就打架，打电话就来骂我。我就这几年稍微工资高点，我还受这折磨。他们两个关系只要一好了，就合着伙来收拾我了。经常性啊，我就在这种亲情折磨中，成长起来的。

他们要不是用反面的这种方式教育我，那大家今天怎么能听到我讲课呢？听不到啊。我无非就正常大学毕业工作了嘛，是不是？

所以，我现在想了想，一切都是最好的安排。老天爷要让我遇到这个事情。我记得孟子有一句话：天将降大任于斯人也，必先劳其筋骨，饿其体肤。我不能和孟老夫子讲的比，我也没有老天爷给我降这个大任。可是我觉得，我在我们家庭中发现了秘密：一个是亏孝招恶果的秘密，另一个是犯邪淫招恶果的秘密。我发现了改造自己命运，设计自己人生的秘密。

■ 善愿会吸收正能量，能解脱运气束缚

我们讲，善愿大过于恶事，你就是乘愿而为。

就像我们家族一样，我们家族有那么多逆境，那么多不好的事情，来到我跟前以后，我就因为小时候想到，我要解决命运约束的事情。

你看，立足了这点善愿，大过了最后所有的恶。所以我没有走偏，没有走上犯罪道路，这愿起的作用啊。

我要解决这个干什么？我不是为我自己，我不是为了让我好命。我一想，很多人可能都会遇到命运约束，我要把这个枷锁给他打开，这是第一。第二，我父母即使这样，她也是生我了。爸妈不能换。

我在悌上帮助妹妹，连堂弟叔父都帮，所有的亲人，能帮就帮。我奶奶最疼的就是我小姑，我小姑家比较可怜，我去年还去给小姑家拿了点钱，让小姑把房子盖了。我是为了报答我爷爷奶奶的恩德，我连姑姑都管了。

我们想一想，人家都说孙子不养爷，我这个做孙子的，把爷爷奶奶都管了，连墓碑都是我立的。这就是正好补了家族所亏的孝，人身上要有这个正气，要立这个愿。

我就因为发了这个善愿以后，最后所有正能量，不断地在这个愿上面增加，所以把命运的枷锁给打开了。

■ 好行为感召好运气，三年祸消福来

所以，关于行为联接的运气，有句话说得好：嘴说善言嘴吉祥；心存

善念心吉祥；行做善事身吉祥；如此三年祸消福来。

你想招祸也容易，嘴说恶言就受恶果，心存恶念就受恶果，行做恶事就受恶果，所以如此三年福消祸来，你看，就这样就把祸招来了。

你要是意有意淫的念，心有心淫的念，身有身淫的念，这叫三恶具足啊！灾祸临身啊！

所以，福和祸是我们自己掌握的。人人都是好命，你的命不好了，是你嘴不好了，心不好了，身不好了，你都坏了，福禄寿就亡啊！那什么东西毁这个最严重？满脑子是邪淫念，心里头是邪淫心，身是邪淫行，要命啊！

所以运气全在我们自己身上。我们要真正懂得明白这个道理，这一生就能过天堂生活、幸福生活呀！

邪淫是开启万祸之门的钥匙呀！你一旦犯了，什么奇祸都能在你身上发生。孝也是开万福的钥匙，只要你能从孝道入手，孝一来你淫心肯定就消了。

我知道的案例特别多，就是犯了这两条。只要能改，福寿双全啊！孝顺了父母得福，戒了邪淫得寿，就是这个道理。

我觉得这一块是非常非常重要，所以就详细地给大家讲一讲。后面还有十个犯邪淫的可怕的地方，影响太大。

希望我们大家，在学习的过程中能真正落实。

我经常讲：你听得再多不能落实，如同你在饭店里面背菜谱一样，你永远不会知道菜的味道，也像你光看地图知道某地在哪里，你不去那个地方，你永远也不知道当地的风景。

意淫断掉得福，心淫断掉得禄，身淫断掉就得寿，你福禄寿都全了，你什么地方一犯就完了。

父母行善加修德 儿女自然来孝顺

▪ 万祸之门，不是来一万种灾祸，而是来无量灾祸

我一直在课堂上给大家重复，邪淫是开启万祸之门的钥匙，非常可怕。

你一旦犯了邪淫以后，就开启了万祸之门。这个万祸啊，它不是一个数字，不是一万种灾祸，那可以说是无量灾祸。

凡是犯邪淫的人影响子孙。上梁不正下梁歪，无法为子女做好榜样。

我讲到这一块，就想起我遇到的一个人，他女儿年纪轻轻就谈男朋友无数，打了很多次胎。

他求他女儿，说：爸不管怎么样也算一个官员，你这样做给父亲非常丢脸。劝了也没用，女儿照样是我行我素，还要给钱。为什么呀？独生子女，宝贝呀，没办法。

有一次朋友约喝茶，他在现场，他说孩子难教育啊。

我说：现在孩子非常好教育，孩子难教育的原因就是上梁不正下梁歪呀。我说这话的时候他没说话。

他就给我讲，他女儿爱谈男朋友，打了几次胎，他在这个上面接受不了，朋友因为这个事情都笑话他。

我就问他，你女儿能这样，肯定与你们夫妻有关呀。你想想，你自己交了多少女的呀？

他就反省了很久，才说：果真是，学了我的。我过去交了很多女的，婚后，也交了很多女的，有的年纪都能当女儿。

我说：对呀，你女儿今天所做的种种邪淫的恶行，完全是遵照你的影子表演出来的。

▪ 孩子出生有四喜

我们每个人都知道，当孩子降临世间，父母满心欢喜。在我们陕西，一旦一个孩子出生，那真是满天欢喜呀。

看十天、看满月、看百天、过一岁生日。你看，喜讯从十天开始，满月、百天、一年，这叫四喜呀，恭贺啊。

在你孩子过十天的时间是内亲看望。什么叫内亲？姑姑家的、姐姐家的、舅舅家的亲戚来看望祝贺。

过满月是众亲相贺，所有的亲戚朋友都相贺。

那过百天呢，重金相送啊。这个时间在我们当地，舅爷舅婆就要给这个孙子给这个外孙女送来什么呀？婴儿车，长命百岁的银锁子。过去啊，银锁子很珍贵，现在我看都变成金锁了。

那过一岁的时间呢？又是众亲相贺。这是生孩子的时间，亲戚朋友都来道喜。

可是我们有没有想过，要是这个孩子将来长大以后，邪淫奸诈、懒惰凶顽、不孝父母，喜从何来？

我们想想，喜从哪里来？没喜可言嘛！哪有喜呀，是不是？苦不堪言。

▪ 为何孩子三岁看大，为何守孝三年

我们人只知苦，不知其因。苦的前奏，就是我们造了一个苦的因；喜的前奏，就造了一个喜的因；福的前奏，就造了一个福的因。我们有没有造这个因？造这个因，是我们所有人可以掌控的；可是受这个苦的时间，谁都没有办法。

我们在造因的过程中，一定要把这个掌握好。

我相信，没有哪个父母不希望自己的孩子有出息、有见地、成人成才。你看，这句就非常重要，成人啊，人在前面，下来要成才呀，这是很重要的事情。

你的孩子，你有没有把他培养成人？

一般人，生下来就像毛毛虫一样，身都翻不过来，真和动物没啥区别，啥都不知道。

有的一生下来，生命都是危在旦夕，要靠父母管。一直到三个月的过程中，你可能才会翻身了，才会冲着父母笑一笑。

开始生下来简直都丑得不得了，一点儿都不好看，什么都不知道。过了三岁才能正儿八经成个人，三岁之前都不能称为人。为什么？三岁之前，屎尿都无知啊。

为什么儒家讲的父母去世要守孝三年？就是报这三年的恩啊。你以为报什么时间的恩呢？你看，你到一岁、两岁、三岁，这是报父母的这个恩。

我们要是有孩子的我们就能知道，从孩子出生到三岁这个阶段，是最难管的时间，也是最费心的时间。你看，孩子小的时候，是不是，刚生下来你放成什么样就是什么样，甚至身体软的，眼睛都睁不开，那不像条小毛毛虫吗？你放成什么样就是什么样，除了哭喊。

慢慢长长，在六个月的时间才会坐起来，要是孩子到一岁还站不起来，绝对就脑瘫了，那是有病。一般孩子在一岁的时间就能站起来，这个

时间才能称为一个小人呢；两岁的时候，语言交流没有太多障碍了；三岁你给他讲的时候，他开始明理了。

就是我们古时候讲的一句话：三岁看大，七岁看老。你以为孩子怎么长的，风吹大的？不是啊。所以成人啊，那个时间成人。三岁以后开始讲理，才能成才，这个才是人才的才。

• 父母把善行好，把德修好，会影响孩子变好

儿女子孙是我们自己的一部分，与父母有非常大的关系。作为父母如何给孩子当好榜样？就是我经常在讲：你自己有没有德行，有没有给孩子积德？

作为父母只要把自己的善行好，把德修好，就会影响孩子变好。善是行的，德是修的呀，我们要懂得这个名词。

善是行的。我见到乞丐捐钱，我行善呀。

德是修的。当我们什么地方的德有缺，我把他给修整好，这就叫什么？补德呀。

改变命运唯有一个方法，行善积德啊。你有没有行善？你有没有积德？

我们可以看到孔子积的德。我看到报道，孔子家族全世界四百多万人，到现在孔子家族非常兴旺。

那道家有一个，谁呀？道家的张天师，跟孔子是并齐的。他的后代也是七十多代。我们想一想，我们自己只管把善行好、把德修好，子孙一定会好。

• 做公益十年，孩子事事顺心

2004年人家算我命短，2005年人家说我活不出八月，过完八月以后，我就开始立志，把天下的父母都放在我心里，我就开始每周六讲一堂《弟

子规》，还经常在外面去做公益性的讲座做慈善。

到现在为止，今年是 2015 年，整整十年。我这十年里面的感悟是什么呀？孩子事事顺心。

你看，我们老大到现在都九岁了，孩子乖，好得不得了。乖到什么程度？我和他妈过生日，孩子会懂得给我们磕头；我们老大洗碗，洗得干净得不得了啊；同学来了还给同学煎鸡蛋，还给同学帮忙做饭；他妈忙了，给他妈妈帮忙照顾弟弟；我晚上睡个觉，知道我很累，我要躺那了，还没拉窗帘呢，我们家孩子就简直懂事得呀，我有时特别感动，人家给我把窗帘拉好，把门都给我关好才走，感人啊。

我给他教了没教？我没教过他呀。我给孩子讲：你看，爸爸上个小学三年级前半学期，你上四年级了，已经超过爸爸，爸爸知足了。

他说：知足啥呀，我还要好好上学，给你以后买大房子呢。我一听，感动啊，是不是？这证明我积德高了嘛。那我要上个小学三年级，孩子只上个小学二年级，那证明我缺德了嘛，是不是？

▪ 孩子上网打游戏，不听你劝，也是因为亏孝

我们要想让孩子不犯邪淫，要想让孩子幸福，要想让孩子躲避灾祸，我们只管行善积德。

我才来北京的时间，一个月只有三千块钱工资，天天吃萝卜丝。前两年，连暖气都不敢开，没买过棉袄。跟我太太结婚，我太太才领我去超市，一百二十块钱买了个棉袄。

因为供两个妹妹上学，自己也没有多余的钱，天天都吃的是萝卜丝。我有时候想想，在北京虽说受罪，比住地下室住平房的人强多了，我住的还是楼房，虽说远点。

所以我在任何逆境中啊，都能思人恩德，想人好处。我讲运气的时间讲了最经典的那几句话，就是：思人恩德想人好处，这叫聚光。光则上

扬，招财招贵，财是钱呀，贵就是你会遇帮助你的贵人。那天天想人不好呢，嫉妒人、仇视人，这叫招阴气，招病招祸呀。

所以，儿女子孙是自己的一部分，我们所做的行善积德的事情对子女对子孙都有影响啊。要是我们自己作为父母把善行好、把德修好，子孙一定会好，不用百般呵护，不用苦口婆心啊。

我们现在劝孩子不要上网，劝孩子不要打游戏，为什么劝不下来？

我们就反省反省，自己错在什么地方？为什么我们给孩子讲完以后，孩子就是不听我们的话，跟我们对着干？

我们一定是亏孝了，祖脉不顺畅所致。我到现在为止，我爸我妈谁想骂我就骂我，大声话都没给人家说过呀。

▪ 对父母的怨恨要想办法消掉

你说内心世界有没有怨恨？也有啊，我这怨恨分几层消掉了。

第一个层，我爷跟我讲的：你爸有精神病你别跟他计较。我当时一想：原来我爸是病人呀！我爸生病了，我和病人计较，那不是证明我也是精神病吗？我就把火泄了一半了。

那第二个，碰到我们村子一个阿姨就讲了：父母不可以替换。你们家族你奶都不孝顺你太奶，你叔父这些人不孝顺你奶跟你爷，难道你以后不孝顺你爸你妈，你要把你们家族不孝顺老人的这种风气代代传下去吗？

这一句话把我敲醒了，所以我给我爸盖房给我妈买房，就这个原因啊。我月月给他们生活费，我要把这个亏孝截止了。这是第二句话，把我内心世界对父母的怨就消了。

最后，我又学《弟子规》，这个怨就消得差不多了。

不过，有时候，我去厨房还会想起爸妈，为啥？我七八岁就学会擀面条、蒸馒头，我现在一去厨房就想起我小时候悲惨的那个过程。关键是，擀了面条吃不上，我爸一碗捞完我们只剩点面汤，没办法。

我小时候，村里人一见我，都说：你将来和你爸一样，吃喝嫖赌啊。

听到这句话的时候，我立即就想：我就要和他不一样。我要全村人在我身上看不到我父亲的任何影子。

我爸爱吃肉，我就不吃。我爸抽烟我不抽烟，我爸吃肉我不吃肉。你看，我能控制几十年啊，那不是一朝一夕的。我爸爱喝酒我不喝酒，我父亲爱赌博我连看都不看。就是他所喜欢的种种行为，你在我身上看不到。我爸爱打我妈，我妈爱打我爸，我从来不动我太太一个手指头。

你看，这叫逆推动力呀！你从这个逆境中要吸阳气啊。我要不是按我讲的思人恩德、想人好处的话，经常吸阳气吸阳光，我早死了。

▪ 改命的三个层次

就因为我用这种逆修的方式，福德增长很快，我今年才三十多岁啊。

我经常说：我这是一个贱命之人做了贵事，受到大家尊敬啊。

为什么？八字也不好，名字也不好，家庭里面，在村里没有谁能看得起我。一说：哎呀，那什么树结什么果，他爸吃喝嫖赌，他和他爸一样。你看，经常别人都是这么说的。

可是现在我回到村里，大家对我很尊敬啊。我在任何一个地方，都不是明星胜似明星啊。想请你吃饭的，要和你合影的，大家还见你非常激动。

我说：我这是贱命做了贵事，从哪做的贵事？从孝道做的贵事。

这是三个层次。第一是孝，孝代表家庭，自己行孝儿女自然孝顺。

第二是善，是外在的。我们如何行善？行孝是内善，在外面行善是外善，儿女自然有功。

第三个呢，自己积德儿女自然有财富啊。

这段是非常重要的。你自己积德儿女自然有财富啊。你有没有积德？你儿女为什么没有财富？你没积德啊。

邪淫者自己损福，子孙也损福，心有恶念后患无穷啊。

我要把我明白的道理讲给大家听，让大家明白运气全由己做啊，福祸皆由己求啊，就这个道理。

▪ 先管自己行善和修德最重要

这一段我觉得是非常重要的，就是父母和孩子的关系。现在很多人，因为管子女，导致孩子自杀、抑郁包括跳楼，这种悲惨的例子是特别多的。

这一段给我们讲了一个规律。儿女子孙是自己的一部分，与父母有非常重要的关系。自己把善行好，把德修好，子孙一定会好。

你看，没有说让你去管子孙怎么样，而是强调要先管自己，管自己行善和修德，这个非常重要。

要不很多朋友跟我说：秦老师，我孩子不听话。

我就跟他说：其实是你不听话呀！

为什么我把这一块给大家重复讲，因为有很多子女出现的种种灾难灾祸与父母有关系。为什么呢？因为父母是重要的中间环节，你要是把善积好，把德修好，把老人孝敬好，下面就可影响子女提高德行。

现在，很多年轻人进了监狱，与父母教育不当有关。背后，实则是不行善，不积德导致的，这是内在原因，这是我们父母没有行善。别说行善，有的把孝顺都没做好啊！

▪ 厚德方能载物，孩子就是父母的物

孝顺父母、孝顺祖先这叫内德，再在外面行善这叫外德。内德加上外德这就叫什么啊？厚德方能载物，孩子就是你的物，你就能把他载起来。不然的话，你载不起这个孩子。

老天爷本身给你了个好孩子，就因为我们没有积德行善，这个孩子没教育好，有可能离家出走，有可能得了抑郁症，有可能得了精神病，有可能得了各种不好的疾病，甚至跳楼自杀、疾病早亡，这是我们的错，不怪别人。

我们必须把恶止了。恶止了，福就会来，你恶不止，恶在不断地生根发芽，你这个福被压住了。

就像太阳，你说今天有没有太阳？有太阳，是乌云遮住了，太阳的任务是每天都出来，至于我们能不能感受到阳光全看我们自己。

▪ 应该先顾老的，后顾小的，不能颠倒顺序

我奶奶家里遭受过大的灾难——房着火了，我奶奶在长兴街道捡了几年菜叶子吃，那时，是我跟着我奶奶一块捡的。人家卖菜的把菜叶子揪下来扔了，我们就捡那个嫩的。我奶奶回去以后炸着吃，因为我爷爷当时工资很低的。

遭遇这个，因为我奶奶亏了两块"孝"：第一块"亏孝"是对她婆婆；第二块"亏孝"是对她妈妈。

我有一件事情记得很清楚。她妈妈就她一个女儿，我奶奶攒了三百块钱，她妈妈因为病重天天叫她名字想见她，我奶奶要回她娘家，看她母亲的时候，我爸爸非要说他做生意，需要钱，把我奶奶那三百块钱就借去了。

这个事是我父亲造的，就因为这个我奶奶没有钱回去，我奶奶的娘家当时也是在河南洛阳，奶奶的妈妈可以说是含着遗憾去世的，到去世埋葬她都没去。

我当时心里就在想，我以后要做这类的事情决定是先顾老后顾小。我们古人经常有句口头语：上有老，老摆在第一位的；下有小，中有手足兄弟。

你看看，这是顺序啊，让我们先管老，后管小，中才管兄弟的。

上就是尽孝，下就是尽慈道啊，中是尽悌道。悌道在第三位排着呢，我们不能把顺序颠倒了。

▪ 人把你亏了，天就把你补了

我奶奶最后因为跟她孩子生气，喝药自杀了，因为离我们的县城人民医院太远，没有抢救回来就去世了。因为这个，我当时就在想，我要把我妈接回来，以后不让她在农村生活，要在县城给她买套房。

当时县上的房也便宜，四万块钱就给我妈买了一套房，买那个房还离人民医院很近。我就要买近点，我妈以后要是生病了送她去医院去得快。我说：我妈在，我有妈叫，她一走我就成孤儿了嘛。

我从小就费心把她从山东接回来，从四川接回来，我为接我妈那跑的路太多了。可能现在大家感觉不到怎么样，可是那个时间我可是小孩呀，又没钱，上火车捡人家的啤酒瓶，一卖卖两三毛钱。现在，家里有点破烂儿，我都不让家里人卖，故意拿下去给那些捡破烂儿的。我就想：我过去也捡过破烂儿，跟要饭差不多啊！

谁知道给我妈买了这个房，这个房最后还涨价了。你看，尽孝啊……人把你亏了，天就把你补了。

你看，"孝"你做好了以后，你做一个"孝子"未来才能做一个"慈父"。因为"孝"是一个家庭文化的根。你既然这样能做好，那你的子孙一定会好啊。

▪ 父母过度担心子女就是诅咒子女

这段就给我们讲子孙如何能避免邪淫。我们只有把"善"行好把"德"修好，做好榜样，日积月累，子孙一定会好，不用百般呵护不用苦口婆心。

你看，现在的父母给子女又是买保险，又是苦口婆心劝孩子：你别上当啊，你别被人家骗……

　　我告诉你，你说得越多，他受骗越厉害，你知道为什么吗？

　　你过度担心他，父母过度担心子女就是诅咒子女。自然有一种平衡力，你天天担心他，天天想坏事，反而有可能让他倒霉了，让他被骗了，心里总想坏事就来坏事，你的担心就成真的了。

　　你应该做的，这叫内在的祈求不是外在。你外在说：孩子你别上当受骗。

　　我告诉你，你说的少了受得少，你说的多了受得多。父母嘴里有毒啊！

　　要不我经常劝谏父母，不要骂孩子短命，不要骂孩子傻，不要骂孩子这骂孩子那的。我告诉你：天网恢恢疏而不漏，人在做事天在看。

　　你看，我的婚姻，父母几乎没干预过。很多父母越干预孩子的婚姻，孩子的婚姻越不顺利，你越找，找的越是不如意，一个不如一个好。为什么呢？

　　你爱操这个心啊，那天就顺你的意，让你把心操到死吧，就是这样。那不然你这个心给哪儿操啊，你不浪费了？其实，真是我们错了。

　　那这段就给我们讲了一个秘密，如何避免这种事情：把"善"行好，把"德"修好，就这两条路。第一行善，善是外在增福的方法，第二把德修好，德是内在增福的方法，就这两条方法。

　　我在讲《弟子规》时讲过一句话：我宁愿我的孩子愚痴也不愿意他祸世，他可以愚痴，愚痴我养着他，他只是害我，他要是祸世，就害别人了。

　　你要有这种心量，这个是非常重要的事情，那我们把"善"行好了把"德"修好了以后，子孙一定会好，不用百般呵护，不用苦口婆心。

▪ 行慈尽"孝"做好内德，儿女自然孝顺

　　那"善"和"德"里面包括什么呀？

　　先说内德，自己行慈尽"孝"，儿女自然孝顺。

　　我们有没有尽好慈爱，有没有尽好孝？你的孩子为什么对你不孝顺？要不有些人觉得，孩子光给我钱了，对我为什么不够尊敬，没有感情？你

没尽好慈和孝呀。

我跟我父母就是这样，光能给钱，产生不了感情，什么原因？他们没养我，我也想对他们感恩，可是就是提不起来。

我告诉大家，在座的和我一样，不要把我认为是圣人是贤人，我和你们一样是凡夫，为什么呀？第一要吃饭，第二要喝水，你掐我，我也会痛，你拿针扎我一下，我照样会流血。

我首先是人，孔老夫子讲的五伦关系，父慈子孝啊。我虽能尽孝，但父母当时没有做到"慈"，因为"慈"能产生爱和敬，他们有亏，所以我这个内心世界产生不了感情。

这还是因为学了传统文化有了信仰以后，我强行改变自己，那不光是我做不到爱父母，我父母也做不到爱我。

在这个上面我不怪父母。不怪父母的原因：首先她也是人，原因就是她没养我，跟我之间就产生了这种距离。咱们想一想，你养只小狗养时间长了，丢了你都会哭，那你没养的小狗被人杀了，你连感觉都没有。

人必须要把孩子从像小毛毛虫一样一直养到大，这种经历你才有感情。不然这种感情产生不了，因为这是人，人本来就如此，人是感情动物。这是真实的东西。

我首先也是人，我内心世界不能说对我父母没感情，是有感情的，可是呢，就是把对他们的爱提不起来。

我对我妈好了，我爸就会找我麻烦，我要对我爸好了，我妈就找我麻烦，我给这个三千那个也要给三千。他们还会比较，看先给谁了后给谁了，两个人就这样去比较。所以我现在给我父母钱都要借助第三方。

我就因为他们不孝顺，我才要孝顺他们，为了改换门庭，这才叫与众不同啊。

我讲过一句话，什么叫孝顺父母啊？就是在自己身上父母的缺点不要再重复。我现在就要在我孩子身上，让他感受到父母的这种温暖。

所以我从结婚那天起就没让我太太上过班。孩子小的时候能和爸爸妈妈常在一起，孩子未来没有暴力倾向，他能听你的话，付出和得到是成正比的啊！

　　我父母是用特殊方法把我教育成才的，不然的话，大家能听到我讲课？听不到啊，我也可能正常就上个大学毕业，上个班完了，百年以后埋在那个地方了。

▪ 行善要拿正钱

　　自己行善，子孙自然有功。这就针对外在了，我们如何行善？

　　我现在是几乎每月保持行善，像看望孤寡老人。

　　我这一次跟亲仁书屋的老师聊天，他说：哎呀，我一直以为你做慈善是别人捐给你的钱。

　　我告诉大家：不能说没有别人捐的，有。但这一部分很少，因为我这个人，第一不募捐第二不化缘，这是我的原则。第三呢，你要真想给我捐钱，让我做慈善，除非咱俩关系很好，大部分都是让你自己去捐了，不要经过我手。为啥？我没有那么多时间！

　　那我的钱从哪来呢？一部分是卖书的，因为出版社出书有百分之十的书给我了，我有很多朋友都是保险公司、银行啊，他们定期也有给顾客回赠这些书。

　　我和很多朋友聊天说：你在网上搜这些书都是五折很便宜。但我这是原价，你爱买不买。很多朋友都很支持我，让都原价在我这儿买书。

　　还有一部分就是我去讲课，你像什么招商银行啊工商银行啊，一些保险公司讲课他是给课时费的。可是我从来也没有问人家要过钱，人家随意的，有的我去讲两个小时还给十万，有的给五万，都多得很。

　　能给这么多钱的单位，他们就跟我讲了：你这还算少的，我请个名讲家来，一次就二三十万呢，我们有这个费用。我才知道，人家有这个费用。

　　可是，讲传统文化我全部是公益性的。因为我的工资也不低，我的工资是要养家养父母的，可能大家只是两个老人，我是管四个老人的，还有岳父岳母，还有两个孩子，我们家的生活大部分都是我的工资。

我一直在这行善上面很在意，我一直认为我命很苦。但我这人能从阴面想到阳面。

我一看得癌症我就想：我这还没得癌症，人家得癌症了，我比他幸运。

我一看地震死那么多人就想：我还活着我要珍惜。你看，我在所有的逆境里面能想到好处。我在做慈善的时候，我太太对我支持非常大，我们有时候捐得口袋剩十几块钱，我就给她讲，善要常行。

我一直因为自己上学上得少，爱资助特困学生，最多的时间资助一百位、五十位，今年还资助了二十位大学生，连续供他们上四年大学，这个钱是从这来的。

我从来不募捐不化缘！要不我经常发很多声明，你看，有很多人以我名义募捐这些，都与我没有任何关系，因为我从来没做过这些事情。

所以，行善用自己赚的钱。这个钱不是犯法得来的，不是违背伦理道德得来的，这叫正钱。你要是赌博、贩毒、犯法得来的钱这叫凶财。

深藏不露是宝藏　自然而然好格局

▪ "德"和"善"和"孝"不一样

接着讲，自己积德，儿女自然有财富。

我相信未来在我两个儿子手里边，在我的影响下，上行下效，他的财富会非常好，不光财富非常好，人生还不会出现大的波折。我自己只管积德就完了，我除了内在的内德行孝、外在的行善以外，我还积德。

"德"和"善"和"孝"还不一样。

"孝"是对父母的，你孝顺你父母是天经地义本该如此。

"善"也是你本该做的，为什么呀？做人就该如此。天性之人，《三字经》上讲得很清楚：人之初，性本善。你不要把善也当成我这做了多大的好事一样，善是每一个人的天性使然，谁都该做的。

我们行善有时候还有目的，你看，有很多企业家捐款为什么呀？为了把自己企业的名字打在上面宣传企业，这也叫行善。善里有自私自利，这个善也不是纯善。

"德"是不一样的。"德"，我们古人讲的有阳德和阴德：阳德被人夸赞，阴德是深藏不露。

▪ 宝藏是藏起来的，阴德是深藏不露

我们都知道北京烤鸭店很多，我在北京有一个朋友开着烤鸭店，开了十几家连锁生意非常好。我当时跟一个老师去他那吃饭，就问我说：老师我有个问题，我一直很疑惑。

我说：什么问题？他说：多少人算我命不好，决定不能发财。但是，我告诉你，我的店都开了十几家，生意非常好，家庭也非常好。如果一个算我不好，我说那人胡说。谁知道有十几个，甚至最后还有很多有名的号称易学泰斗的人算我都不好，我心里就疑惑了，我就不明白为什么他们都算不准？

我给他就分析：你是不是救过人的命。

我一说这话他愣住了，想了很久，忽然间他说：哎呀！我想起来了，我当时才十七八岁，路过一条河，看到河岸站了那么多人，没有一个人下河，原来两个孩子玩水掉里面了。看着水势比较凶猛，我当时在农村河里游泳水性还很好，一看这么多人喊都不下去，就噗通下去，把那两个孩子还真救上来了，救上来以后，放在岸上走了。

他说：你今天不提啊，我都忘了。

你看，这种人救人啊这叫"德"。不受人夸奖他都忘了。你看，我们现在做点慈善天天喊：我做善了，我做慈善了，天天宣扬。

什么是宝藏——宝藏是藏起来的。阴德是深藏不露。

▪ 多积德，常遇良师益友，儿女容易成才

为什么很多人行善却不大好？

我告诉大家，好名所以不好了，第二好利所以不好了。

我为什么把我做的很多善事要讲出来，那是为了引导大家，其实不是我自己愿意讲的。

我为什么把我父母，把我们家里这个特殊的环境，要给大家讲出来，我的目的就是为了让大家知道，我父母都用反面方式教育我，我对我爸妈都那么好，那你们父母绝对比我父母好得多，那你们更该三位一体地孝顺父母。

什么叫三位一体？念里想着孝顺，心里存着孝顺，行为行着孝顺。你们要把这三个做到了告诉你：福禄寿齐啊。

《孝经》上讲得好：犬马，皆能养也，不敬何有别乎。他把敬字提出来了，你不敬父母和养个犬马又有什么区别？我们想想，这个里面就有敬字，尊敬的"敬"，这个非常重要。

你看，自己积德，儿女自然有财富。

这个叫财富，我们很少听到钱富。大家知道财是一个贝一个才，有两种意思：第一，你孩子可以遇到宝贝性的人才，他一生的贵人，宝贝嘛，一个贝一个才嘛，宝贝性的人才；第二，你会遇到宝贝人才般的子女。

你会遇到两个宝贝：一个是我们所谓的良师益友，一个就是在你要的儿女里面会出现宝贝性的人才，在你们家里降生。

钱不是真正的财富！我们都知道钱是什么呀？繁体的钱字，金字旁这边是个戈两把刀。要不我说：钱是毒药，财不是毒药。

人为钱不择手段啊，这个财就变成了凶。所以，你看这一段，他每一个字的意思是不一样的，我们大家要用心去体悟。你看，儿女自然成才，自然就不是强求，自自然然就来的。

■ 做传统文化，做慈善，都不能走偏

大家都知道我小学三年级没毕业，我工作已经十一年了。要不很多人邀请我讲课我去不了，因为公司上班，我真去不了。

他说：你还上班呀？我说：我不上班，我家谁养啊？

现在有好多做传统文化的做偏了，做慈善的也做偏了，好像做慈善的、做传统文化的家里什么都不顾，父母也不顾，子女也不顾，弄得家里人都反对，这是错误的。

现在很多人，就要把做慈善的人捐得一毛钱都没有，这个观念错了。不要拿钱去衡量一个人的善恶，这样是错误的。

首先他是一个人，不要谈玄谈妙，你扎他会疼，你掐他会疼会流血，他要吃饭，他有父母，他有子女，他是要养家的，不要认为好像人家一挣钱就恶了，不挣钱就善了，这观念首先是我们错了。

▪ 有钱的人不见得慈悲，慈悲的你一定要有钱

你说现在这个社会什么可以不用钱？就像我给大家讲课一样，虽说是免费的，可是这个桌子房租是人家出的呀。他不出我也没地方给大家讲，我们想想是不是这个道理。

即使我们表相看着好像没有花钱，也是有人已经花过钱了而已，我们不要把人家的爱心就认为好像应该一样，我们不能有这种念头啊！有这个念都错了。

很多人说：慈善机构收百分之十五的管理费不对。

我说：他第一有房租，第二有工人工资啊，没有那百分之十五，那这个机构就不存在了，就没人推动行善了，你为什么用毒恶的思想去想人家的善念呢？我们起这个念也是错误的。

我经常在讲：有钱的人不见得有慈悲心，可是慈悲的你一定要有钱。为啥？你有钱能行善，有钱能护道啊。

你要大富大贵才对呀，是不是？你要连饭都吃不了，如何给人捐钱？我们有没有想过这个问题？

▪ 自己积德，孩子远离吸毒邪淫

你看，这块就讲到自己积德，儿女自然有财富。

这里讲出了一个秘密。什么秘密？要想让子孙好，自己把善行了，把德修好了，如此影响下去，我们所交往的朋友都是贵人，上行下效，子孙一定好！不要百般呵护，不用苦口婆心！

这其实讲的是因果规律！自己行孝儿女自然孝顺。行孝是"因"，儿女自然孝顺这是"果"。自己行善，儿女自然有功，你行善是"因"，孩子得功是"果"。就像前人栽树后人摘果。这是一样的，这叫规律。

▪ 不图名利，自然而然是最好的格局

我糊里糊涂到现在，突然有一天，在网上别人搜搜说：秦老师你成名人了，我说：我啥时间成名人了？一看，网上那么多关于我的东西，我自己不知道。

到现在为止，我也不上网，和网络几乎是断绝的。可是有很多我不认识的人，整理了我的很多东西，甚至把我的东西加工加工改进改进，他都给你弄出去。

我们想想，自自然然，形成这种格局，我没有刻意。这就是只管做好了自己，这里面没有违法乱纪，没有违背伦理道德，自自然然形成了。

现在很多人为了出名干什么呀？炒作！

我没有时间炒作，再加上对我来说，炒作没有任何用。为什么？第一，我也不图这个名；第二，我也不图这个利，里面没有什么名利对我有什么影响？

为什么呀？因为我不指望它生活，也不指望它养家，我是上着班呢，我

只是业余时间做一些我喜欢做的事情，把我明白的这个道理讲给大家而已。

▪ 财能生富，富能生贵

财和富为什么不一样？富，不是你有多少钱，有钱人不能称为富。

财生富，富生贵，最后一个字是贵啊！

你看，有钱人有几个被人尊敬，孔子没钱，被人尊敬几千年啊！

富和贵，财能生富，富能生贵，它是三联体。

财是什么？如何财能生富？第一，结交良师益友；第二，我们有宝贝一样的子孙。

你看，你一辈子遇到了良师益友，在你人生道路上不容易遇到大的波折。你有宝贝型的子孙，就像孔子一样，他的子孙是不是都是宝贝呀，个个兴旺。至今为止，你看，人家孔子家族兴旺成什么样？孔子不光是孔子家族信仰，全世界人都尊敬啊。

这两天跟王老师聊天，他竟然也跟我讲：我去过孔林，导游给我讲过，里面没有乌鸦没有蛇，而且，孔林里面连老鼠都没有。

他想不通，他问我说：老鼠怎么不进孔林啊？

我说：老鼠在里面打洞，影响圣人休息所以老鼠不去。威德感召啊！到这种程度，不光是影响人，把动物都影响了，人家积这个德，厚到什么程度？

我们现在人都想什么？坟地影响我！大家都知道，孔老夫子的墓是都被挖了的，有没有影响他后代子孙？没有啊。

我们的坟还没有被挖呢？子孙都已经衰败了，甚至去世了。我们想想，错在什么地方？

我经常讲：德之首也，财之末也。

有德有财便是福，无德有财便是祸呀。我们想想，只要无德有了这个财，就是祸。很多人有了钱以后，吃喝嫖赌吸毒打架斗殴，我们就知道这是什么？

这是凶财，还不如不来财，不来财，子孙还可以不早亡，有财以后早亡了。

你看，这一段，实际给我们就讲了因果关系。自己积德儿女自然有财富，财能生富，富能生贵，它是有联系的。

▪ 你给子孙当不好模范，你的孩子也不孝顺你

邪淫者自己损福，子孙也受影响损福，心有恶念后患无穷。

自己损福了，就是从贵命倒回去了，你把贵的财变成钱了，这个钱让你去邪淫，你把富就失了，这个钱让你去吸毒违法乱纪，你把贵就失了，等于你贵人做了贱命啊，那你就成贱命之人了。你从富贵道变到了贱命道里面，你说你命如何能好？

要不我们遇到很多人，开始有钱，最后可怜得很。我们就知道，决定是在亏孝和犯邪淫上出问题了。

所以，每一个人贵命、贱命、贫命、富命你如何改变？

由我们自己掌握，就是从行孝开始、从行善开始、从积德开始，这是三个改命方法。

会行孝的人能得财，会行善的人能得富，财是让你能遇到贵人，子孙能成为宝贝型的人才。能积德的人就能让你遇贵，所以财、富、贵，财能生富，富能生贵。

你要一旦亏孝，你就失财了。人家说你对你爸妈都不好，你能对我好？我和你就不来往了。你看，有能力有德性有真知灼见的人，与你不愿意为伍。

你不行孝以后，你给子孙当不好模范，你的孩子也不孝顺你。你看，逆子生的逆虫，孝子生的贤孙。这是规律。

▪ 孝、善、德，谐音就是孝、善、得

你看，这两堂课实际就是这三个字：孝、善、德。你看，孝的人就能善，因为真正能孝顺父母的人，他才是真正的善人啊。

孝、善、德，谐音就是孝、善、得。

你行孝了，你行善了，你就得了。孝、善、德就这样啊。

所以我们一定要明白，只要把这三个字做好了，你家族肯定兴旺，这是改变运气的密码。

你本来坏运气，你行孝了变成好运气了；你坏命运，你行善了变成好命运了，你本来娶这个妻子，本来嫁这个老公是贱命、贫命不会旺，你行善积德了，把不旺夫的妻子变成了旺夫命，把不旺妻的这个丈夫变成了旺妻命，你看，夫妻互旺，这都是密码啊。不用找大师啊！

把贱命变贵命，苦命变乐命，所以财能生富，富能生贵啊。

这个财富，你绝对能富三代不会败家。天灾不能灭，火灾不能烧。

你自己设计命运，完全在你自己身上，没有在哪个佛哪个神哪个上帝手里，绝对没有。由你自己设计，这个是非常重要的。

第十二集

身体本是载道器　邪淫连伤精气神

　　上一堂课讲到一个密码，由贱命变贵命的方法。贵贱都在自己身上去找，你找到问题后一旦改掉，子孙因你得贵，子孙因你得福，自然就非常了不得。所以，我用了两个小时的时间，就把这小小的一段给大家非常详细地阐述一下，也举了很多例子。

▪ 断邪淫方法：一切世人都看作是我亲人

　　我们都知道邪淫分为三种：第一是意淫，就是我们思想里面想的这种邪淫的念头。第二是心淫，心里面想。第三行淫，行动去做。

　　意淫不除，心淫难断，行淫难止。

　　意淫一旦有了以后，就会指使心、行为去行动，这个是非常可怕的。只要意淫一产生，就令世间男子女人开始堕落。就开始产生心里想，行动就要去做了，这个人决定就堕落了。

　　这是对自己而言，那对他人而言呢？会陷他人于不义。孰不知古语有云：一切男子是我父兄，一切女子是我母亲姐妹。

我们要明白这个道理，年龄长的是父，平辈的年龄大一点的是兄，比自己小的是弟。那一切女子是我母亲姐妹。

这段话呢，给我们教了一个断除意淫邪淫念头的方法。

当你看到一个漂亮女的，你就认为她是你的妹妹是你的姐姐，你还有意淫的念头吗？你肯定没了嘛！你要是看到年龄长点的，你把她当成你母亲，你还会有这感觉吗？肯定就没了嘛！所以这块，给我们教断除的方法，也是最高端的一个方法，立即这种念头就没了。

▪ 人与家庭都要符合阴阳之道

首先，按运气学来讲的话，我们要知道，这个世界分为阴阳。

我上堂课给大家讲过，我们身体的阴阳和天地的阴阳。天为阳地为阴，太阳为阳，月亮为阴。男子为阳，女人为阴。男女组成夫妻，夫妻组成家庭，家庭组成社会。你看，这一讲就落到阴阳上面了。

运气学上讲的那男的嫖娼犯邪淫以后，为什么倒霉？因为双阴克阳。你两个女的嘛！你这阳克不过它，阴阳本来是和合。你看，白天是阳，晚上是阴，阴阳和合，相互补助。

你看，夏天的白天是不是长，九十点钟天才黑。冬天，五六点钟天就黑了，天地也有阴阳互补的作用。那男女也是如此，这个就稍微深一点，阴阳的互助，男为阳，女为阴。男女组成就是夫妇，夫妻组成家庭，这就是家庭的由来。

当一个女的在外面找了个情人，情人是男人，不顾忌自己丈夫，就变成了二阳一阴。阳旺则克阴，它就克了。

所以说太极八卦阴阳鱼，夫妻组成家庭，家庭就会组成社会，社会与家庭是整体与部分的关系。你看这个关系多大？

就像人由若干个器官组成一样。我们都知道，我们的心肝脾肺肾，五

126

脏六腑组成一个人。是不是？你和我都是一样啊！正常的人都是这样组成的。那既然是正常的人，就要符合阴阳之道啊！你不符合阴阳之道，这就不正常了。

我们常说：孤阴不生、独阳不长。

什么叫孤阴？这女的不结婚，男的不结婚，孤阴不生，独阳不长。

▪ 犯邪淫伤肾精，年轻人普遍气色不好

我们知道，人身上有三宝。我也给大家讲过精气神。

精分为两种，哪两种？精分为先天之精，这是父母给的先天之精；第二种就是后天之精，后天之精就是我们吃的食物。

所以，它们关系到我们身上两个非常重要的脏腑！先天之根称为肾脏，后天之根称为肠，称为我们的胃。

精从于肾，精生什么啊，精生气，气生于胃，胃生神，神在什么地方，神在肺。你说你精气神很好，我让你十分钟不吸气你就死了，你哪有精气神啊？

古人讲天有三宝日月星，你看，这三宝都是在天上发光的。地有三宝风火水，我们称为元素。人有三宝精气神，养得三宝天地通。

如何养三宝？不能犯邪淫啊！你一犯邪淫，肾精亏损，肾精一亏损，精不能生气，肠胃就消化不好，你看，就得这种病啊！

肠胃消化不好，紧跟着就是肺气不足。精生气，气生神，你这个神就没有了，为什么？我们都知道肺在身体里面主什么啊？皮毛！你肾气不好，这个神就不好，面色就蜡黄，气色就不好。

你看，犯邪淫的人，脸色都不好。一开始，很多人说我：秦老师你怎么气色这么好？我说我年轻。谁知道最后我发现，年轻人气色不好的很多，没有几个气色好的，我才知道都是犯邪淫伤的肾精。

▪ 邪淫伤精，熬夜伤神

大家知不知道，好运的人是从气上旺的，一个人倒霉是从气上先衰的。就是我们经常在电视上看，说你印堂发黑，为什么发黑，气衰了印堂发黑。

印堂是个穴位，聚气的地方，印堂发黑你肯定要倒霉啊。你知道精生气，气生神，你这个神没了，印堂才发黑，你神在如何发黑？发不了黑，这就叫因果啊。

要不我劝很多人不要熬夜，熬夜就伤神。

熬夜是从倒伤的，犯邪淫是从顺伤的。犯邪淫伤精、伤气、伤神；熬夜熬久了以后，从神伤气，从气伤精，它是倒伤的。为什么？你不符合阴阳之理！你看，我们看到很多年轻人，迷恋上网，整宿整宿不下来，你看那脸色，可怕。

我遇到一个上网的人，爱看黄色的东西在上面下不来，连厕所都不去，饭也不吃。干什么？方便面，穿个尿不湿坐那上网，甚至我看到上网上到死在网吧里。我们想一想，多可怕，精气神皆亏，死了。这种新闻我们看到过，非常可怕。

▪ 精气神不足，免疫力下降，百病欺身

所以就像人由若干器官组成一样，君则是心，臣这个形体就是士兵。当心不能做主，我们为这个身体就造下无量罪业。因为这个心当不了家了，怎么办？

你看，吸毒的人，心能当了家吗？别说吸毒，你抽烟的人都控制不住啊！不抽烟心里憋屈，心里想，脑袋想。抽烟有害健康，天天我们听广播

128

也这么说的，可就是控制不住。

和抽烟的人聊天的时间，我就会问他：你抽烟快乐还是不抽烟快乐？为那几寸长的烟你抽不到嘴里，你痛苦、你难过啊！

你看，喝酒的人控制不住，为了这个嘴巴喝酒，喝多了干什么？出车祸！上网的人上到死，还说这真有意思。你看，完完全全心不能做主，当不了自己的家。

我们人很多事情都是心当不了家。我们首先想一想，抽烟是后天习惯，难道你一生下来就会抽烟？不会呀。就像人犯邪淫一样，你生下来就会犯邪淫？你不会呀。难道你不犯邪淫就要死啊？你不喝酒能死吗？不吸毒能死吗？都死不了啊。

证明这是后天所造作的，我们原本完完全全不可能有的。

就像我们生病一样，我就在讲：病不是天上降的病，天不会降病，地不会让你生病。你为什么生病？精气神不足，免疫力下降，百病欺身啊！

你看看，是精气神不足导致的，你以为从哪里导致的？你如果精气神一足，通天彻地，就得天地护佑。

▪ 肠胃能把五谷转成后天之精，补先天之精

那我们如何通天彻地？你有好的精神，你有好的精气神，你的肠胃就好，你的肺脏就好。呼吸大上的空气，吃地上长的五谷，你就能把它的物质，转换成我们后天之精，补充我们先天之精，那你是不是就得天地护佑了。

我们都知道，晒太阳还能补钙呢！人受天地滋养啊，你身体一旦一弱一坏，你躺在床上，你怎么出去晒太阳？你吃了东西都消化不了，你如何补充先天之精？补充不了啊。那你这个人就很快要死了，吸收不到天地精华。

所以，邪淫就会让肾精乱动。肾精乱动，人控制不住就会手淫，邪淫，做淫梦。身体不好以后，那运就衰了，气衰运就衰。

▪ 身体是个工具，能干尽坏事，也能服务大众

当身体控制我们的生活，这叫什么？地狱生活，恶鬼生活。我们这个身体是工具，我们这个工具能挣钱养活家人，也能去偷盗，也能去吸毒，也能去犯邪淫。

同样是个身体，有的身体在服务大众，被世人尊敬。你看，孔林，孔子墓在那个地方，他受到尊敬，他的子子孙孙受到尊敬。到现在为止，经常去孔林拜访孔圣人的人很多。我们和人家同样是个身体啊，人家活着被人尊敬，去世被人尊敬，咱们活着被人家不待见，死了人家也不理咱们。

还有一类人，活着的时候生不如死啊，在监狱里面待着。同样是个身体，为什么区别就这么大？

▪ 做好自己的道，归到自己的本位，你才能享福

我们的身体是载道之器、行道之具。载道啊，载什么道？

是人就做好人道。男人做好儿子行孝，这是子之道。结婚以后你升格了变成了丈夫，这叫丈夫之道。有了孩子以后你的身份又转变，你成了父亲，这叫父亲之道。有了孙子你是爷爷，这叫爷爷之道。

史上所有宗教的一切文化，无非就是让我们做好自己，做人之道啊！这叫人道啊。

我们出问题，当儿子的时候不尽孝，这叫子道所亏；当父亲的时候不能爱护孩子，这叫慈道所亏；做丈夫的时候不能对妻子厚爱，这叫夫道所亏。你哪道都亏，你亏了哪一道，你就享不了哪一道的福。

慈道亏不能享子女之福，孝道亏不能受子女供养，夫道亏不能享太太

之福，爷爷道亏不能受天伦之乐啊！这是你亏了，你这些道全亏了。

你如何得福？我们想一想，作为一个男子，子道、丈夫道、父亲道、爷爷道，我们还有什么孙子道。一个人都在五道内行啊。

那女人也是一样，女儿道、媳妇道、妻子道。这个媳妇是人家的儿媳妇，对婆婆公公。妻子道针对丈夫的，妈妈道针对孩子的，还有婆婆道、奶奶道。你有没有做到？你哪一道不顺都是哪一道有亏，这不符合人道，不符合天道，也不符合地道啊！我们亏了呀。

一旦失了这个道以后，这叫什么？地狱生活啊，什么叫地狱？苦不堪言啊，生不如死啊。我们看看有多少人生不如死，有些人是身体疾病导致生不如死，有些人是精神折磨得生不如死，有些人是生活无着落生不如死。

人除了肚子吃不饱，你精神也吃不饱啊。你精神上这种痛苦，不是拿物质可以弥补的。

非常可怕啊！所有的圣贤出现于这个世上，无非就是让我们每一个人，在不同的时间段，归到自己的本位，你才能享福。一旦有亏肯定受难啊，这个是非常可怕的事情。

▪ 身体是载道之器，家里是道场，就在家里行道

所以，人一定要明白，一定要懂得，我们这个身体就是载道之器。把古圣先贤讲的东西，我们把它载到身体这个行道之具上来，把它行出去。

在自己家里就要行好。你家里是道场，你就在家里行道。

作为男人，我们想一想，你为子的时间有没有尽到孝，你为夫的时间有没有尽到责，你为父的时间有没有尽到慈，你为爷爷的时间有没有尽到祥。吉祥的祥，祥和的祥，你这个时间上年龄了，你要祥和地看着孙子。

那做女人也是如此，做女儿的时间有没有尽到孝，给人家当儿媳妇的时间有没有尽到孝，给人家当妻子的时间有没有尽到责，给人家当母亲的

时间有没有尽到慈，当奶奶的时间有没有尽到和。

老太太就讲和了。老太太和儿媳妇一生气，是不是就失和了。我们古人经常讲：三个女人一台戏。所以女人在一块就开始打架唱戏啦，可怕得很啊。

■ 女子如水，能调和百味和百器

那女子如何尽自己本分？古人知道女子对社会的重要性，他知道女人的双手，不光是推动摇篮的手，不光是哄孩子，因为女人的双手是推动世界的双手。

我们都知道古时候有很多国王，国都败了。谁败的？女人败的。你就知道女人的厉害啊！所以古人才讲：娶个好太太旺三代。女子如水，这样的女子能调和百味和百器，所以古人讲上善若水。

为什么调百味？你看，我们的醋，我们的酱油，我们的很多味道都靠水去调和啊！包括盐调料，你放多了都要拿水去稀释。

和百器。为什么和百器？水在任何容器都能相容，扁容器、方容器。什么样的颜色它都能给你调出来，了不得啊。

水能润五脏。当我们人生病的时间，要去世的时间，大家都有一个感觉，口干舌燥。不管你得什么样的病，都是这个表现，口干了，舌就燥了。为什么口干了？就是我们内心世界的这个水不能滋润五脏了。

本来我们身上的水是向上行的，火是在下的，就像我们的锅，水火既济。

我们现在大部分人都是急躁，火往上水往下，所以百病丛生，诸事不顺啊。

这什么原因？没有归道。什么叫道？我们在这马路上开着车，只要遵守交通规则就不会出车祸。凡是出车祸的，都是没有遵守交通规则。车祸谁找的，也是我们自己找的。

■ 人被身体控制以后，就会吃喝嫖赌抽

那这一段就给我们讲到，身体要让心来控制，而不是身体控制心。

当我们人被身体控制以后，你就会抽烟，你就会嫖娼，你就会赌博，你就会违法乱纪。想犯邪淫的时间，心一想这是错的，念一想这是恶的，那恶和错我们是坚决不能做。那你怎么能去做？你做不了呀。

我们想一想，真的是这样，很多人就是自控能力不强，那这个自控要下工夫。

第一控制情绪，也即是我们的脾气；第二控制恶念，恶的念头都不要生啊；第三控心性，心是心脏的心，性是性格的性。心性，心不能恨人，性格不能暴跳如雷。

控心性下来控什么，控行为，把行为控制住。

恶的行为完全要控制住。当你能控制了，好运气就来了，厄运就走远了。

内德不足树无根　夫妻不和运不起

▪ 人和畜牲的区别就在于，人懂得分寸和珍惜

犯邪淫，破坏伦常，就是破坏他人夫妻之伦，致使他人夫妻反目感情破裂。这个是非常可怕的一件事情，会严重影响我们的运气。

女子和有妻之夫来往，男子和有夫之妻来往，这个都非常可怕。

你看，我们现在流行什么，男闺蜜，女闺蜜呀，实际这个也是要有禁忌的。我在宝鸡也碰到，女闺蜜呀，把闺蜜的丈夫抢走了。这种例子是很多的。

所以古人跟我们讲呀：君子相交淡如水呀。

很多人一说：这是我男闺蜜，那是我女闺蜜。我听了就好笑，这个词大家觉得好像比较流行，可这个距离呀产生美，太亲密了，就是违道的。一违道，就容易给家里带来麻烦。

我还有个远房亲戚，姊妹两个人嫁给一个男的，那个姐夫比较优秀能干，姐姐在家里管孩子，妹妹去帮忙，竟然最后和姐夫结婚了，姐夫把她姐姐就给离了。

这种例子，不仅仅是违道了，是破坏伦常啊。一旦违背了伦常，就不

顾父母反对，抛弃儿女。抛弃丈夫，抛弃老婆，就跟人家跑了。

所以，这个邪淫呀，让我们完全违背了做人的道理。人和畜牲的区别就在于，人懂得分寸、感恩和珍惜。

▪ 邪淫会毁了夫妻父子兄弟关系

和有夫之妇来往，对方有丈夫？对方有老婆，和人家来往，这个罪很重。邪淫还不独是乱了他人夫妻之伦，并且也断了他人父子之伦，把三伦都毁了。

其中还有父子之伦。我们想想，一个女的跟一个有妇之夫来往，这男的把她老婆抛弃以后，父子这一伦是不是就完了？

儿子因为失去母亲和父亲反目。还别说孩子小呢，就是父母五六十岁，另一半去世了，我们都可以看到，留下这一半要想找一个老伴，子女都极力反对呀。何况孩子小的时候，虽然小孩子是没有办法干涉，可是对小孩的打击伤害是非常之深的。

如果女的把丈夫抛弃了，慈母道就毁了。所以夫妇之伦给坏了以后，也断了他人父子之伦还有兄弟之伦，把兄弟伦也断了。就是犯邪淫呀，五伦之中就废了三伦呀，这个罪很重啊！

▪ 内德不足如同大树无根，夫妻不和运就不好

伦常与运气的关键在什么地方？夫妻一离婚，谁最伤心？父母啊，你看父母这个道也就毁掉了。

那我讲运气的时候给大家讲过什么呀？不顺有两大条，第一就是亏孝，诸事不顺皆因亏孝，这叫亏了内德，内德不足如同树没有根呀。第二夫妻不和，命运就不好，夫妻一旦失和就把命运影响了，命运就像大树见不到阳光了。

我们都知道，一棵树的生长，除了根吸收水分营养，树枝果实也需要

光合作用，夫妇就是光合作用，夫妇就是我们讲的营养。

所以我讲运气学的时间，给大家讲过，不孝父母运气就不好，只要把父母一亏呀运气就坏了。为什么呢？在五行方位里面，自己的爸爸就是南方火，自己的妈妈就是北方水，你亏了火你不旺，你亏了水你不聚财，运气坏了。

这是在大家庭里边，那要是在自己小家庭里面呢，夫妻不和睦命运就不好了。我讲课时也讲过，夫是命呀，妻是运呀。

女运要旺，推动丈夫的命，叫运命。男命要旺，女命要弱，变成了命运，就死了。

▪ 和分为三和：嘴和、行和、身和

克就是失和，不是我们讲的命中相克，实际就是失和了，要想不克，和则不克。

和分为三和，第一嘴和，嘴和无争。夫妻之间在交流的过程中，说话不说尖酸刻薄的话语，不说攻击伤害对方的言语，你要站在对方角度去说话。

第二行和，不同床异梦。男的女的都各自有自己的小金库，这哪像个家呀？

第三身和。在任何时间，女子在外要捧丈夫如天，在家里爱丈夫如子。为什么呀？丈夫是你们家的门脸呀。那为什么要爱丈夫如子呀？天下男人都是女人生的嘛。

▪ 女子是运，能运命，可以推动家庭命运

女人很伟大的，很多人对古人有误解，认为古人好像对女子有偏见，实际没有。

古人讲过两句话：第一呢，娶一个好女人旺三代。古人没说嫁个好丈夫旺三代呀。我们就知道，女人对一个家庭的重要性关键到了什么程度。

那第二个呢，古人讲：女人的双手，不是推动摇篮的双手，是推动世界的双手啊。我们有时候想一想，古人对女人崇拜到了什么程度？

为什么推动世界？有可能你怀中摇篮中的这个孩子，将来会成为国家领导人，世界性的人才呀。你看看，这是古人看到的，包括现在科学家也研究，孩子一岁到六岁跟妈妈常在一起，孩子没有暴力倾向。

我们想想，一个母亲哦，是孩子一辈子的无尽宝藏啊，母亲重不重要？

再按运气上来讲的话，女子是运。我们就可以理解了，她能运命，把男子的自身命运、家庭命运全部推动了。可是一旦犯邪淫以后，孝亏了、夫妇失和了，你命运也坏了，你的运气也坏了。

▪ 上等运气不在住宅，在自己身上

万恶淫为首啊！一犯邪淫就开启了万祸之门啊。

就像我这几天给大家一直讲的，犯邪淫三个层次：第一意淫，你脑海中犯这个邪淫，满脑子想着看黄色的东西。福则远，祸已近啊；再达到心淫，心里老想，就和畜牲没什么区别了；行动再去做出来，那畜牲行径已经出来了。

你既然是畜牲了，怎么能享人的福啊？

你看，犯邪淫的人，住大房了承受不起，住进新房就生病。我遇到一个人，他说：秦老师，我这房子运气不好。我说：是你自身不好啊。

你看，我提了个理念，什么理念，上等运气在自己身上，不在住宅、不在祖坟啊。

我遇到很多家里，有钱以后买了大房子，住进去就生病。很多人都怪房子有问题，实际都是我们古人讲的，温饱思淫欲。

有钱以后，这个男的女的，一定有网恋现象，一定在外面，要不就是身体出轨，要不就是思想出轨，导致整个屋子的运气坏掉。

凡是能夫妇和睦，黄土变金啊！我们古人讲：夫妻一条心黄土变成金。这变成金就富了。这就是我昨天讲的，财能生富，富能生贵，夫妻只要一和睦，就变成金了，财就生富了，富就生贵了。那你们这个家庭，运气全部由自己掌握，谁和你交往，你都旺谁呀。

▪ 照顾孤寡老人是尽了大孝

所以，男女邪淫破坏伦常以后，首先亏孝，孝不好以后运气就坏了。夫妻一不和睦啊，命运就坏了。

要想改变运气格局，从什么地方入手，孝敬父母啊、夫妻和谐呀！

而且，我们还可以照顾孤寡老人、帮助孤儿。这两类人是这个世界最可怜的人，一个是无父无母，一个是无子无女呀，一个尚小需要人照顾，一个已经风烛残年，来日不多呀。这两类人是我们该帮助的两类人，这是我们应该做的。照顾孤寡老人是尽了大孝。

古人给我们总结，百善孝为先，万恶淫为首。把这两条纲领教给我们了。

▪ 小三坏人家庭后又遭遇新小三

我遇到犯邪淫的，在北京是个大企业家，已婚，都有了一个男孩，被一个小三插进来了。这个小三比这个男的，大概小了十二岁左右，她进来以后，那男的和他前妻就离婚了。

这小三碰见什么事，结果最后又进来一个女的小三，比她丈夫小了二十四岁，又来了个新小三。

她很痛苦，过来找我聊天。我说：你现在觉得有女的抢你丈夫，你心里难过，你当初不也是在抢别人丈夫嘛。一句话把她说明白了。是她自己错了。

我说：你不把它止了，受你们影响，到你女儿手里边，你还会看到同样的戏上演。可怕呀。

不过，邪淫这个罪虽说很重，我们要是真能改，那民俗有一句话，"浪子回头金不换"呀，你看，能改了，运气就改了。

■ 损福的三种表现形式

所以损福啊，他有三损。第一损财，这个财是两损，一个损是贵人远离。你看，你过去交往的朋友，是贵人能帮助你，从你犯完邪淫以后，贵人慢慢离你而去。

即使贵人不离你而去，想帮助你帮不了，不知道怎么帮，甚至贵人帮你一次，贵人倒霉把你也拖下水，坐监呀。你看，这贵星变成什么呀？祸星啊。

我们遇到很多啊，开始他认识哪个领导，关系很好，那领导一坐监狱他也进去了。领导倒了，把你给领倒了。有啥好处啊？这就是贵星变成祸星啊。

那这个财的第二个意思呢，本来是给你送了一个宝贝性的人才的子女，因为犯邪淫亏孝，在你的坏影响下，你的孩子最后变成个败家子。

钱财是五家共有啊：第一天灾，第二各种意外事故，第三盗贼，第四不孝子孙，第五官府。是这五家共有的呀。你要是犯了亏孝，犯了邪淫，你首先把你这个宝贝性的人才子女，变成了什么呀？不孝子孙，把你钱财败光败尽啊。

我们想一想，第一把财败了，财上就两败，上把贵星贵人变成了祸星，把宝贝性的子女变成了不孝子孙。

那紧跟着，第二就干什么呀？败富啊，让你富开始就要败。你可能过去是上市公司，先把你给抓进去，慢慢让你这个企业就消耗。

再紧跟着，第三把贵也就败了。别人本来对你很尊敬，现在一说：那是贪污犯呀，抓进监狱了。你爸你妈本身也被人尊敬，一说：你看，我儿子是某某。现在一出门，别人说：你看，他们那个进监狱的儿子。

你看，贵也失了，不受人尊敬了，这是由贵命变成贱命啊。我们想一想，可不可怕，就是犯邪淫这一块就败完了。

▪ 犯邪淫导致不孕不育

我们现在看到的不孕不育很多，过去没有这么离谱。

我们过去都知道，农村一要七八个，弟兄七八个的，多得很。

你看，现在人吃得好用得好，比过去条件好，有多少男的女的就是要不到孩子，不知道什么原因呀？邪淫所致啊。

犯邪淫的人导致打胎，各种肾精消耗，结婚以后，男子就容易精子成活率低，女子就容易输卵管堵塞，怀不了孕。

你看，我们现在看到的，做试管婴儿，成功率还低，又受痛苦。地下代孕的，这种特别多。你看，正常能要要不了，这种原因导致的。

现在各种营养品多到这种程度，和过去来比，今人比古人太有福了。可是古人是儿孙满堂啊，现在人呢，子孙稀少啊。

过去，我们看到八九十岁的人特别多，身体还健康。

现在，年纪轻轻的，你去医院看，年轻人都多。

过去，老年人去世，我们认为是喜丧。

现在，大家有没有注意，去一个公墓，你看一看那个石碑上，年轻人夭折的特别多。

我经常注意这个事情，什么原因啊？犯了邪淫，短命，招病，招祸呀。

不孝子孙因邪淫　车祸水灾因邪淫

▪ 修身得寿，修心得禄，修善思维得福

我们听这堂课以后，我们要明白我们受苦，原因在哪里？很多人都不知道自己错在哪里，这个可怕。所以邪淫受苦万千！

邪淫一来家败了，财败了，运气败了。可以说一犯邪淫，这是不回头的路啊！古人为什么叫万恶淫为首啊，万恶啊！我们古人为了棒喝我们，让我们不要犯它呀，这个是非常可怕的。

我们修身就能得寿。把我们的身修好不要犯邪淫，不要拿我们这个身体做坏事，你就会得寿啊。那修心就能得禄，把我们的恶毒心，恨人心变成宅心仁厚，你得禄。禄就是社会地位。修善思维你就得福了。

你的善思维变成恶思维福就失了，心变成恶心禄就失了，身变成恶身寿就失了。福禄寿你就全没了。

所以我们只有避开了吃喝嫖赌吸，守好孝顺父母这个开启万福之门的钥匙。禁忌好邪淫这个开启万恶之门的钥匙以后，我们才能真正掌握自己的命运和财富，包括设计掌握我们的子孙。

▪ 富不过三代，所做的恶事很快就能看到结果

要不我说：好运气与房屋没关系，与祖坟没关系。我们会怪了，怪自己；不会怪了，才推卸责任怪别人。我告诉你，是我们自己不好，与命有啥关系是不是。

你只要是人，决定都是好命，那命为什么最后不好了？恶习沾染啊，是这样命不好了的。

我们回头想想，哪个孩子一生下来就会偷东西？不会吧！

哪个孩子一生下来就会喝酒？不会吧！

哪个孩子一生下来就会犯邪淫？不会吧！

小孩生下来天真无邪，诸恶不会啊！最后会了诸恶，是身染恶习啊。那我们从这个道理就可以看到，最后不是好命是我们恶行导致的。

孩子是小偷也好部长也好，全部由我们做父母的教育影响。行善修德，是我们应该做的。

我们要是能真正修了身，修了心，修了善思维以后，我们在人生道路上才能真正幸福，真正快乐，家族真正兴旺。

不然的话，我们所做的恶事很快就能看到结果，这也是我们现在为什么富不过三代的原因。

▪ 重则断人种，轻则子孙败家

男人要是犯了邪淫，容易断了人种。有的直接就得精子成活率低的病，不育不孕，让你就要不了孩子，可怕呀。

这不是神话，里面有深刻的这种道理。犯邪淫的人伤其肾精，肾就代

表了精，精生气气生神，你精伤了，气没了，神没了，你这人不就死了嘛。就这么简单，非常可怕。

重则断人种，轻则子孙败家。就是你犯邪淫轻的话虽有孩子，但是恶习会传到子孙手里，让子孙干什么啊，吃喝嫖赌，样样精通。

最后干什么呀？败家呀。让你死不瞑目啊。你看，惨不惨。

人骂人，死不瞑目，大家知道怎么叫死不瞑目，就是犯了邪淫，子孙犯了邪淫以后，导致子孙败家让你死不瞑目。

▪ 犯邪淫的人常被怀疑，和谁都合不来

常犯邪淫的人常被人怀疑。

经常被人怀疑，不会被人信任。你和谁合作做生意，别人老怀疑你，你好心都把你当成驴肝肺。

我告诉你，犯邪淫的人真不被人信任。你觉得，你对他挺好的。人家老觉得你奸诈奸诈的，太精明了，看见你害怕，不愿意和你来往。

这是对外来说的。那对内呢，遭亲友毁谤。亲人和朋友都毁谤你，众叛亲离啊。我们想想多可怕。广结冤仇，和很多人都广结冤仇，和谁都处不来。

我给你讲：常犯邪淫的人，和父母处不来，夫妻处不来，朋友处不来，兄弟姊妹处不来。

为什么呀？你和所有人一接触，就变成了冤家和仇人了。

你和谁都能结仇怨，给人帮忙做好事，人家都误认为你有企图。

你看看，要不很多人说：我帮他，他怎么误解我？

我告诉你：你决定犯邪淫啊，决定亏孝啊，就是在这上面出的问题。

朋友之间稍微有点事情，就会变成仇人变成敌人，你可能交了十几年的朋友，一件事变成敌人仇人了。这是什么原因导致的，就是犯邪淫以后改变我们自身的磁场波导致的。

我们人身上的磁场波，是一种祥和磁场波，有吸引力。一旦犯邪淫以

后，我们的磁场波就变散了，一散以后就像一根筷子一样就折断了，十根筷子就折不断。然而你那个磁场波一点一点就夭折了。

▪ 邪淫导致精气神衰败，得精神病

你为什么会和朋友、家人都变成仇人变成敌人？

深刻的来讲，是你身上的精气神衰了。

肾精妄动。我们都知道肾主藏精啊。肾精妄动，你喜欢一个女的一见钟情，又没有来往，可是脑子里面天天想她，晚上睡觉都梦见她。我告诉你：你已经精神不振了。

所以，你被人怀疑，遭亲友诽谤，广结冤仇，是什么原因导致的？就是精气神衰了，身上的气场凌乱。

实际真的是这样，这就是犯邪淫，有的年轻人把人当偶像了，男神女神，是不是。他满脑子都是想到她，我甚至遇到一个年轻人得精神病。为什么啊？整个屋子都是贴一个明星的画像。

我问：你怎么贴这么多？他爸说：那是他偶像。

我说：为什么突然得精神病了，是不是偶像结婚了？他说是。

你看，精神病这么得的。

我说：你看，这也是犯邪淫，这是意淫和心淫导致的。

我们的肾脏是先天之精，我们只有犯邪淫的时间，肾气才乱动，不犯邪淫没有邪淫的念头，没有邪的心，没有邪淫的行为的时间，肾精是不会乱动的。那你肾精保持住，决定是精生气，气生神，怎么能出现问题呢？

常孝顺万福开启　常邪淫万祸临身

现在人不正经谈恋爱，总抱着玩玩儿的心态，却不知这种心念一起，就等于是坏了运气。要是再加上怀孕打胎的，就会更容易败运。

我们现在看，有太多男女为了对方自杀，甚至还有很多把对方杀害了的。这些全部是邪淫导致的恶果。

我们要把良心掏出来忏悔，真正地认识自己错了。

如果我们在人生路上犯邪淫了该怎么办？我们自己想止恶，如果你没有信仰，那就诚心忏悔！

定要把恶止了，如果不止恶，后果是非常可怕的。

▪ 犯邪淫遭横死全村人唾弃，妻离子散

在我们当地还有一桩犯邪淫的事情，发生在我们村子里，这一家有太多奇事。

我们这个村子，有一对男女，两人分别住在村子的东西头，都有家

室，一人有丈夫，一人有老婆，两人却走到一块了。

后来由于俩人闹矛盾，女人用砖头砸死了正在自己家睡觉的男人。砸死了之后，法医给男人做解剖判断死因，我那时候还小，也不懂害怕，就看着男人死相十分凄惨，遭到全村人唾弃。

男人有两个儿子，其中一个还是我小时候的同学。大儿子在北京抢劫犯罪进了监狱，也不知有没有被放出来。我还听村大队书记说，小儿子好像因为不断透支信用卡，下落不明，银行给村里面打电话让帮忙找人，也是犯法要进监狱了。一直到现在，老大在监狱，老二无所踪影。

我家大孩子都快九岁了，这两个儿子都没结婚。可见邪淫对子女影响有多大。

俩儿子的妈妈呢，改嫁了，这么一个家庭等于完了。

■ 你邪淫，你会发现你孩子也会犯邪淫

纵欲成患，造成新的轮回。

实际上，就邪淫而言，你犯了邪淫，你会发现你孩子也会犯邪淫，你会感觉似曾相识。就像演戏一样，还犯得是一模一样，原来自己所做的，和孩子做的是一样的，这就造成新的轮回。也使自己和众人更难解脱，从而导致更多的灾祸和横祸。

灾祸和横祸是两个词。灾祸是我们现在所讲的不可控的，大面积的意外灾难。就像去旅游的时候泥石流把人伤了。去旅游，旅游的这个地方就地震了。那我告诉你，这叫灾祸。

那么横祸呢？横祸就是意外啊。重点是意外。这个意外就是自己招来的。

我们经常看有的人，走着路，摔一跤摔死了，走着路呢，突然间地面就陷下去了，连车带人都陷下去了，还有我们经常在新闻里看到这类的灾难，就是横祸。

那我们如何避免这种横祸和灾祸呢？

那就是，断绝邪淫，只有断绝邪淫，那万祸之门就关闭掉了，你就遇不到灾祸横祸了。

怎么赎罪？永不再犯，这才是把罪赎了，你要再犯肯定不能赎罪的。

忏是知错，悔是不犯。忏悔，忏悔，不是今天犯了错，明天忏悔，忏悔完了以后又犯，这样就不行了，这就是错了，是我们思想混乱了。

有的人请人家去嫖娼，还认为自己是服务周到，认为自己没有做错，不知道自己是犯错，这是很可怕的事情。

所以邪淫为万恶之首，一犯邪淫就是开启了万祸之门，你的灾祸就源源不断，你的福全部就滞后了，你的福就不会再有了，就是这样。

我们要止住邪淫，千千万万不能犯邪淫。

我之所以给大家连续讲邪淫，讲了这么长时间，因为邪淫最可怕，最能影响我们运气。

▪ 孝和邪淫皆有三心

孝有三心，孝顺父母，意孝，脑海中时常能想到孝敬父母祭祀祖先。第二心孝，心里能常感恩父母的恩德；第三行孝，马上去行动给父母供养吃穿。

那邪淫也是三个：意淫、心淫、行淫。我们要是真正明白了懂得了这个道理，肯定不会去犯它。

一犯邪淫，孝道就失，夫妇道失，父子道失、母子道也失了。再加上一犯邪淫，对男子未婚的而言，命格由贵变贱，哪怕本身是贵命也会变成贱命了。

你要一旦变成贱命以后，那你遇到的妻子也是贱妻，她肯定是不旺你的。

要是由贵变贱以后，你也不会和高端人群有什么交流，就算是认识了

147

最后都会脱节，他就是想帮你都帮不起来，邪淫就会如此地坑害你。

要是结了婚男女犯邪淫，阴阳就不平衡，导致万事皆衰，灾祸起，子孙不旺。所以我把这个问题给大家反复地讲解。

想要改变心性、改变脾气、改变命运，所有的掌握权都在我们自己手里。我们每个人都是自己的命运设计师，不需要找大师。

老祖宗就给我们讲过，尽孝之后方能和气生财，夫妇道一和，阴阳平衡。我们只需要从这两个地方去着手，就能兴旺大好了，就这两条路，却是百发百中的。

▪ 今人易犯邪淫，年轻人手淫易早死

现在，邪淫是人人都易犯的，最容易犯的就是邪淫，为什么容易犯？原因在于我们今天的环境！

古人很难犯，今人却很容易犯。因为我们现在生活中，电脑手机随时随地都能上网，无意中就有黄色图片跳出来了，你光看一点都折福，点开一看就消耗肾精，肾中的先天精华消耗太大了以后，就折寿，我们想想，就这么可怕。

要不很多年轻人早死，我们都不知道是什么原因。

你看，有人年老多病却还没死，有些年轻人却早死了，为什么早死？

实际都是犯邪淫导致的。

从意淫开始，意淫一产生，就会导致手淫。脑海中一起念头，就是先伤自己。手淫觉得不过瘾了，就导致心淫，心淫一想了，形体就想去有所行为，嫖娼、找小姐、找小三，于是就这样去做了，就是这么可怕。

所以，人生不能不警示，不能不知，这也就是我为什么把这犯邪淫的例子给大家重点详解了。

▪知道自己错了，心里立即忏悔，阴就排出去了

你只要把这一部分听清楚，全部落实了，那我告诉你，你是大师。

你是贵星又是福星，你们全家五福临门。你要真能听明白了，孝，能在家庭推行；邪淫，从今以后从你手里给制止，不传播、不说；你就能从贱命转成贵命了，转成福命了。

你当下知道自己错了，你肾气立即就发暖，你身上寒气就出去了。

我讲的过程中你就对照，看你哪儿错了，心里立即就忏悔，把阴就排了，阳就装进去了。

真正孝顺父母的人会犯邪淫吗？不会，犯邪淫的人都不孝父母。

孝顺父母的人他会离婚吗？坚决不会离婚，怕父母伤心难过。

邪淫一犯，人的脑袋就开始不清醒了，犯得久了，两腿发沉，全身就开始寒凉了，内脏全部容易受寒。

为什么啊？你犯邪淫的时间肾精乱动，你的八万四千毛孔全部是张开的，不懂得闭合，肯定会生病的。

所以我们就知道，孝是万福之源，邪淫是万祸之源。这是两把钥匙，所以我们要把邪淫的钥匙扔掉，我们手里要时常拿着孝顺的这把钥匙。

▪开启万福之门，杜绝万祸之门，则命可改

我拿了孝道的这个钥匙，开启了万福之门，我就得福得的很多。

你看，我是当地最基层的政协委员，又是宝鸡市的传统文化促进会的副会长，年轻的"80后"，又是河北省孝行慈善基金会的副理事长。

国际儒联，这个组织第一任会长是谷牧，第二任是叶选平。人家所有

的专家学者全部是泰斗级的人物，唯独我一个文盲，是国际儒联学历最低的，小学三年级也没毕业。

今年儒联开会，竟然选我做了儒学与企业管理委员会的委员，什么好运都上我这儿来了。为什么来的？因为我用孝道，开启了万福之门的钥匙。

我自己回头再想想，能去看卫星发射都是学历高的领导，而我学历最低，年纪最轻，我也去酒泉看卫星发射了。

我从五号到七号的卫星模型，我家里全有。你看，想什么来什么，是不是？

因为我拿了一把开启万福之门的钥匙，就是孝顺，我也杜绝了万祸之门的钥匙，就是把邪淫全部截止。运气就这么简单改变的。所以改运气，不靠神不靠佛，就靠我们自己。

■ 不轻易跳槽，孝念常立脑海中

一福压百祸，我们只要常把孝念立在脑海中，立在心，立在行上，你便不会离婚，不会偷盗，不会贪污，不会做恶事。为什么？怕祖宗蒙羞，怕父母伤心。

人家干个工作都跳槽无数，我在一个单位待十一年了没跳过槽。

我怕我妈担心，我妈说一个文盲跳什么槽，跳了没工作了。就这个原因，我哪儿都没去。有人说给我高薪，给我房子，当时也就是心一动，不能去，还是我妈重要，省得她睡不着觉。你看，就是因为一个孝守住了开启万福之门的钥匙。

有很多人对运气命运，对我讲的东西觉得很神奇。邀我给他算命，我不会算命也不会看相，我只会给你讲方法，你照着去做。拿着这个法宝，百发百中，你就幸福了。

▪ 劝人不犯邪淫，毁坏淫书，都是功德无量

今天讲的这节课，邪淫影响运气，这个是重点。大家不能不谨慎，也不能不知。

当你的兄弟姐妹有人犯了，我们一定要劝谏，提前给孩子讲解这种思想。劝人不犯邪淫，这也是开启万福之门的钥匙。

毁坏淫书，劝谏他人对妻子忠贞，对丈夫忠贞，这都是救人。善事随时都可以去行，大家不能不知。

上智之人，听而行之；中智之人，听而笑之；下智之人；听而弃之。

上智之人一听，觉得这是好东西，便去改正了；那中智之人，就觉得听故事一样，哈哈一笑完了；那下智之人，还弃之，觉得这是胡说。

所以说人境界不同，看待的方式也不同。

我讲这个东西不是我发明的，是古圣先贤的总结。我只是用现代的话，给大家诠释一遍，讲解出来，让大家更能接受、明白、了解。

今天关于邪淫的课程就讲这么多，算圆满结束了。

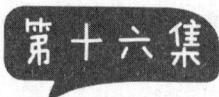

第十六集

嘴巴说话要三利　利国利民与利己

● 人是万物之灵，能替天说话，替地行道

我们古时候的大部分运气记载，都是住宅或者坟地，外在的东西比较多一些。我和古人讲的略有不同，我讲的主要在人。其实，两者相通。古人有一句话：福人居福地，福地福人居。

过去的天时，人心比较纯善。可是我们现在的人，大部分缺德。

古人讲这些东西，是为了让人与自然更和谐地相处，让人，这种万物之灵有了厚德以后，能替天说话，替地行道。

替天说什么话？替天说良心话。替这个地行什么道？替地行这个圣贤道。所以古时候讲的天地人三才。

● 盲目崇拜和盲目拒绝，都叫迷信

中国的文化非常特别，上下几千年没断过。可是近一百年来，文化有点断层，这个断层被四个字断掉的，哪四个字？封建迷信！

大家都认为古老的东西是封建的或者是迷信的，把很多古人留下的警示，我们都当成了耳边风。

实际，迷信是盲目崇拜，对一个事物不了解，不明白，不清楚，你就崇拜他，这叫迷信。

第二个，盲目拒绝也叫迷信。我们对任何一个事物，当我们不能了解和清楚知道的时候，千万不要盲目地拒绝它，这个也是非常可怕的。

所以呢，我们大家对这些事情要有一个深刻的了解。古人讲的运气学，就是和合学。第一就是人与天如何和。人与天和，上天有好生之德，人要有好生之德，那就和天和。地有厚德载物之德，我们作为一个人，要是能常为他人着想，那你就有大地的这种厚德。

当我们的命运，运气，各种事物都不好，那肯定是我们人不好。不是天不好，也不是地不好，更不是父母生我们的生辰八字不好，这个一定不要外怨，一定要内怨，一定要自己反省。

找自己的毛病、缺点，找自己错在哪里，一改则好。这个是非常重要的事情。

▪ 所有外在运气场都因人而转变

实际上，所有的外在气场，都是因人而转变的。

运气场呢，最简单的就是分为三种。第一种我们称地形气场。我们都知道地形气候的变化对人身体的影响，对情绪的影响。

我参加一些大型的活动的时间，很多学者、教授会问我：你一个"80后"对运气的认识是什么样的？我就讲：冬天穿棉衣，夏天穿短袖，符合自然之道，这才是真正的运气之道。你非要冬天穿短袖，夏天穿棉衣，那就违背运气之道了。

第二种是自然气场。气场分为不同种类，最简单的就是这个世界的元素风火水等。我们知道风是动态的，像水，水代表的是阴，像火，火就代表的是阳。风是水和火之间的缘。

第三种是人自身的气场。至于天地和自然的运气场，我可能都会讲得很少，因为这有很多专业人士会讲，大家也可以在网上看到。

运气场实际就是一个人的场能。分为正气场和负气场。最尊贵的是人身上的气场。儒家讲的古圣先贤，他们的气场都可以引领大众，帮助大众，他们自身纯善无恶。

当我们的思想里面经常装的都是一些古圣先贤宗教圣哲的话，那你自身的这个气场就和他相同，和他的场通了。

有很多出家人，包括有很多牧师、修女，大家见到他们以后就非常恭敬，想顶礼。内心世界的这种尊敬和对世间的人是不一样的，对世间的人可能你是官员，你可能是首富，我是因为你的钱尊敬你，或者你的身份尊敬你，不是发自内心的尊敬。这就是非常简单的一个场能的问题。

▪ 人身上分为三种场能

人身上分为三种场能。第一种场能是行为场能，一个人做了一点事情，利国利民了以后，我们大家就因为他做的这个事情对他产生恭敬。就像我们都知道的岳飞、关公。

第二种场能就是心性场能。心性场能唯一能代表的可能就是佛教的佛陀。这种心性的场能，又超过了行为上的场能。所以，你看，再恶的人去到寺庙以后，都想磕头，都想捐点款。

第三种就是思想场能。可以拿儒家学说当代表，你看，他们讲的《论语》《孝经》，这种场能也是非常了不得。

所以，我们人身上有行为场能、心性场能、思想场能这三种。要想真正把我们自身的这种场能，变成利国利民利己的好场能的话，我们可能就要学习一些儒家学说的东西。把我们内心世界的这些自私，包括嫉妒仇视的这种思维、行为和害人的这种心性转变过来，那你自身的场能就是非常好的，非常了不得的。

▪ 去除自身的负场能，从行为上先止恶

我为大家今天主要讲行为场能。因为我觉得行为是大家可以捕捉到的，思想很难捕捉，包括心性也很难捕捉。行为是简易的，我觉得去除自身的负场能，从行为上先制止，慢慢影响思想，影响心，就比较能掌握。

我过去一直在想，讲与不讲。现在人对这些非常喜好，再加上现在人疾病这么多，医疗这么发达，可是对很多病，如最简单的糖尿病就没办法。包括很多人对自己的运气啊、人生啊都很迷茫。我觉得，你要照我说的这个方法，对照反省改变的话，一定有非常大的效果。

我最近听到一个报道，中国抑郁和精神类的疾病有 1.6 亿人。这个数字是非常可怕的，这类的现象我们就称为思想不正。这属于思想不正导致的疾病，因为这类疾病的病人大部分都还比较聪明，可是多疑，脾气都非常急躁，是思想负能量装满了，才导致的这类疾病。

甚至妇女，有这种思想不正念头的，过程中会传给胎儿，胎儿在这个胎里就会受到妈妈的毒害。要不有很多小孩子得自闭症，多动症，实际都与父母是有关系的。

心性一般出现问题内脏就容易生病，行为上出现问题就会导致我们人生有很多不顺的事情。

▪ 嘴巴是展现你内心世界的一个窗口

影响运气的行为中，专题讲解了邪淫 21 条。除了这个最大的影响之外，剩下来的可以细分成 25 种行为。

先讲第一种，就是说邪惑众。就是我们嘴巴经常说一些邪的东西。

嘴巴是向外展现你内心世界的一个窗口，你心里想什么，思想想什么，要通过嘴巴说出去。

那我们说这个话，是邪的还是正的？这个很关键。

邪就是不正！包括我们在家庭对父母说话顶撞，骂孩子，这都是邪。

我就碰到过老人骂孩子：你这个不听话的短命鬼。谁知道，这孩子还真是很早就去世了。实际，作为父母可能说者无心，可是人嘴真是有毒的，这也是一个场能的体现。

要不我说：佛教了不得啊，天下好话佛说尽。

你看，佛教把天阴称什么呀，慈云密布。

太阳出来，叫佛光普照。

一下雨了，叫普降甘露。

你看，他在所有的我们认为不好的过程中，都能说出正能量的东西。

实际我们人生就是个转念，转恶为善，化敌为友，实际就是用这种方法。

▪ 人嘴有毒，说话要多肯定鼓励

好，我们再回来说——首先在嘴巴上不要邪。

对人说话要多肯定，鼓励赞美。他问我：这事能成？我说：可以成。他说：真的？我说：真的呀。他想：秦老师说能成，我真能成，果不然最后就成了。

实际这也是我们的言语和内心世界的一个正能量波的共振，效果是非常好的。有很多高中生考试啊，心情非常焦虑，他内心世界无处安附的时候，非常需要爸爸妈妈或者老师对他有一个认可。

我遇到很多这类的高中生，我说：你一定会考得非常好。他说：你怎么知道。我说：你看，你很聪明啊，是不是。你平时考的不好因为贪玩而

156

已，把贪玩改成学习，你就考好了。实际就是简单的几句话，对他一种认可，他就有变化。

所以，我们在说话过程中，一定不要说邪，一定要传播非常好的正能量。

▪ 笑是非常大的正能量

就像我那一本书《你是自己命运的设计师》，实际大家可能都没注意，很多人看那本书的时候，都看什么里面的属相啊，什么命运啊。实际这不是这本书的轴心。

这本书真正的内容，实际只有三个字——笑，效，孝，就这三个字。

第一个笑，微笑。笑是非常大的正能量。我不知道大家什么感觉，我每次说到这个笑的时间，我身上就像过电一样。你看，刚才一说，从头顶刷就到脚心了。为什么呀？全世界所有的动物不会的一个功能，只有人会，就是微笑。

要不很多人说：啊呀，你怎么发现的？

我说：不是我发现的，谁都会笑，只是大家对最美的这个微笑呀，不重视。我从哪儿发现的？我去寺庙看弥勒佛，哎呀，我一看笑成那样，每天我要向他学习，学习微笑。

我从那个地方才明白，原来上等运气场是在自己身上。笑啊，也是六十四卦里面的谦卦，大家可能没注意。谦虚的人啊，对人都会点头微笑，绝对没有高傲的心。所以我讲的命运设计师，里面就三个字。

第一个笑是微笑，那第二个效是什么？效仿。效仿谁呀，效仿圣贤，向他们学习。就是我们现在所说的充电。我们要给自己随时随地充正能量。

那第三个孝，就是孝顺。我们孝顺自己的父母，因为未来我们也要做父母，孝啊，是所有文化的根。

这本书就讲了这三个字——笑、效、孝。很多人把那个书翻来翻去，看来看去，就是没有找到这个书真正的三个点。

我经常在讲：你要是把这三个点都找到了，会笑的人就有福啊，能效仿圣贤，学孔孟思想的向孔老夫子学习，不管你信任何文化的人，向你崇拜的圣贤学习。那我们想一想，你不就成就了？

第三个孝，孝顺就是回归家庭嘛，这是根啊。你要把笑、效、孝都能落实好了，那你人生肯定幸福了，肯定就快乐了，那人生的命运啊，运气啊，都由你自己而掌握了啊。实际就这么简单，我们完完全全没必要把它想得那么复杂。

■ 一言兴邦，一言亡国

所以，我们先从嘴巴上开始。你看，孔门里面，把言语摆在第二，佛教戒律里面有妄言、绮语、恶口、两舌。我们就知道，这个言语啊，是非常可怕的事情。那人本来很高兴，你可能一句话，那人就笑不出来了。所以，我们这个嘴巴啊，常说吉语、爱语、助人之语，这个很关键。

有时候我们明知人家不对，也不要直接说人过失，有时可以用暗示的方法。

我们古人说：一言兴邦，一言亡国。我们想一想，把言语提得这么高啊，这不是开玩笑的事情啊，一言兴邦，一言亡国呀！

你看，去年看到新闻，一个人要跳楼呢，本来我们这个嘴巴是该劝谏。没想到，很多人说：你跳啊，有本事你跳啊，你跳啊。一说，这人真跳了。本来那人还犹豫呢，这个话呀加重了想死的念头，这不是说邪惑众吗？

要不很多人跟我说：秦老师，我做了很多的善事。

我就讲了：管好你的嘴巴就是最大的善。很重要，你能不能管好你的嘴巴？

要不我说：我们学说话呀，可能用三年时间，从出生到三岁练习会了说话。却要用一辈子管好嘴巴，去学会怎么说话。这个非常重要，对我们人生的命运啊，运气呀，自身的命格影响，都是非常大的。

很多人不以为然，把这个作为一个小事情来看，认为就一句话嘛。但是，可能一句话就亡国了，也可能就兴邦了，就这一句话的事。

夫妻之间，也就因为一句话，几十年感情，就能离婚啊，甚至把对方掐死捅死的也有。这几年的新闻报道里，例子已经非常多了，这不是开玩笑的事情。所以我们就知道，佛门也好，儒学也好，为什么把言语的这个罪，列得非常重。

▪ 嘴巴说话要三利，利国利民利己

运气学里面也讲，我们的嘴啊，实际就像我们农村的那个簸箕。我不知道大家在农村有没有看过那个簸箕，它的前面是大敞口。

你看，簸箕起什么作用，要有麦子在上面簸的时间，麦粒要是非常的饱满，它簸的过程中，饱满的麦粒、重的东西越往后回，瘪的麦粒、轻飘的东西，就从敞口簸出去了。

我们人说话的过程中，我们也要明白，话说出去以后，会起到什么样的作用。实际上簸箕簸的过程中，重的东西，成为内德。内德，就是我们的心，和我们的嘴说话要一致。你说出来的话呀，就是正的，不是邪的。

你要是心里还想着让他要倒霉，可是嘴上呢，还要笑里藏刀的，说出来的话，口蜜腹剑啊。古人这一句话，我们就要明白，这种甜蜜的话也叫邪，也叫惑众。你不是发自内心的！按咱们现在最俗的话就是拍马屁，你为个人目的，你拍马屁。

所以，我反复强调大家不要说邪惑众。经常说一些邪语，不善的语言，尖酸刻薄的语言。说这个话，对国家社会，包括对我们自己，没有一点帮助。

要不我说：我们人不要把自己变成垃圾桶，进出都是垃圾，要把自己变成什么呀？聚宝盆。我们要把自己变成自己的良师益友，你才能成为别人的良师益友。

嘴巴应经常说一些正能量的东西，说出来的话一定要三利。第一利国，第二利民，第三利己。这个话出来以后啊，就是正能量。

▪ 微笑和言语，是人际交往两大法宝

邪语是不能说的，在家里呢，轻易不要指责父母，父母即使有过失，可以劝诫提示，说话的时候不要尖酸刻薄。夫妻之间呢，也要爱语相交，千万不要恶语。

所以，我们在这个社会中，跟任何人交往，实际就是两大法宝，一个就是微笑，一个就是言语。微笑可以拉近人与人之间的距离，言语可以体现出来你自身的人格魅力和自身修养，让别人对你敬佩。

很多人说：哎呀，我经常遇小人，我不遇贵人。

我就说了：第一，你肯定不孝。第二，你肯定嘴臭。就犯这两个毛病导致的，你哪壶不开提哪壶嘛。你爱说别人，谁听你说话都不舒服，就痛苦，就烦恼，谁愿意和你相处？

▪ 人中长的人可以劝诫，人中短的人只爱听好话

运气学讲到，人中长的人可以劝诫。就是我们鼻子下面的这个人中，比较长的这个人，你可以劝诫他，可以说他。人中短的人呢，只爱听好话，你千万别有事没事就劝谏，说人家不好，一说就把人得罪了，一说就和你记仇了。

当我们看不清，一个人的人中长与短的话，我劝你还是记着一句话，

三界众生皆爱听爱语。谁都爱听好话。

你看，小孩，你夸他两句，都高兴得不得了。所以，先言语夸人啊，这也是一种恩惠呀。关键就是，你夸人家的过程中，不要口蜜腹剑就行了。你嘴里是蜜，你内心世界像毒剑一样，这样不行，发自内心地夸，他能听出来。你要是这个拍马屁地夸，那人家也能听出来。现在人都不傻，这也就是一个场能波。

我们一定要把这个嘴管好，不说邪惑众，一定要说一些对大家有帮助的话。

其实，家失和呀，也是因为嘴巴，兄弟失和，也是因为嘴巴，同事之间失和，还是因为嘴巴，我们与天地失和呀，还是这个嘴巴。我们想想，这个嘴巴多可怕，对我们的运气影响很大。还会影响人脉，言语严重影响人脉。

我们都知道，现在社会是人脉的社会，人脉大于财脉。很多人不挣钱，不挣钱因为人脉不广，人脉上出现了问题。我们经常遇到小人了，和同事相处不好，与朋友相处不好，我们一定要反省，自己的嘴巴一定出了问题。

我们一定要把嘴巴管好，说好的话语，这个非常重要。

▪ 夫妻之间应相互赞叹

夫妻之间应相互赞叹。我给大家讲过，我今大能在这个地方给大家讲课，功德来自于我太太。

我过去说话结巴，经常说不出来话，一说话还着急啊，拍大腿才能说出来。

我太太经常鼓励我说：你呀，不要紧张，肯定讲得很好。

为什么我紧张，我觉得我小学三年级都没读完，很多字我都不认识，所以在讲的过程中啊，临讲之前就开始心里紧张，手心冒汗，就怕讲不好。

太太鼓励多了以后，我每次讲课的时间就放松了。你看，去体育馆上万人，人家都说这是万人大会，我说这是一人大会。他说：你怎么说是一人大会啊？我说：我在那地方一坐啊，满脑子想的就我老婆，没看见万人，所以就是一人大会。

我觉得，我讲课啊，不知道对外人有什么帮助，我只想呢，我讲的过程中，要对得起我老婆的鼓励。所以，我这个念头一转，看不见底下的人了。反正张嘴就讲，从那就锻炼出来了。

所以啊，女人是一所大学呀，男人如何，孩子如何，都在女人手里掌握着呢。我们古人讲：娶个好女人旺三代。那可不是开玩笑的事情啊。我太太把我这个文盲都培养成这样，你想想，厉害啊！所以，一个家庭啊，一个妈妈啊，一个太太啊，对家庭的影响是非常大的，言语非常了不得，一定要鼓励和赞美。

跟父母相处，夫妻之间相处，一定要扬其德。和朋友相处，跟姐妹相处啊，一定抱吃亏态度。这样的话，情谊才能更长。

所以，第一，说邪惑众是非常可怕的一件事情，一定要把嘴巴管好。

▪ 恶语伤人影响入户门运气场

第二个影响败坏运气的行为，还是嘴巴——恶语伤人。实际上，我们经常说的一句俗语：哪壶不开提哪壶。

我经常在讲：我们说出去的话呀，就像倒出去的鹅毛一样，一旦出去了，风都吹得八方奔跑，你想收都收不回来呀。

所以，当我们背后言人恶的时间，我告诉你，早晚对方会听到耳里去。当我们要言人善的时间，对方也会听到。所以，背后也好，当面也好，千万不要恶语伤人。我们的嘴巴不要像刀子一样，不要像冰雹一样，说话伤人。

我们的嘴巴要像元宝一样，每一句话出来，没有一句废话。我们说一句吉语善语，三冬的天气，大家听到心里都是暖暖呼呼的。说出来的恶语，即使六月也会让对方心里非常寒冷。所以第二个还是讲恶语。

一定要注意，邪语和恶语的区别，他们还是不一样的。

恶语呢，就是说话啊，非常狠毒，说出来这个话非常可怕。

我讲过一个例子，一个村子，孩子过满月呢，农村有个讲究啊，家里要是有什么事儿全村人都帮忙，都在这家吃饭。就有个妇女话比较多，这家人就比较担心，就说请她老公去帮忙，让她老公去他家里吃饭，你要不就别去了。她就说了：你不让我去，不就是嫌我话多嘛，我保证不说话，你让我去吧。

这主人一听，行了，你既然这么说了，那你就来吧。最后，都吃完饭了，主人送客人的时间，送到她这儿了，她就说话了，从去一直到走她真的都没说话。

临走送她了，她才说：我告诉你啊，我从来到现在一直就没说话啊，那你们家孩子再死了与我就没关系了。

你看，她不说就不说，一句话出来，人家要给孩子过满月呢，人家请她吃个饭，她就来句这话。这就叫恶语！可能她心里没这么想，可她说出来这个话，一定让大家听到以后非常恐惧。

要不我说：我们这个嘴巴，好说也是说，坏说也是说。那我们为什么不好说呢，是不是？我们嘴巴的厚德，就是说圣贤教诲，说吉语，说好听的话。

一旦我们的嘴巴说邪语了，说恶语了，这个嘴巴的德就缺了，这叫嘴巴缺德。眼睛要是不会微笑了，这叫眼睛缺德。

很多人不明白，运气场与人体是有对应关系的。

嘴巴呀，不说善言善语，我们入户门运气场就不好。

我说：你这个门口不好。他说：为什么门口不好？我说：你这个嘴不好呀，入户门运气场就不好。犯这样的人，容易得什么病？食道癌，这是最严重的。简单的，我们都知道口臭，嘴巴容易上火。

我碰到一个人就告诉我，她说：秦老师，我过去跟你不熟悉，不好意思说，我这经常嘴疼。

我说：你呀，就是说话比较狠，对谁都说话比较狠，你就没发现。所以，你嘴巴经常疼。这以后慢慢慢慢地，她才改正。有时候，说话就会习惯成自然，控制不住，那一句话就出来。

所以，恶语伤人啊，是非常可怕的。他影响入户门运气场。

一个住宅啊，门口是入吉气，排邪气的地方，一旦一个人家里头嘴巴失和，说话恶毒的时间，这个家就已经出现了衰败之象。我们要是真能把嘴巴管好，让我们说出来的话中听，一言啊，能让人生得到莫大的福报。

▪ 世上最厉害的武器不是核子弹，是感动

我们不说别的，我们看政府部门，经常有一句话，毛主席讲的，为人民服务。大家有没有觉得，这句话太了不得了。

替天地说话怎么说呀？就是为人民服务，全心全意为人民服务。所以我们看到那一句话以后，哎呀，我一想，还真是了不得啊。

所以，毛主席这一句话把江山得了。了不得呀，是不是？

老板要是能说出一句话呀，我这个企业，我这个发展，全是员工的功劳，那员工听完以后，还不屁颠屁颠地跑着给他干活呀，是不是？跟这道理是一样的。

所以，我经常讲一句话：世界上最厉害的武器，不是核子弹，是感动啊。了不得啊。你看，五大宗教的圣人，都是把人感动了。

▪ 真正的成功学是普利大众，现在的成功学是自私自利

很多企业家给我讲成功学，我却说：成功学都别学。他说：为什么呀。

我说：你把这上帝啊，佛祖啊，老子啊，孔子啊，他的学说落实到企业，十分之一你都了不得。

我说：我们可以放眼看看，他们是最成功的人。他们的连锁店开遍全球不用发工资，这些人不发工资，还听话的不得了，一辈子终生侍奉啊，是不是？女的终生不嫁，男的终身不娶，都在教堂服务，在寺院服务，在道观服务。我们看看，这些教主厉不厉害，他们是最厉害的成功学的创始者。

他们的成功学，那是普利啊，对谁都有利。现在的成功学，都是让我们干什么呀，自私自利！

要不我最近说过，现在很多培训机构，什么成功学，都是想尽方法把别人的钱装到自己口袋，唯独这些宗教的成功学，是越布施越多呀，越捐赠越多呀。

▪ 门口运气场一坏掉，别人走到门口，都不进来消费

说邪惑众啊，恶语伤人啊，都是影响我们入户门运气场的。要是老板的话呢，影响厂子入户门，要是饭店呢，影响饭店入户门。

那你这个门口运气场一坏掉，别人走你这门口，都不上你这个地方消费。那怪得很，你看，同样是一排的商铺，这边可能人就特别多，那边就没有人。

现在，你懂了就知道，这一家可能就是嘴巴很臭，嘴巴上没有吉祥的言语，导致运气场出现了问题，所以这个嘴巴是非常重要的。

六十四卦断吉凶　唯有谦卦六爻吉

好咱们继续讲第三个影响运气的问题，还是嘴巴——自夸贤能！

按我们这个俗话讲就是爱吹牛，说大话，自己夸自己不得了，这个是非常可怕的一件事情。不光是学传统文化的人爱自夸，现在不管是学什么的人都流行一个毛病，就是自夸。

▪ 六十四卦里大多吉凶参半，唯独谦卦六爻皆吉

一些大德，一些古圣先贤给我们做了很好的榜样。

我们看孔老夫子，孔圣人讲到：三人行必有我师。我专门看了一下这一句话的典故，看到以后让我比较惊讶。

孔老夫子和他的学生坐着马车要入城。正好一个小朋友，在入城的路中间，拿泥土和石头就做了个小城墙。孔老夫子看到前边有小孩，让马夫把车停下来，下车来说：小朋友你能不能让一让，让我们进城去。

这小孩说：从古至今都是马车绕城而行，哪有城让马车的。就这一句

话，孔老夫子向小朋友就鞠了个躬，说：三人行必有我师！因为他觉得这个小朋友讲得很好。从古至今，都是马车绕城而行的，确实没有城绕马车而行的。

你看，一个圣人，都能谦卑到了极处。这是给我们做的一个表率。

包括佛教净土宗的祖师印光大师，把自己称为饭粥僧、常惭愧僧。

我们都知道六十四卦里面，很多卦都是吉凶参半，唯独是谦卦六爻皆吉。我们就知道六爻皆吉，就是说一个人，真正能谦卑的话，那他人生可能都是吉祥的，没有灾祸。

■ 长满米粒的稻子和有德能的人，都是弯腰的，谦虚的

所以古人有一句话：虚怀若谷谦受益，骄勇逞强必跌跤！所以自夸贤能，也影响运气。很多人说：这怎么能和运气牵扯一块去？

其实，它是招祸啊，真是招祸啊，非常了不得的事情。

我们都知道韩信。韩信之所以能当大将，因为他能受得了胯下之辱。这个人了不得。第二个，他成了大将以后，还把欺负过他的，让他从胯底下钻过去的人，邀请去给他当了士兵。

所以，一个人能干成大事，能成就，必须要有容人之量，才能享人之福，这个是非常重要的事情。你看，韩信最后为什么没得好死啊，就是因为自夸贤能了。到最后，完全没有坚持他前期的谦卑。

因为我上学上得少，对这些事情的理解，是在我们家种的稻子里面明白的。我们家有旱地、有稻田，当时有七分地的稻田。每年割稻子的时间，我就发现那个稻子，长满了米粒的稻子，金黄黄的，全部都是这样弯着腰的。反而这个稻子要是没有结米粒，这个谷子里面都是瘪的，都是直冲冲的。

看到这个状况我就想到了一个道理：真正有德能的人，都是能弯下腰，非常谦卑的。反而没有这个德能的人，好面子的人，好名利的人，都是直直的，高傲的。一定在这个上面，是他致命的缺点，他是欠缺的。

▪ 藏富显贫才能教育好孩子

我在北京遇到几个大老板都是穿布鞋布衣。你看不到人家，真正能显示出来那么有钱。反而稍微有点钱的人，不能藏富显贫，把自己孩子都害了。

要不有人问我：这孩子如何教育。我就讲了：藏富显贫，就这一句话。

为什么？我们古人讲：穷人的孩子早当家。那我们养孩子，也是为了让孩子要当家做主，不是做你的附庸。

现在为什么很多富人的孩子吃喝嫖赌，就是父母不懂得藏富显贫这个道理，老爱夸自己。经常给儿子一说：老师欺负你了没有，要欺负你了给老爸说，老爸有的是钱。甚至什么我爸是李刚，这种口号，竟然成了流行语了。现在人这个道德伦理，已经滑坡到什么程度。这就是自夸贤能惹的祸啊！自己夸自己，孩子也学会了，这是我们社会的一个悲哀啊！

古人争罪，愚人争理。古人做任何事情，都是有了过失、过错，都会揽到自己身上。认为罪在我身上，我错了。

可是现在人什么打架，夫妻离婚，包括跟孩子之间都要推卸责任，都要认为妈妈是对的，你是错的。实际真是自己错了，还要狡辩。

圣贤之所以能成为圣贤，他是在人、事、物、四季里面都能看到大自然向我们人类所展现的智慧。那不是那么简单的一个事情。

我们在看稻子的过程中，我们就要反省。我们是米粒饱满的稻子，还是没有长米粒的稻子。我们一定要虚怀若谷谦受益，不要骄勇逞强必跌跤。

▪ 谦虚才能得到，自满就溢了，什么也装不进

人啊，一定要谦虚。真正有德行、有修为的人是非常谦虚的。

六十四卦里头唯有谦卦，六爻皆吉。

实际古人已经给了我们一个吉祥的方法。为人处事，谦虚则好，这个很重要。最简单就像我们听老师讲课一样，你过去哪怕学识五车，那你来的时间，也要把你过去学的东西全倒出去，你拿个空杯子过来，我讲了你好接过去。

不然的话，满而自溢，太满了就倒出去了，你得不到一句。

你看，孔老夫子遇到一个小朋友，都如此地恭敬，向小朋友施个礼，讲了一句：三人行必有我师。我们还有一句俗语叫：三个臭皮匠顶个诸葛亮。

我们就真正知道，自夸贤能，不光是嘴巴说出来，行为上面体现出来也会受报。我遇到很多当官的，一当了官以后，别说看不起老婆，连父母也看不起了。一说话就是：你老两口都是农民。

你看，他就开始轻视自己的父母了，这个是非常可怕的事情。谁不是农民啊，你把你几代你查下去算算，谁不是农民？是不是。所以，高傲之心是招祸之源，谦卑之心是招福之源。

▪ 改变自己的人，才是真正伟大的人

你要招福招吉，从哪里？谦卑！这个是非常非常重要，也是为了让我们在为人处事上面，起到一个自保的作用。

我经常在讲：古人讲的明哲保身用什么方法？谦卑就完了。我们有没有德行，有没有修为，就是体现在谦虚上面！决定不自夸贤能，夸自己非常了不得，非常厉害，一定要弯下腰来。

要不我说：看别人有缺点，证明我们还在缺德。

因为在这个世界上，只有改变自己的人，才是真正伟大的人。我们只有取众人之长，才能长于众人，这个是很重要。

▪ 恶和善之间，就是转念而已

恶和善之间，就是转念而已。

有时候我去菜市场转一圈，我就在观照自己的内心世界。看这个西红柿很好，一看四块五。我第一念就会想到：这人卖菜不容易。第二念是：卖的有点太贵了。你看，那一念跑天堂了，这一念跑地狱了，你看，快不快。

我们要在所有的事物里面，吸取它正能量的东西，把负能量的东西推出去。

一个人的场能为什么弱，就是吸收负能量太多了。我们的人体实际就像个海绵一样，你能吸脏水也能吸净水，我们要随时随地吸干净的水，把自己的内心世界，真正地把这些不好的东西，清扫出去。

所以，一定要谦卑，千万不要自夸贤能。否则对自己的运气损害也是非常大的。别人因为你说大话，就不敢和你来往了，这个是非常重要。

▪ 凌孤逼寡，是造大恶

第四个影响运气的行为——凌孤逼寡。

有的人父母早亡，或者是孤儿，非常可怜。可现在很多人，说话做事都是非常过分，不但不帮助他们，而且还欺负这个孤儿，欺负这个寡妇。这样是不对的，这个行为是在造非常严重的罪。

我说人生有三苦。第一就是孤儿，早年无父母，这是人生第一苦。那第二苦呢，中年丧夫或者丧妻。第三苦呢，老年亡子亡女。人上了年龄以后子女去世的。这三类的人我们要怜爱，去帮助不要欺负。

那现在是新时代，即使有寡妇，不管是男寡夫也好，女寡妇也好，除非男寡夫想娶，女寡妇想嫁。这媒人再去说，就不缺德。

人家要是男的不想娶，女的不想嫁，你要去给人家说媒，这都不好。

很多人有时候用意识嘲笑了寡妇，说：那家肯定缺德了，你看，把老公都克死了。你起这个念都不好。

我们要在他家里死人的事情上要有反省。第一反省我有没有慈悲心。人家家里死人以后，我是什么心态面对的。第二反省我们不要犯和他们家同样的错误，让我们家里也遭遇不幸。

我们在很多不好的事情上面，一定要反省自己才对。

所以，凌孤逼寡，损阴德。那帮助他们呢，这叫积阴德，这个非常重要啊。对孤儿、寡妇、寡男这一类人，他们都是受到了人生重创，我们即使不能帮助他们，也不要去嘲笑和欺负他们，要有慈悲的心。

▪ 父母运、自己运、妻运、子运，人生能走四步运

其实，一个人的运气是个复杂的问题。有些人走父母。下来走自己运，走妻子运，走孩子运。

要不有些人娶完老婆就开始发家，有些人得一个孩子就开始发家。我就是这样的，既得父母运又得妻运，又得孩子运。

我从有老二以后，工资就翻了二十多倍，我想都没想到。我从娶完我太太以后我就觉得，我这个贱命就变成贵命了。为什么贱命？因为过去算我命短，活不出二十五岁。娶完她以后我就在想：我这要好好尽孝，一辈子不能打老婆，不能换妻。我就立这个愿。

很多人这几年好了，那几年不好了。为什么呀？他那段运没衔接上。

▪ 经常拥抱老人会增运

那衔接运气的方法是什么呢？古人告诉我们了"百善孝为先"。你孝

顺你的父母以后就能接通运气。所以我说：孝敬父母，祭祀祖先，就开启了万福之门，就是这个道理。

我在西安有一个好朋友，谁都和他相处都觉得困难，就我和他相处得非常好，他对我也好得不得了。有朋友就私下背过他就问：那人脾气也不好，没有一样好处的，怎么能是亿万富翁啊？

我也研究他的道。这个人都说他不好。他为什么发财了？可能有两个原因，第一，别人都说他不好，替他把业消了。你看，这也是消业的方法。第二，我发觉，他有两个特点。一是都四十多岁了，每次出差给他妈妈来个拥抱。把他妈抱着就说：妈你放心，我出差去了，决定不学坏，我会很平安就回来了，你放心啊。

我有时候在想：这爸爸妈妈把我们从小到大，不知道抱了多少年。而我们成人以后，结婚以后，有没有再回过头来把父母抱一抱？反省我自己，我都没有，人家抱了啊。

所以，在他这个例子上，我发现了运气不好的人，常抱老人会增运这个秘密。他为什么发财，就是出门老抱他爸抱他妈，说安稳的话，让他父母省心、安心、乐心。

我想：怪不得他发财，他不发财谁发啊，孝能开启万福之门！

二是他对姊妹非常好。他自己挣了钱以后，不是自己花，自己还生活很简单。你看，来北京了以后，经常住的都是七天、如家这些连锁酒店。从来都不乱花钱，没有一点恶习，那真是省吃俭用的。

别人都说他吝啬。可是我知道，他每年资助特困学生，做慈善捐钱也捐得不少，证明他这人对自己吝啬，对慈善上一点儿都不吝啬。

我们对别人评价的吝啬：他老不请人吃饭。其实我们是戴着有色眼镜看人。

我发现了这个人的发财之道，对他姊妹都很好，经常做慈善。你都不知道，他那么大一个老板，每年做义工，就那整箱整箱的矿泉水，整箱整箱的东西，扛着就送给别人去了。

我说：这个人，不是我们眼里看到的吝啬、小气。他知道有用之财，要用到有用的地方去。他自然就容易得财。我们想一想，是不是。

■ 手心朝上的是乞丐命，手心朝下的富不可言

要不我遇到这个人倒霉，我也会研究他为什么倒霉。我真遇到很多人都是这样，这人他本来就很穷，是穷命吧。他还竟然去买彩票，我就想不通。他还解释说只有两块钱。

我说：两块钱给你妈买斤油你都心疼。你本来就没钱，如果每天两块，一月下来也不少钱。你把那个钱拿去供养你爸你妈，兴许还能挣下钱，比你买彩票强。你去看，哪有身价千万、亿万的大老板去抓彩票的，没有。

所以，我在这个卖彩票的地方，就发现了一个秘密。凡是手心朝上的人都是乞丐命，贫穷之命，老想天上掉馅饼，老想你给我给点儿，你看，乞丐命。手心朝下的人是富不可言啊。

我们想想，在这些事情上，你要明白道啊。我就发现，这个老板天天捐赠。捐助特困学生、孤儿院、敬老院。除了孝顺父母，照顾自己的兄弟姊妹以外，他经常去看望孤寡老人和孤儿，给这些孩子们买东西，给孤寡老人买东西，给孤寡老人买棉袄、棉鞋。你看看，他这个福。他还很细心，一件一件都去自己挑，还找到生产厂家，能省就省，真有智慧啊！

所以，一个人发财，我也会研究他为什么发财。他倒霉，我会研究他为什么倒霉。

我会非常留心细心地观察每一人的道。看他是在哪个道上亏了。

作为男的，你是不是在儿子道亏了，亏孝。在丈夫道亏了，亏责。在父亲道亏了。还是在公民道亏了。

作为女人也是，你是不是做女儿道亏了，做妻子道亏了，做妈妈道亏了，做奶奶道亏了，做外婆道亏了。你在哪一道亏了，我就知道你哪一块就不好了。得什么病，就会出什么事。

▪ 要用平等心对人

第五个损害运气的行为——欺贫重富。

这个也是我们现在人的毛病。一看是当官的，屁颠屁颠往上围啊。一看那人有钱，恨不得就黏人家身上去。对有钱的亲戚围着人家转，人家放个屁都说是香的。对穷人看不起，欺负穷人，对穷的亲戚是爱理不理。

人家有钱是人家的事情，他穷也是他的事情，作为亲戚要有一个公平心理。

你要做出有面子的事情，做出有德行的事情，别人不给你面子不行。你要没有做出这个事情，人家就是给你面子，你这个面子也得不到。

所以，我们一定要明白这个道理，对穷的、富的、当官的或者不当官的人，一定要用平等的心态去面对。尤其对亲情啊，要平等呀，这个很关键。

▪ 越是穷亲戚，越要多看望，要雪中送炭

现代人，六亲不来往，六亲冷淡。我们经常说的六亲不认。这六亲哪六亲？内三亲，姑姐舅，姑姑家、姐姐家、舅舅家。外三亲，娘姨、表亲、堂兄。这就是六亲。

六亲不来往也影响运气不顺啊。

所以，我们千万不要欺贫重富。一看富亲戚不来，我们都要跑去看人家，穷亲戚我们理都不愿理。

越是富亲戚，我们可以远离一点。为啥？人家家里什么都有，不缺你那点儿东西。越是穷亲戚，你越要去多看望看望，他是不是需要帮助啊，这才叫重情重义啊！

我们都知道一句话叫雪中送炭，我们要做雪中送炭的人，千万不要做锦上添花的人。

在我的内心世界里面，没有穷人富人的区别。什么当不当官、老不老板，对我来说没感觉。

我经常在讲：你今天看不起的人，有可能未来就是你惹不起的神啊！真是这样啊，你敢这么去轻视？

我们有时候给自己穿上小鞋了，真的是这样。所以我们一定不要犯这个欺贫重富的这种念头，对所有的亲戚朋友，穷的也好、富的也好、当官的也好、不当官的也好，拿一个平常心态去面对他。

一定要恒温。越是对穷的亲戚越要看重。为什么呀？穷人比较自卑，自尊心也极强。你要对他好点，他会对你感恩戴德。人哪有不行运的时间，他未来行运，他对你很好的，真的是这样。

我们一定要明白这个道理，这样我们人生才会真正地幸福和快乐。

▪ 古圣先贤皆尊师，智慧不开皆因亏师

第六个败坏运气的行为——怠慢老师。

我经常在讲：诸事不顺皆因亏孝，智慧不开皆因亏师。

我们在人生道路上，要是怠慢了老师、亏了自己的老师，其实老师不吃亏，吃亏的是我们自己，智慧开不了。

这是在各种罪里面非常重的一条罪，对我们的运气影响也是非常大的。

我们都知道孔老夫子有一个学生颜回，他对老师尊敬到了极处啊。颜回和老师走散了，孔老夫子见到颜回以后就说：我以为你都已经死了呢。颜回说了一句话：先生未死，我怎敢先死啊？

我们听完以后非常感动啊。还有程门立雪的典故：程颐在河南洛阳教学的时间，他的学生，为了请教老师问题，看见老师伏案睡着了，站在外

面，雪都下到一尺多厚了，老师醒来才发现他的学生还在外面。这种对老师的尊敬是非常了不得的。

包括佛教弘一大师的学生丰子恺，《护生画集》是丰子恺尊敬弘一大师，给大师过生日所作。一直到弘一大师去世往生了他都还在作画，这一套《护生画集》，也是近代尊敬老师非常典型的例子，这一套画集最后是在香港正式出版再传到内地的。我们想一想，对老师的尊敬真是非常了不得。

▪ 对老师不恭敬，孩子学业无成

大家一定要明白，怠慢先生，就是对老师不恭敬。

你要是作为家长对老师不恭敬，那你孩子考试就考不好，上学肯定糊里糊涂的。一定要教孩子尊敬老师，这样智慧才能开，要是对老师不恭敬，我们的孩子就会学业无成。

现在的父母不会当父母，学生不会当学生，就是这个原因。

你看，我们古圣先贤之所以成为圣贤，他对老师真是尊敬到了极处啊。

孔老夫子的学生是常随孔老夫子，一直跟随一个老师，跟随了那么多年，所以孔老夫子成就了七十二贤士三千弟子。孔老夫子去世以后，子贡守墓竟然守了六年。中国的传统文化讲到父母去世守孝三年，老师去世心丧三年，不是没有道理啊。

怠慢老师呢，智慧不开，影响我们的智慧，影响我们的思维，是非常严重的。那尊敬老师呢？智慧就开了嘛！所以，我们对老师一定要尊敬。

我们不能因为老师的一点过失，就把老师全盘否定了，这样也是不对的。

我经常在讲：我们人对老师这个恭敬，一定要从骨子里面去产生，即使他有一言能帮助你，也是我们的一言之师。一定要恭敬他，这个是非常重要的。

中国人常讲滴水之恩当涌泉相报，老师让我们增长智慧，父母给予我们生命，这两个也是我们中国传统文化的两条根基，这是非常了不得的。

印光大师讲：一分诚敬得一分利益，十分诚敬得十分利益。

我看到这一句话以后，就深有感受，我就是从诚敬中来啊。尊敬老师，真的是非常重要。

我们大家在学习中，不管在跟哪个老师学习，听人家讲的东西，我劝大家最少学五年，你要是真能学五年，你就有能力分辨是非，分辨正邪善恶了。这样以后，再去广学，效果就比较好。

所以，怠慢老师罪很重，诸事不顺皆因亏孝，智慧不开皆因亏师啊。

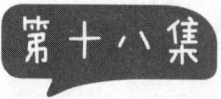

赚正财家有正气　挣凶财虚耗招灾

▪ 违法乱纪、违背伦理道德来的钱，就是邪利

今天讲第七——贪图邪利。

贪念，是我们每个人都有的，贪是人的一个共性。什么叫邪利？就是来路不正。这个钱，来路不正，分为两种原因。

第一种原因：违法乱纪来的。就是我们这个钱，是违背国家法律，违法乱纪得来的。

第二种原因：违背伦理道德来的。这是我们经常可以听到的两种原因。

▪ 贪邪利，导致企业倒闭，家庭失和

怎么算是违法乱纪来的钱呢？打个比喻，我们为挣这个钱去行贿，行贿所得到的工程、事业，这个财，我把它称为邪利。这种钱你不得还好，一得，苦不堪言。这个是非常可怕的。

就像昨天晚上，有一位大老板，给我打电话时放声痛哭。

我就问他，我说：你这么大一个老板，哭什么呀？他说：我要是早知道挣这钱，不仅要承受这么多的精神压力，还导致我家里不顺的话，打死我，我也不会去做。

他为了一些工程，为了一些事情，给人送钱了。这是第一个原因。第二个原因，请人嫖娼。他说：我现在得这个钱就这两个路子来的。一个就给人送钱，说难听就是行贿。那第二个，就是请人嫖娼。用钱和色这两种方式得来的钱财。

昨天晚上，他打电话给我放声痛哭，说他想来见见我，连来的路费都没有了。

我当时就在想：这么一位大老板，怎么连路费都没有了？他说：别人欠我的钱给不了，我欠别人的钱，别人追着要。这马上过节了，连家都不敢回。

他说：我看到你讲的这个课里面，是我自身运气坏了。我自己想来想去，坏在什么地方，第一行贿，第二就是请人嫖娼。

大影响企业运气、小影响家庭失和，这两个他都感受到了。

他的企业和倒闭一样，负债累累，不停地裁员。家庭是太太抱怨、女儿抱怨，他就像过街的老鼠一样。

他说：这些还算是小事情，还怕行贿的那些人一旦出事，把我牵扯了，我都配合纪委去调查了几次了。

我们古时候有一句话，我们都知道：有钱能使鬼推磨。可是我们把第二句话没记住：有钱却难通神明啊。

你有钱使鬼推磨了，这个恶因就种了，你肯定要倒霉嘛。可是你有钱通不了神明。神明是什么呀？正直无私为神。

■ 卖药的夸大宣传药物性能，这也是邪利

邪利不光是贪污行贿，包括我们讲的赌博，骗人加入传销，甚至卖保险的

夸大其词宣传保险的性能，卖药的夸大其词宣传药物的性能，这也是挣邪利。

本来你这个药不治癌症，你非要说它能治癌症、包治百病。为了自己的私利来骗人，靠一些不正当的行为去骗人，这个罪很重的。这个一旦出了事，甚至到死我们都不知道是为什么死的。

▪ 可以送礼，但要用感恩心来送，不是用行贿的心

有人跟我说：秦老师，我这做生意，不送礼没办法。

我们想一想，中国古人送礼是以感恩心体现的，现在的送礼是变了味的行贿，是不一样的。

我也送礼，我送礼和别人送礼是不一样的，存心不一样。

我每次给老师送礼：感恩老师教导。给领导送礼：我感谢你。为什么？给这一方民众做了贡献。

我送的礼品，和别人送的礼品都不一样。我给他送书，他看完善书更明理不贪污了。

你看，他正了，不邪了。同样送礼，一种礼能让人明理增福，一种礼能让人欲似深渊。你要是刺激他的欲望，让他未来越来越堕落、越来越坏——这个送礼就错了。

我也请客，我请朋友干什么呀？吃素、喝茶。你呢？请人家喝酒。喝晕了正好给你签字。

你看，目的不同，效果绝然不一样。我请他喝茶，越喝越清醒，喝得三高下去了。你请人家又吃又喝的，说不定开车出去就出车祸了，还是你害的。

▪ 明知开车还劝酒，绝对不是好朋友

要不古人把朋友列为五伦之一，我们想一想，什么叫朋友？明知开车

还劝酒，绝对不是好朋友。你让他开车，你还劝他喝酒，是不是。你明知他都三高了，你还劝他喝酒。

真正的朋友，应该说：你来开没开车啊？要开车，就别喝了。你最近身体怎么样啊？是不是有三高？有三高，咱们就别喝了，以茶代酒就行，情意到了就行。对不对？你非要把他灌醉？

你看，我们这几年看到的新闻，朋友之间邀请喝酒，把对方喝死的很多呀！所以，现在国家有个连带赔偿关系。不光是把朋友喝死，在我们当地，把人叫去喝酒，把人给喝死了，脑溢血。同陪的三个人全部赔钱，给人家赡养老人、赡养孩子。

我们想一想，这种就是私利。为自己的邪利，企图不良所招致的。

▪ 送礼请客全看发心，古礼有人情味，今礼藏狠毒心

送礼也好，请客也好，全在你的发心。

你的这个心是自私自利的，还是说你的这个心是公心，是真心感恩人家，那就是不一样的。

私利的心请人吃饭，就会让人家吃你的嘴短。私利给人送礼，就会让人家拿你的手短。

那要是公利和感恩的心呢？那吃你的就是增加感情，拿你的就会增加友谊，这是绝然不同的。

很多人说：秦老师我这也要送礼，那我怎么办？那你就要把这个心放正。不是说我今天给你送一点东西，好，你要不能给我回报，我让你好吃难消化啊。起这个念，你招致的财一定就是凶财了。

如果是朋友，在不影响他的前途，不违反国家法律的法规，也不违背伦理道德的前提下，你不妨给你朋友说一说：你可以给我帮助帮助。

做这个事情，你也要保证，保质保量啊。在这个前提下，那他给别人做也是做，给你做他还放心呢。这个就正当了，不然就邪了，不然就偏了。

很多人跟我说：现在就是个送礼的社会。但是古时的礼，是体现了一种回报感恩的礼节。现在，把送礼变成了行贿害人的礼节。

所以，今礼和古礼是不一样的，古礼里面有人情味。现在人送礼，里面没有人情味，是狠毒心啊。我们想一想，这方法错了。

▪ 钱财是从邪利中来的，容易虚耗、招灾

所以，第七，贪图邪利会毁坏整个家庭运气。就是因为我们在行贿的过程中，我们在请客吃饭的过程中，存心不善、思想不良、行为不正。

存心不善。为什么？我今天给你送点礼，我跟你说话交流的时间，我还留一手，弄个录音笔。要不手机来录，要不还私下拍个照。未来你不帮我，拿这威胁你。这种事情非常多。

很多人给我讲：我这为什么倒霉？我这钱为什么就被没收了？我为什么坐牢？我的孩子为什么不孝顺？

我就告诉他了：你所得的钱财是从邪利中来的，这种钱容易虚耗、招灾、招祸、招病、招殃。

所以，我们就看到，有很多企业，说倒闭，一夜之间就没了！你就知道，他这个钱里面一定有凶财。

同样是企业，人家为什么能做得那么好？因为他的钱正，不容易虚耗。什么大的金融危机，什么大的波折，来了以后，对他影响甚微。

我们要懂得这个道理，所以贪图邪利，这个是非常可怕的。

▪ 改年龄也算贪图邪利

我遇到的官员，大企业老板，包括当官的，只要来的不正，都出大问题。

我最近遇一个朋友，就因为虚改了两岁年龄，被免职了，你说亏不亏？这叫行为不当，影响运气不好。

他还说：这没啥。

我说：咋没啥？没啥那你为什么要虚改两岁？他说大家都改。

我说：我们一定要明白这个道理，可以同流，但是不能合污。你这等于同流又合污，你就要遭报啊，这个是非常可怕的事情。

很多人说：这改个年龄都有这么大的恶果？

那你好好的改这两岁干啥？你的目的是干什么呀？

你多干两年，那后面的那个人呢？有可能就因为这两年，他能升一级，不用早退休了。就因为你占这个位置，把他阻碍了。

很多人都把这个认为是个小事，可是大家有没有发现，多少人因为改年龄，被免职不提升。就这么可怕，这也是贪图邪利。

▪ 卖水果、卖蔬菜缺斤短两，这也是邪利

这个邪利的邪字，就是不正。正是正道来的。

你要卖水果、卖蔬菜缺斤短两，这也不正。你价钱可以要高，保足分量，至于他买不买是他的事情。

我们一定要明白这个道理：凶财是五贼共有，天灾、意外事故、盗贼、不孝子孙、官府没收。这个是非常可怕的。你一旦思想一偏、行为一偏、存心一偏，祸害太大了，我们大家不能不知道。

我们在卖东西、做生意、做事的时候，一定要想到，我们这个钱是正的还是邪的？你看，有很多人偷税漏税挣的钱，很多人违法乱纪挣的钱，到就最后都送哪去了？送医院去了。

■ 借助父母去世大肆敛财，这也是邪利

还有的人，借助老人去世收礼敛财，那也是贪图邪利。

那老人去世能不能收礼呢？

我记得讲祭祖的时间给大家讲过：丧礼是不收礼为主的。为什么呢？因为老人去世，对我们恩重如山的人走了，你怎么能用这个去敛财呢？这个时间应该是非常悲哀。

那老人去世送什么？我们现在流行送花圈、黑纱布，像我们拿的纸、香。最多就是拿十二个馒头，代表一年十二月。这是给子孙留粮，这是简单的丧礼，送葬的时间，我们作为旁亲应该拿的东西。

要是女儿的话呢，就是农村讲的抬十摞。十摞里面是贡给去世人的食品。

那什么样的前提下，可以给他们送礼呢？这一家去世的人比较年轻，或者是儿子去世了。老人因为儿子去世以后，未来的生活很困难。或者这个女的因为丈夫去世了，孩子还小，又上有老下有小，经济比较困难，这个时间送的礼，就是积德。

要是他是当官的，大企业家，你去送礼这叫锦上添花，这也是一种行贿。他们家经济非常可怜，家有残疾或者因为重病去世，负债累累。我们作为亲朋好友，可以去给送礼。

那这个礼是有讲究的，拿白色的信封把钱装里面，这个纸上要写一个祭祀的祭字。为什么？这证明不是给活人的钱，这是因为你来祭祀这个去世的人，给的这个钱来延续他没有完成的任务。

你想，他上有老，没有尽孝，下有小，没有养大成人。你作为跟他一辈子的朋友，或者是亲戚，去祭祀的过程中，给他的太太，给他的孩子，给他的父母留点钱，这是感情的一种延续，这种前提下是可以的。

不然的话，借助父母去世，大肆敛财，这个财会变成凶财。

邪利是很多方面的，就是来之不正。种种的例子，太多了。我讲的都是实人实事的事情。现在人不明白、不懂得，什么利都敢贪呀。

▪ 钱里面有凶，首先导致夫妻离婚

我们想一想，钱财要是邪中来的，这叫毒蛇，这叫灾祸。要是正道来的，父母花了健康，家庭花了幸福，子女花了成才。要是邪道来的，夫妻花了首先容易离婚。

有很多家庭，大家有没有注意，没钱的时间还很好，一旦有钱，夫妻离婚了。什么原因？这个钱里面有凶。凶财首先来的目的，就要破坏你们家的阴阳平衡。因为五伦关系里面，夫妇是中间最大的一伦，有了夫妇才有母子，父子，才有兄弟，才有姊妹。先破掉你的五伦之中最重要的一伦——夫妇之伦。

很多人说：秦老师，现在离婚率高。

我告诉大家：离婚率高的原因就是这个钱里面有凶财。

我经常看到很多夫妻离婚，包括有很多官员，一升官就找了小三，就离了婚了。为什么？因为他官也来的不正。要不就行贿来的，巴结领导来的，这夫妇关系首先就容易出问题。

夫妇关系一破，那母子的这个关系就断了，父子的这个关系也就断了。家中一下就连续把三伦破了。因为我们家里就这三伦——夫妻、父子、兄弟呀。

我们经常听到一句话：天要毁灭其人，必先要其癫狂啊。我们想想，有很多人有钱以后，就开始不知道姓啥了，癫狂得不得了啊！天就灭你。

要想避免这种灾祸，那我们的内心世界，不要有丝毫贪图邪利的念头。

正利上的钱你完全可以挣。你经营企业，照章经营。那我们上班，臣忠君义。我们随时随地不要有这种邪利的念头。

你老婆本身就很好了，你还看见别的女人漂亮，这也叫贪图邪利，这叫邪色。

居位不正，必遭其祸。什么叫居位不正？自己有丈夫，自己有老婆，还看别人丈夫好，别人老婆好，这叫居位不正，这也是邪利。就像我们讲的，吃着碗里还看着人家锅里的，这也叫邪利。

▪ 一定要看淡邪利，千金万银，死后带不走分文

我经常在讲：我们人一定要把邪利看淡、看破、放下。

为什么这么说？我们想一想，你即使住的是高楼大厦，死后也就无非占地六尺宽呀。这还是针对棺材而言的，现在都是火化，骨灰盒就一尺啊。那占地，我看了看，两尺就了不得了。

你即使存的千金万银，你死后也带不走分文啊。

我们要明白，要懂得这个道理，所以把邪利一定要看淡、看破、放下。

尤其我们大家又有机会，也在现场听了讲，有的也看到这一段视频了，那我们要给自己当一辈子的贵人，不要祸害自己，祸害父母，祸害后代子孙啊。

要不我说，邪利就这么可怕，是因为我们大家不知道啊。

▪ 财从正道来，家有正气；财从邪道来，家有邪气

我经常讲的一句俗语：财从正道来，家有正气；财从邪道来，家有邪气。我们大家对邪利，一定要远离，不沾染，不能不知，这个是非常可怕的事情。

很多人为点钱财，那真的是不择手段，他不知道里面的凶害。

我们看日本的稻盛和夫，称为商圣。人家把日航，快要倒闭的企业，在他手里，都能迅速地变成世界五百强。他建立了三个世界五百强的企

业。什么原因？他用儒家的，仁、智、信，就这三个字。一个字就建立一个企业。你看，这来的正啊。

包括我们中国的同仁堂，你看，很正啊，三百五十多年。这是非常正的企业。你看，同仁堂的药品，他的质量，他企业文化的传承，他正儿八经就是儒商啊。光同仁堂三个字值多少钱？我们想没想过，传承几百年，了不得的事情，为仁为正的呢。

你看，孔老夫子，家族兴不兴旺，全世界直系亲人四百多万。我们再看看范仲淹家族、梁启超家族。我看到北京晚报上登，一巢出九凤啊。人家梁启超先生九个孩子，都是名人，没出一个秕子。

我们要一个孩子，甚至两个孩子，都能把孩子培养到监狱去。我们把后代子孙没有培养成才，也是我们最大的缺德呀。

我们想一想，那如何能让我们子孙成才？一定要正，里边不要有邪。不要有邪利、邪思、邪色。

■ 赌博、传销都是贪图邪利

贪图邪利，最明显的是什么赌博啊，传销啊，这些违法乱纪，违背伦理道德的事都算。还有，自私自利的这种念头，对我们人，对我们子孙，对我们家人，整个家族，影响非常坏。

我们在做任何事情的过程中，就要想：这是邪中得的，还是正中得的？要对照啊。你邪中得财邪里消，正中得财正中福啊。

我们看到，很多人没钱还好，一有钱就出很多事情。

你看，有很多企业，有很多人为人非常正，人家的子孙、人家的企业多么的兴旺。稍微不正的，那真是如同生活在地狱一样，哭笑不得。这种例子是非常多的，非常可怕。

勿贪财产和美色　要图孝顺和人品

▪ 贪图对方财产和漂亮结婚，也是邪

还有一种邪利，是我们现在比较普遍的。给儿子找女朋友的时候，很多父母贪图邪利。一看，那女方家里是不是很有钱呀？那女方家是不是独生子女啊？要是呢，就想让她们家的财产全成为我们自己家的，现在这类的人也是比较多的，这是男方贪求女方的财产，这也称为邪利。

女方贪求男方的财产，也叫邪利。

这种邪利一旦产生后，之前我讲过，正常的婚姻就是桃花运，也是我们讲的正桃花，这是互旺夫妻。可是，一旦沾染了邪利在里面，贪求对方的钱财，贪求对方的家庭背景和身份，肯定是备受其害。

包括贪图对方的美色，贪图男士的帅气也会受害。你看，有很多女的贪图男人的帅气，男的最后就把她抛弃了，找小三儿的特别多。

贪图女人的漂亮也会出现这一类的情况。

▪ 应该贪图孝顺和人品

那什么样的人属于正的呢？我们可以贪图他的孝顺，你看，他孝不孝顺他爸妈，贪图他的人品。他人品好，这叫潜力股啊！一旦嫁给他，你一旦娶了她，你这个家族兴旺啊！

我们古人有一句话：女大当嫁，少贪彩礼送婆家。

你看，我们古人这句话讲得很好。作为女方，少贪彩礼，不要问男方要太多的彩礼。你看，现在农村很多女人，问男方要很多彩礼，城里这种事也非常多啊。

▪ 财不外露，外露招凶

我记得网上有一则新闻，好像是一个视频，那简直，豪车成队，然后那新娘的身上戴满了黄金首饰。

我就在想：这个金啊，属于金属，凡是硬的，利器的东西都称为金，人沾染金太多了肯定受克啊。那胳膊上脖子上，戴的全部都是金首饰，还没有银子的。这是非常可怕的一件事情。

有的人还爱攀比，最有名的好像是山西的 个首富，嫁女儿还是丁什么，当时花了上千万，时间不长公司就出问题倒闭了。

我说：这叫受克呀。为什么呢？他花了那么大的费用上了新闻，公检法去查查看，钱从哪儿来的，一查就给你抓进去了，有什么好处啊？

所以古人讲呀：财不外露，外露招凶。真是财不外露啊。

所以，现在的很多婚姻都是买卖婚姻，这也叫邪利。这个是非常可怕的事情。

贪图邪利会影响整个家庭运气，男子贪财，就变成坏风，我们叫它什么呢，台风、龙卷风、害人之风。女人贪财，就变成了开水，我们都知道开水烫人，洪水害人啊，要是变成红颜祸水，就殃国了。

我们都知道，商纣王贪妲己的美色，然后把国家毁掉了。

▪ 一般人很难过钱财和名利关

所以，很多人主要错在"贪"字和"邪"字上面。贪图邪利的内容，是方方面面都有。你是从正中来的，还是邪中来的？

就像我当时在北京，一个女士追求我，北京人，非常漂亮，家里也很有钱。我过去在北四环讲课，她还来听过很多次课。自从我知道她对我有意思以后，我就回避了，最后把手机号都换了。

我当时就在想：我这来了北京以后，房子还要靠租的，工资又很低，她们家这么有钱，如果当时我要贪图邪利的话，今天就没有我了。

结婚的时候，我跟我太太讲：人家介绍上海的，介绍北京的，个个都是家缠万贯，很有钱啊，但是当时我想，如果娶她们的话，不是娶老婆，是娶钱呢！

她有财，势就大，就会压我。一压我，我要是想给我爸妈点钱，她还要气我。我不能因为这个亏孝啊！所以，人家在农村给我介绍对象，我说挺好挺好。为什么呀？穷不怕，富了我怕，因为人在钱财这一关，名利这一关，是很难过去的！

我都结婚了，孩子都很大了，人家还追我呢！这么多年了。最近几年才跟我几乎没什么来往了。她的微信，我从来都没加过，短信也从来不回。

我说：我这人称不上一个君子，也称不上一个好人，我首先能做到不害人就行了。

其实，当时有很多人劝我：你不后悔？

我说：后悔啥呀？你看，现在的我，你觉得我会后悔吗？

很多朋友说：我们后悔了，你确实没后悔。

我说：我就因为娶了现在的老婆，才从贱命变成了贵命，我把财富关通过了，我知道这是邪利啊！

▪ 很多人为了邪利，把自己都卖了

好儿不瞅祖宗财，好女不贪嫁妆衣。好的儿子，祖宗再有财都不能瞅，好的女儿决定不贪嫁妆衣。

你看，跟我同时期认识的朋友，贪图女方财产和贪图男方财产的都离婚了，就我一个没离，因为我娶的老婆是农村的。

我小学三年级，她初中毕业。我一想，知足了。过去人们给我介绍的都是大学生，我一看，这初中生挺好，大学生的大学两个字把我压死了。

所以人贵在知足啊，很多人为了这个邪利，把自己都卖了。

贪什么利，受什么害，这个是真的，不是假的。

▪ 万物从正中得，福不可言；从邪中得，奇祸临身

很多事情一定要从正中来，正道所生，福不可言，邪道所生，奇祸临身。这个非常重要。

我们如何把苦命变成福命，把贱命变成贵命？就是从正中求，不要从邪中求。

干净的钱，你拿在手里沉甸甸的，上能光宗耀祖，下能旺子孙啊！

有许多人旺不过三代，因为他挣得这个钱是邪财，有的连你这一代都过不去，在你手里都要三起三落。

我们遇到过，有的老板这几年富裕，那几年可怜，过几年坐牢，他自己一生都过不去呢，更别说旺孙子、旺儿子。这个就是因为钱是凶的！

繁体钱字，一个"金"字旁，这面是两个"戈"，两把刀啊。看了这个字，我们就知道，这个刀会自残，从邪中来，就是凶财。

▪ 利国利民不利己是死利，光利己不利国利民是找死

所以这个邪与正，我们都要随时随地观照和反省自己，做任何事情常为他人着想，站在大的框架上。第一利国，第二利民，第三利己，利国、利民、利己，这叫真利呀！

你光利国、利民，没有利己，这叫死利；你光利自己，不利国、不利民，这叫找死啊。

你看，后面这两条路都是死翘翘，所以要真利啊！

大家可以随时随地观照自己，你今天在工作过程中，如果老板让你偷税漏税，那你首先应该把法律的风险告诉老板，如果你告诉他了他不听，你自己的员工、公民职责已经尽到了，接下来是他的事儿，与你没关系。

你要是不说明，你还帮助他，甚至还主动跟他说：我帮助你偷税漏税吧。这叫共犯啊。

▪ 偷税、漏税为邪，易得癌症

我就遇到个会计，天天给人做假账，天天帮人偷税漏税，在北京有四五套房呢，最后得癌症死了，什么医药都没用。

她在各家公司挂的名比较多，都去给人家走账、做账，给税务局报税。实际上她收每家公司钱也并不多，一个月也就收个两三百块钱，但是最后落得那样的下场，凄惨呀。

这就是邪利，这也是挣的邪利钱，听起来只挣了两三百元，你为了挣这两三百元，你帮别人偷税漏税做假账，你亏国家多少钱啊？

要不然我说：你偷税漏税很可怕。要是你漏了国税，全中国十四亿人都是你的债主。要是漏了地税，那全北京市的人民都是你的债主。你承担不起啊！

所以我劝很多做会计、出纳的人，我都告诉他们：老板要是有这种恶劣的行为，能劝则劝，实在不能劝呀，要能谋到第二个出路，你就离开。

如果谋不到别的出路，走不了的话，你就在这个地方待着吧，为什么呀？因为你也尽力了，毕竟他是老板，你只是他的工具。

我们也没必要太自责，就像那个发明刀的人一样，我发明刀是为了伸张正义，为了让你拿刀子切水果，削苹果皮，但是你拿去杀人，我也没办法呀！

▪ 老板易破产，官员会退休，身份是假情义真

站在朋友的立场上一定要劝谏。所以，我有很多朋友，我真是不厌其烦地劝他们。让他们改邪归正！

跟我相处十几年的人才知道，明白了，才说：秦老师，我跟你相处这么多年，就你劝我最多，就你最有耐心，就你对我不离不弃呀！我这一出事，一倒霉，好嘛，很多人都恨不得落井下石呢！就只有您，我有什么事儿找你，你还是和过去一样。

我说：我和你没利益关系，我把你当朋友，朋友是真情意啊！我没有看到你的钱和你的身份，如果你是老板，老板容易破产。如果你是官员，官员容易退休。是不是？你所有的身份都是假的，可是情感是真的呀！

我和朋友交往，从来都没有邪利的念头。没有说，你是当官的，我和你多来往，你是穷人，我和你不来往，没有这个观念。穷富对我来说都是一样。咱们交往朋友的过程中，也不能有邪利的念头，一看这是某某官员，恨不得贴到人家身上。一看这是穷人，立即离远远的。这是观念错误。

其实我这人经常交朋友，都是穷朋友多，对穷朋友比较好。反而我对富朋友很一般。有钱的因为人家富，不需要我啊。没钱的因为他穷，我才要帮助他富起来，给他教会方法，让他能止恶，让他能行善改命啊！

我们随时随地要观照自己的心。你在和别人交往，做生意，请客送礼的过程中，你是正送的，还是邪送的，你要是邪送的，就要遇邪事。你要是正送的，就会得福啊！

我把世间这些礼仪的事情也做得很到位。我也送礼，也请人吃饭啊，只是和别人存心不同，这是在心的这一方面，这个是非常重要的。贪图邪利非常可怕，邪利不光是钱的问题，在各方面我们都不要"助纣为虐"。

▪ 交人用人看人品，有才有德是精品

我在天津遇到个老板，生意做得非常好，这人就非常有智慧，看了我非常多的讲座，他就告诉我，他有一个部门经理特别有能力，可是在他公司干了一段时间以后，对老婆不好了，还在外面找了个小三儿。

他把这经理叫去以后就说了：我要把你开除了，你不能在我这儿待了。这经理就问他：我又没犯什么错误，你为什么开除我啊？我给你公司创造了这么多利润，我这么有能力！

这老板就回了一句话：我听一个老师讲，犯邪淫的人会招祸，我怕你在我这儿待久了给我招来祸呀。

那个经理说：我在外面找小三儿是我的个人生活问题，与你有啥关系呀？

这老板说了第二句话：你都能把你老婆给抛弃了，你未来可以为你的私利危害我的公司啊，你的人品已经坏了，所以我不能用你！最后，就硬生生把那个经理给开除了。

所以用人都要用人品啊，交人也是要交人品的，这叫什么，这叫潜力股啊。为什么我们要交良师益友？就是这个道理。他是不是良师？导你为

善，教你为正。他是不是益友？可以劝谏你、帮助你，让你人生更完美。

最后他那个部门经理还真是跳槽到别的地方去了，后来在单位私自把客户的钱卷了以后带着情人跑路了，最后又被抓住，不知道判了多少年刑。

那个老板就告诉我说：秦老师，幸亏我提前把这个毒瘤摘除掉了，不然危害的决对是我的企业。我们想一想，这也是邪利啊！

所以我经常在讲：作为一个人，一个企业，在用人的过程中，在交往人的过程中一定要明白，交什么样的人呀？交"精品人"。什么叫精品人？有德有才是精品，又有德行，能孝顺父母，对妻子好，对家庭能有责任心，再加上有才，这种人是精品人啊。

那第二种人呢，有德无才是成品啊。他虽说无才，但他有德，他不至于坏事儿呀，你指哪儿他能干哪儿去，这种人也是难能可贵的人。

第三种人，无德无才是废品。他不光不能给企业带来任何价值，还会影响这个企业的发展。

第四种人，有才无德是毒品。我们看到瘦肉膏、牛肉精这些东西，都是高学历人创造的。我近期看到一个报道更有意思，高学历的人群高离婚率。我看完以后，太可怕了，我幸亏没娶大学生啊，我要娶了大学生，她肯定把我离了嘛，不是我离她。

▪ 帮助别人可以给自己培福

所以，以前我交往人都是交成品和精品的。这几年，这四种人我都交往。为什么呀？我觉得与"废品"交往，正是我培福的时间，我帮助他成为"成品"。那交往"毒品"，我可以教育他归善，给他讲讲故事，他一听改善了，不就变成好人了，变成"成品""精品"了嘛。

我要有机会、有缘分碰到他，不是给他一张光盘，就是发他一本书。能劝多少劝多少。只要他来一次，我就劝一次，他给什么东西我都要，他给完以后我转手就替他做慈善了。你让他做点慈善，他不愿意，他还给你来一句：秦老师，你做慈善我就参加。

我有很多朋友一开始不善，我就用这种方法给导善了的，我们想一想。

能见面就是缘，有善缘有恶缘，无缘不聚呀，我们把恶缘转成善缘就行了。就像大家听我讲这个课一样，你觉得很好，有视频了就推荐给别人看，有光盘了就赠送给别人看，说不定这一张光盘、一个视频，救了他一家，救了他一生啊。

▪ 讲运气学全为导人向善

很多人说：秦老师，你怎么老讲运气学？

我说：现在人就爱听运气学，他不爱别的。你看，学什么的都找大师。

我一想：我也要讲这个，大师和医生最易劝人行善，我假借运气之名导人向善嘛，这是我唯一的目的。

我讲一些现实的故事，真人真事，大家能听懂。导人向善，改造命运，消灾增福全靠自己呀，就是这样啊！

有很多粉丝跟我说：网上就运气学的点击量最高。

我一想：大家都喜欢这个，那行吧，我就随大家意。

别人一般都是讲财的。就像很多人讲运气学，讲的时候都卖什么吉祥物品，讲你这儿好，但是你需要买什么吉祥物品会更好。你这儿不好，需要买什么东西，往这一摆往那一摆你就好了。

可是我讲的都是，上等运气场在自己身上。你看，我从来没有什么吉祥物品给你。

要不我说：心存善念，心吉祥，嘴说善言，嘴吉祥，行为端正，行吉祥啊！我们把自己变成一个吉祥人，先给自己当好一辈子的命中贵人，给父母当贵人，给孩子当贵人，我们还要给家族当贵人啊，这个很重要。

我经常说一句话，夫妻和谐就是上等运气。你看，我说这话有根据啊。古人讲，家和万事兴啊。这也是古人给我们的一个可以兴旺发达的法宝，我们都拿着这个宝贝了，不用可惜了！那和从哪里来呢？夫妇啊。夫妇和就正，不和就邪。

▪ 垃圾扔在天安门前，你容易倒霉

损害公共物品，这也是影响运气非常可怕的一个原因。

很多人不明白，什么叫损害公共物品？不爱护公交车站的站牌，不爱护小区的设施，不爱护楼道的卫生等，都是损害公共物品。

你看，我们对栅栏，对一些小区的公共物品，公共建材、器材，我们都不去爱护的话，我们的人生就会遇到很多波折。

古人有一句话讲得很好：勿以善小而不为，勿以恶小而为之。善虽小不能不为，恶虽小但不能为之啊，这就是提醒我们呀！

你看，我们很多人在高速公路上开汽车，满高速给人家扔垃圾，去海滩、公园玩也扔垃圾。大家都不知道，这损福也是最严重的。

要不然有很多人问我：什么叫大善？我说：捡垃圾就叫大善。他想不通。

我说：你想啊，天安门是全中国人的呀，你在天安门前捡一个垃圾都了不得，等于修了十三亿人的福啊！外国人看到中国人这么爱国，给你伸大拇指！

你要把垃圾扔在天安门前了，那你容易倒霉了。因为那个地方是全中国人的脸面，我们要懂得这个道理。

你爱国吗？你爱国随地乱扔垃圾，践踏自己的国土？这是践踏国土的行为啊！你以为这是个小事情？你要真认为这是小事情，那你扔垃圾扔在你们家床上呗，你为什么扔到广场上啊？是不是？你家床上你都不舍得扔垃圾，你扔在广场上，这个广场可是大家的脸面啊！所以这个罪很重啊。

■ 尊敬爱护大师们，照着他讲的落实，比见他有效果

你们都知道星云大师，我非常有幸，2004 年就见过他，别人都跑上去合影，我跟星云大师一张影都没合过。为啥？我一看，师父那么辛苦，师父对我很慈悲，那我们对师父也要慈悲啊，是不是？

我们应付师父一人很方便，但他应付我们这么多人就够累啦！

为什么我能知道呢？因为我每次参加活动的时间，站那就像个照相架子一样，站在那不停地笑，笑得都没表情了，大家还不停地要跟我合影。那没办法啊，他想合影呀，你不合他不高兴，他会说：你看你还高傲，你还怎么怎么样……

他还要把你说一通，有时候很无奈。这就是为什么我能够理解师父那么辛苦的原因，我能感同身受。

我们有时候要注意，这也是占用公物。我们要知道，星云大师是十方大众的大师，不是谁个人的，我们要这样去想。

现在很多人从来都不顾及这一块，说话喋喋不休啊！所以，我就想，我就这点名气，都受困扰，那星云大师不知道得累成什么样。

就这样，我都已经叫很多人把我"举报"到我朋友那儿去，让他们去故意说我高傲，说我不回答他们的问题，说给我发短信我不回。

还有一些很好的朋友，发短信给我，我没回。最后人家听我一讲原因说：哎呀，原来我误会你了，你一天那么忙啊！

我说：我以前过年用的那个手机号，大家都不知道，受累啊。过个年收几十万条短信啊！都是你们给我发的，我要是一一回过去，我不知道得花多少短信费啊。我交不起是真的呀！你们每人发一条，我回二十万条短信，二十万条短信是多少钱？

就这样，我跑到电信去问，我说：我这手机怎么老拥堵呢？人家说：你这手机怎么这么多短信啊？整个信号都拥堵了。所以，这也是损害"公

共物品"，真的是这样。

不光是对物品，对一些人，我们也一定要有慈悲。

要不我说过一句话：常为他人着想，是这个世界上最高等的运气场，也是最高端的学问啊！否则我怎么连微信都不敢上了？为什么呀？他给你发个微信，你要时间长没回复，他紧跟着很多讽刺你的话就来了，什么你不慈悲了，你不善良了！我觉得非常可怕，真的非常可怕！

所以我就在想，我只能没事了，讲讲吧，我讲了之后，大家看视频对照一下，我真是没有精力！

因为我对的是大家，你对的是我个人，是不是？就像我参加一个几百人的活动，每人跟我说一句话，说完我嗓子都哑了，正常活动还没做呢。你说那还得了啊？所以有时候我就在想：这些出名的大师们苦不堪言啊，真的是这样。

其实，真不用刻意去见大师，照着他们讲的落实了，比见他有效果啊。

你看，我去参加论坛。有很多老师讲一上午课，已经很耗气很累了，很多人还拉着老师不停地在照相，老师们站在那真是哭笑不得呀！不照吧，不慈悲。照吧，那老师们也是人，也受不了啊！我们设身处地想想，真的是这样。

男子耕好四块田 夫妻恩爱两相旺

▪ 夫妻失和，家庭要受大灾

第十，夫妻吵架不和，影响很严重。

要不我说：夫妻经常吵架是家庭衰败之因，家庭的衰败或出现大问题，都是夫妻吵架不和导致的。

我经常在讲：一个家庭要想运气好，那进入农历十二月就不要吵架了，一直到正月，这六十天，夫妻都不要吵架。一吵架这一年都不好，严重的话三年不好。按阴阳学说来讲的话，女子是阴，男子是阳。太极八卦是阴阳鱼，阴阳和万事兴，不和万事衰。

夫妻失和，上克父母，中间夫妻对克，下克子女。真的是这样。为什么上克父母啊？夫妻一吵架谁最难过？父母最难过。父母一难过，生气就生病，一生病就折寿啊，一折寿这棵大树的根就开始死了。夫妻属于树干，树干没有树根的营养了，这树干也就要死了。孩子是果实，果实自然就衰落了。

要不我说：和则相生，失和则克。按运气学上来讲的话，丈夫居南方火位，妻子居北方水位，水火克无处躲呀！夫妻两个一吵架就无处躲了，克孩子生病，严重的要命。克自己运气不好，克自己倒霉。严重的话，不是把丈夫克死，就是把妻子克死呀！

你看，我们遇到很多夫妻吵架，不是女的喝药自杀，就是男的上吊，这个是非常可怕的。夫妻间要克，这个家庭要受大灾呀！现在的人不明白啊，所以夫妻吵架不和，这个是非常可怕的，一个家庭不顺利与夫妇失和有关系。

▪ 男子要耕好家庭中的四块田

我也经常在讲：那男子要像男子，男人的男字怎么写？一个田地的"田"，一个力气的"力"啊，男人要耕好家庭这四块田呀！哪四块田？

第一块是父母田，第二块是太太田，第三块田是自己田，第四块田就是孩子田。

一个是双方父母的田，孝敬好四个老人，这叫福田。所以古人有一句话：在家孝父母，何必远烧香。父母在堂，就如同活佛在堂啊！

佛在经上也讲：少许供养父母，得福无量。少许忤逆父母，得罪无量啊。你看，佛在经上讲得很清楚啊。这是第一块田，父母的田。

▪ 丈夫给妻子装五福，妻子就旺夫

那男人要耕好的第二块田，是妻子田。

我记得在海航大厦讲课的时间，当时他们有七八百人，有一个老板在边上就问我，他说：秦老师啊，这边上就是我老婆，你看我老婆旺不旺夫？

这句话把我问得很尴尬，我怎么回答啊？我说她旺夫吧，他要没发财，他会说我胡说。我要说她不旺夫吧，他回家要是离婚了怎么办？你看，这还是我的罪呀。为什么呀？古人有一句话：宁拆十座庙，不破一桩婚。我们就知道婚姻关系着人生的大事啊！

我就给他回答了一句话，我说：天下女人都旺夫，关键旺不旺你这个夫，我不知道！他一听问我：那这怎么说呀？

我说：你想让你老婆旺你，要给她装五福，不要装五毒啊。他说：什么叫五福啊？

我说：第一，给她装喜，让她天天高兴。她一乐就旺夫。为什么呀？女人一高兴是水呀，上善若水，她一高兴就乐，像元宝一样，她就旺夫了，这叫旺夫相。

那第二，你要给她装福啊。让她觉得嫁给你这个丈夫，这一辈子太值啦。

第三，给她装财呀。挣的钱都给她花，别给小三儿花呀。俗语讲：男人是耙耙，女人是匣匣啊，不怕耙耙没刺儿，只怕匣匣没底儿啊。

那第四呢，给她装贵呀。让别人尊敬你的妻子，像尊敬你一样，因为夫妻是一张脸，你要常言她的好处，在你爸妈面前说妻子好，你爸妈就放心了，婆媳关系就好了。在朋友面前你夸妻子好，那即使有女的对你有想法也就回绝了。为什么呀？人家夫妻这么恩爱，不忍心破坏呀。

▪ 夫妻是个堡垒，不怕外面打进来，只怕里面打出去

要不我说：夫妻是个堡垒，不怕外面人打进来，只怕里面人打出去呀。

很多夫妻离婚，都是从里面打出去导致的。男的说老婆不好，女的说丈夫不好。你在说的过程中，说者无心，听者有意。这人一听心里想：哎呀，我有机会了！你看，他在我跟前说他老婆不好，那肯定对我有意思嘛。她说她老公不好，那肯定对我有意思嘛。

你看，这不招桃花嘛，这叫烂桃花、破桃花，自己招的。

要不很多人问我说：我怎么这么招女人喜欢？

我说：肯定的嘛。你把你的妻子、夫人这个位没摆正，你见女的就说你老婆这不好那不好，那女的对你没有想法对谁有想法？那女的听了会觉得，这可能对我有意思，老婆不好。她觉得有机可乘啊，那这不就变成小三了吗？这是非常非常可怕的事情。

给女人装贵，要随时随地让这个女人在你跟前活得非常尊贵呀！你把她当皇后，你就是皇帝命，你把她当乞丐，你就是乞丐夫啊，就这么简单。你如何去定位她，这是非常重要的事情。

第五个呢，是给老婆装寿。人家说乐一乐十年少，人心情愉悦不得病不就长寿了，这叫五福临门。喜、福、财、贵、寿。

我说：你给你老婆装了这五福，那她就旺你了。你要给她装五毒呢？给她装怒，让她经常发怒。要知道，她一乐就旺夫，她一哭就克夫了嘛。这哭丧个脸，这家里要死人了，这就克夫了。

所以旺也好，克也好，全看你丈夫如何表现。

■ 夫妻要互旺，女子助夫成德，丈夫也能旺妻

那这夫妻是相互的，女的对男的也要这样，男的对女的也要这样。女的要在家爱丈夫如子，在外面捧丈夫如天呀，这就是女人做的事情。为什么呀？所有男人都是女人生的嘛，这是女人伟大的地方啊。

女人要助夫成德，不要累夫成罪。女人要永远给丈夫当好小棉袄，不要把自己变成大冰块、大木头疙瘩。男的左面一摸是硬的，右面一摸是凉的，你说他不找小三、不找情人找谁去啊？

夫妻是相互的嘛，女人要永远给丈夫当好垫脚石，不要当绊脚石。你看，我们遇到很多领导最后出事为什么呀？领导在外不收礼，老婆尽在家收礼，最后把老公收到监狱去了，这种例子很多呀！

所以夫妻是相互双旺，你给老公也要装五福啊，让他觉得娶到你以后

像娶了个喜神、福神、财神、贵神、寿神一样，这叫娶五神啊！

你不要把自己变成一哭二闹三上吊，像泼妇一样就行了呀，这夫妇就和了，这都是相互的。

要不我说：夫妻要想白头到老，不争理都争罪啊！都要认为自己有罪，自己错了，那夫妻就和了。都说自己是对的，那就散了，就离婚了，就是这个道理嘛。

■ 总让女人对你怒恨怨恼烦，这叫装五毒

古人都说女人旺夫，我要告诉大家，这男人还旺妻呢，这是相互旺的。

阴阳是和合的，运气也是和合的，人性更是和合的，这也体现在夫妻关系上面。你要让女人一天到晚发怒、恨你、怨你、恼你、烦你，这叫装五毒，装五毒就犯克呀。五毒一来金、木、水、火、土五行就逆了，一逆就克呀。上克父母；中，夫妻相克；下克子女，不得成才，遭灾遭祸呀！

所以，夫妻吵架不和最是影响运气，影响命运，影响贵气，影响喜气，影响财气，影响寿气，影响福气，全影响完了。一旦失和，五福尽失，五灾齐临，这个是非常可怕的事情。

■ 吵架需要两个人，不吵架只需要一个人

家庭一失和，五灾就来了。哪五灾啊？第一意外，第二车祸，第三疾病，第四家破，第五送命。你看，这五灾就来了啊！

一失和五灾就来了啊，一和五福就来了啊！当一个家庭出现种种灾害的时间，夫妻两个人就要反省啊。

我讲命运设计师的时候讲过一句话，家和能化解一切灾难！

我们想一想，为什么遇到灾难？为什么不顺利？因为失和导致的。我

们要是真能明白，真能懂得，真能清楚，那夫妻之间肯定不吵架。

要不我说：吵架需要两个人，不吵架只需要一个人。他跟你吵，你跟他不吵就完了嘛！就这么简单嘛！他跟你不和，你和他和就完了嘛！

▪ 家有贤妻丈夫不遭横祸

要不我说：我老婆就做得很好。我跟人家吵，人家跟我从来不吵，因为我这人脾气非常坏，我是从学完传统文化，讲完《弟子规》以后才改了的。

我记得我和我太太结婚才两个月，我把我们家电视从四楼就扔楼下去了。你看，我脾气多大！我扔完以后，我说：你啥感觉？人家说：看你还挺可怜。一句话说得我没火了，你看，人家跟我不生气。

有时候我就问太太，我说：每次跟你生气你什么感觉啊？她说：我看你这个东西有时摔坏了，你想想，那都是你辛苦挣钱买的，你看你多辛苦啊！她用这种方法把我的火全泻啦。

所以女子这个水是什么呀？按照现在话来讲：帮助男人改脾气改命运的。

所以我说：女人是男人一辈子的喜星，是男人一辈子的财星，是男人一辈子的贵星，是男人一辈子的福星啊！

古人有一句话讲得很好啊：家有贤妻丈夫不遭横祸。

大家今天看到我这个成就，是我老婆包容理解改造来的啊。

古人对女人非常重视，女人有相夫教子之德，如何相夫啊，就是把男人坏脾气变成好脾气，坏命变成好命，把他变成福命、财命、贵命、寿命、喜命。给他改啊！

为什么啊？男子是命女人是运，运有德就变成了运命。你看，运把命给运动了。一生啊，福不可言啊！

要是女人这个运无德，就受命运的捉弄，就受命运的坎坷。所以在命理学上讲的也是女子是运。

为什么女子是运啊，因为女子是要出嫁的，女子第一不能当家做主，第二这生孩子不能跟自己姓啊，所以她属于运，属于动态的。

男子不一样啊，男子是得祖宗血脉，当家做主的，姓氏不改，所以他是命啊。那女子来这个家里干什么呀？就是来推转命的，这叫运命。你能不能推转，你有没有这个厚德，你有没有相夫的能力、教子的能力，这个非常关键呀。

很多人认为古人对女子有压迫，实际不是啊，古人知道女人的双手不是推动摇篮的双手啊，是推动世界的双手。你要的这个孩子，有可能成为世界性的人才，国家领导人，了不得啊！

我经常在讲：你生个男孩这叫对得起祖先，你要个女孩这叫对得起世界呀。我们要明白，这不是开玩笑的事情啊。

■ 娶个好女人旺三代

古人希望女子多学习，在家学父之德，然后把在爸爸身上学到的优点，拿来帮助丈夫，把丈夫的优点再学好以后，用父亲和丈夫的优点，拿来教子，子就成才了。

那女人不是生孩子工具啊，你不能把孩子培养成才，这是最大的缺德啊。为什么呀？孩子一出生，刚学会说话，先叫谁？先叫妈妈呀！过去没流行妈这个字，是娘。娘字怎么写？善良的女人啊。只有善良的女人才能培养出来善良的儿女啊！

什么叫善良？不害国，不殃民，不害祖宗，不害家族。那教育的教字怎么写，教育的教字，教育子女而行孝道啊。

你看，一个孝一个文，先教孝后教文。孝乃德，文乃才，德才兼备精品人生。所以，古人创造字的时间，已经告诉我们密码了。

夫妻之间为什么不能吵架，夫妻一吵架皆是亏孝，父母担心，夫妻失和也是亏孝，夫妻一旦离婚，孩子不管了，也是亏孝。所以这一块，影响运气太严重了。夫妻吵架这一块我们不能不深究啊，不能不明白这个道理啊！

要不古人讲啊，娶个好女人旺三代啊！那何止旺三代啊，孔子的父亲娶了孔子的妈妈旺了多少代？七十多代，两千多年啊，这就是最好的一个实例啊。

很多女人什么都抱怨丈夫，抱怨这不好那不好，你哪有资格抱怨呀？是不是？你是一所大学，把丈夫培养成那样，把儿女培养成这样，你还有脸说！女人对一个家庭太重要了，不是一点，你这个运中无德，推动不了丈夫之命，我们想一想，我们错了，真是我们错了。

女人对一个家庭重要得很。要不我说：你把我们的子女都交给孟母，培养出来的全是孟子，你有圣母之德，就能培养出来圣子贤孙啊。你把我们所有的孩子都交给孔母，培养出来的都是孔子，她具备自己的德呀。

▪ 男子为天，女子为地，夫妻一和天清地宁

所以夫妻吵架不和是家庭衰败之源，很多夫妻两个人自私自利一吵架，导致孩子不顺，导致家族不兴旺，我们要给这个家庭负责任啊，我们错了！

我经常在讲：男子为天，女子为地。夫妻要和了就叫天清地宁，给这个世间生一个贤孝子孙。要是夫妻之间不和，怀孕呢，就容易给这个世间生一个不孝子孙，危害国家的子孙。

所以，女子是运，男子是命。方位呢，男子在南方火位，女子在北方水位。就是我刚刚讲的，男子的男字要耕四块田，第一个就是父母田。第二块田就是妻子田，耕好妻子这一块田，让妻子觉得嫁给你很高兴，喜人，觉得自己很有福选择了你，你又能让她衣食无忧，钱财又能交给她保管，这叫财神。

▪ 最好的贵人是你的老婆

我们男人一辈子都想遇到贵人，实际最好的贵人是你的老婆。

你看，唐王李世民，他的太太非常了不得呀。魏征经常爱劝谏皇上，

劝得皇帝都暴怒了他还要劝。有次皇上上完朝回宫的时间，就边走边发脾气，说：这个魏征把我气死了，我非要把他杀了不可。

皇后就听见了，听见以后呢，回到宫里戴着凤冠穿着霞帔，边走就说话了：恭喜皇上贺喜皇上！这个皇上就觉得纳闷：我气得要死呢，你怎么能说恭喜我啊。她说：恭喜你啊，国有明君朝有谏臣啊。

我们想一想，这个妻子是不是丈夫的贵人啊？

我还看到一本书上有一个故事：古时候，有个人为官，经常回来以后都能带很多礼物，带很多钱。他老婆就觉得很惊讶，这会不会是别人贿赂他的啊？

可是她又抓不住什么把柄，就用了个方法。她做了十只猪蹄，让丫鬟给她老公送去，送完以后，她老公回来以后她就说了：我给你做那十三只猪蹄好吃吗？她老公就说：哎呀，只有十只啊。他老婆就说：那三只呢？

他说：你放心我能调查出来。他一想，肯定就是丫鬟给吃了嘛，就叫人把丫鬟毒打一顿，丫鬟就招了，说她把那三只猪蹄给吃了。

他老婆等他回来以后，语重心长地跟他说：我让丫鬟把你试了试，实际只有十只猪蹄，我故意说十三只，就看你如何处理这个案子。你在酷刑之下，肯定都没有一件案子是公正的，这些人碍于你的酷刑，只能对你送礼行贿啊。你这样是不道德的行为，是违法乱纪的行为。

这男的突然间听老婆这么一说，心里明白了，我错了呀！我用酷刑，我还认为，我来一个案子破一个案子，原来是我屈打成招的。

你看，这就是古时候的贤妻啊，用这种方法帮助丈夫改正错误。

所以女人是丈夫一辈子的贵星，这个是非常了不得的事情。夫妻吵架不和，这个非常可怕。所以男子要耕好的第二块田就是妻子田，如何与妻子和？疼她、爱她、尊敬她。

■ 男人沾染恶习全盘皆输

那这个男子要耕好的第三块田呢，是自己田。

杜绝自己身上的不良习惯，什么好吃、嫖娼、赌博、吸毒、违法乱纪……这些恶的东西千万不要沾染，一旦沾染全盘皆输，你一辈子输了。

你染个吸毒就六亲不认了，你染个赌博也六亲不认了，你要贪赃枉法挣点钱被人没收，你全家人都被抓进去啊，这个是非常可怕的事情。

所以男人一定要身刚，没有不良嗜好，心刚没有私欲，性刚没有脾气。

男子耕好自己的三块田，性刚没脾气，不发脾气，处理任何问题要智而巧，要用智慧巧妙的方法去处理。

心刚没有私欲，人心无欲则刚啊，你没有私欲不违法乱纪，你没有私欲你才会对你的岳父岳母和对你父母一样好。

▪ 转换角色，把对方父母当成自己父母

我遇到一个男士，他丈母娘说他，他心里老过不去，他为这个事儿苦恼得不行。跟我聊天我说了一句话，我说：你把你丈母娘当成你妈，你还会计较吗？

一句话一说，他说：哎呦，这么一说，我要把丈母娘当成我妈的话，我肯定就没啥说的了，因为很正常。

我说：那就行了呀，是不是，不结亲的时间是两家人，结完亲就是一家人了。你把你丈母娘当成你妈就行了嘛，哪有矛盾啊。

那作为女人呢，把婆婆当成你妈。那她说你，教育你、管教你，是不是很正常？哪有矛盾，肯定没矛盾，这就是心态的一个转变而已。

你光想，你爸是你爸，你妈是你妈，那人家，她爸她妈也是她爸她妈啊，你要能转换角色，把他们也当成你的父母，你肯定不会计较。

所以男人要耕好自己的这一块田，心刚没有私欲，性刚没有脾气，身刚没有不良嗜好，远离吃喝嫖赌抽。

▪ 教育子女宜在小时，三岁看大七岁看老

那第四块田，耕好孩子这块田。作为男的要做之君。

我们都知道，古时候常讲慈母多败儿，那要父亲干什么呀？好像很多人一听，教育孩子都是女人的事，实际男人也有事情。严父出贤孙。

母亲扮演的角色就是以慈教子，父亲扮演的角色就是以严教子。所以男人有三种职责啊，第一做之君，像君王一样随时关注自己的孩子，有没有不良的言语、不良的行为、不良的存心，这个很关键。

我记得我们家孩子两岁多，刚学会说话，骂我妈的时候，我就严厉地训斥了一次，从那再没有骂过我妈。因为小孩那个时间不知道那是骂人，可是你要一严厉，孩子就知道：哦，原来这是错的，以后不能再犯了。

现在很多孩子会骂人，家长还会说：哎呦，你看，多乖，还会骂人了，会骂他爷了会骂他奶了。你看，这是给孩子折福。

教育子女宜在小时。所以我们古时候讲一句话：三岁看大，七岁看老。你不要认为他小，麻雀虽小五脏俱全，他的思维完全够得上我们大人的想法，那孩子小的时候有过错的时候，作为父亲这个黑脸一定要唱好。

要不我经常跟我儿子就讲：你以后可以对我不好，一定要对你妈好，你要对你妈不好，小心我抽你。你看，他尊敬了你老婆，肯定就尊敬你了嘛。

那妻子反过来可以这样说：你以后可以对我不好，一定要对你爸好，你看，咱们家吃的用的，全是你爸辛苦挣的。

你看，夫妻要相互用这种方法教育孩子，那这个孩子就有感恩心和孝敬心。这就是方法啊。作为丈夫，要在儿子面前常夸太太的恩德，作为妻子要常在儿女面前夸丈夫的恩德。这就叫做之君。

▪ 父亲要给孩子当好榜样，用亲情感动让孩子改变

那第二呢，做之师，以身示范。我们即使有抽烟习惯，当孩子面别抽啊，有喝酒习惯当孩子面不喝啊，有赌博习惯在孩子面前不去做啊。

让孩子的内心世界里面，有自己父亲高大上的形象。做之师，以身示范。随时随地给孩子当一个好榜样，这就是我们讲的上所行下所效，做之师啊。

那第三呢，做之亲。作为父母是孩子在这个世界上最亲的人，我们要做之亲。为什么要做之亲呢？我们反过来要想，即使你的孩子被别人认为已经坏得不可救药的时间，我告诉你，你都不能说他坏啊。

我遇到一个父亲很有智慧啊，他孩子简直就坏得不行了，老师当他儿子的面给他说：你孩子这不行那不行。这父亲说了一句话：像你这么一说，我们这孩子就要不得了啊？就这一句话，老师最后给家长道歉，没有歧视这个孩子。当我们都嫌弃自己孩子的时间，你说孩子还能活吗？

作为父母一定要认可孩子，说个难听话，你的孩子就是一堆臭狗屎，我告诉大家，你都是这个世界上他最至亲的人。你都要爱他疼他护他教他，一定要做之亲啊。

孩子之所以有暴力倾向，就是缺少父母的爱。父母没有做之亲，经常指责，甚至和别人站在一条战线，说孩子就是不懂事、就是不乖、就是不好，这样就大错特错了。我们要对孩子信任爱护，即使孩子错了，我们也要用亲情感动让孩子改变，这个是非常重要的。

▪ 爸爸教我的三句话

所以男人耕好的第四块田就是孩子田，这个非常重要。

就像我来城里的时间，我们家是农村的，我父亲这个人呢，虽说有很

多习气毛病不好，可也是很有智慧的。

我来城里的时间，我爸就跟我说了三句话。第一句话就跟我说：儿子呀，出门在外，再穷都不要违法乱纪。这是我爸说的，你是农民不是当官的，你要违法乱纪了，我没有办法帮你啊。你看，就我爸这一句话，就打消了我做坏事的念头啊。

我爸的第二句话说：在外面混一混，实在不行了你就回来，咱们家还有十几亩地呢，有你吃有你喝的，所以你别担心也别发愁。

我一听心里很暖和啊，我在城里混不下去怎么办，我回到老家嘛，老家还有十几亩地有吃有喝的，心里美滋滋的。

他说的第三句话：孩子呀，在外面所交往的人，害人之心不可有，可是防人之心一定不能无啊。

你看看，这三句话多有内涵，既体现了父亲的严厉，又体现了父亲的慈爱，又体现了父亲教给我的方法。

害人之心可以没有，但是防人之心不能无啊。我们可以不害人，但是不要被人害啊，这就是我出门我爸说的三句话。我听完以后觉得非常了不得啊，随时随地拿着这三句话当成我的人生座右铭。

所以男人要耕好人生四块田，第一块田就是孝顺父母的田，第二份田是责任田，对得起妻子，第三块田对得起自己，不要吃喝嫖赌吸染上恶习，第四块田教育好自己的孩子。

▪ 我不讲治国只讲齐家，齐好了家给国家不添乱

要不我说：我不讲治国只讲齐家，齐好了家给国家不添乱，就是最好的治国。就这么简单是不是。我们把孩子培养好了，只要不去监狱，就没给国家添堵啊。我们去监狱看看，多少人在监狱里面，非常可怕。

所以夫妻吵架不和是败家之兆啊，女人要给男人当好五神，喜神、福神、财神、贵神、寿神。男人要给女人当好五福，喜、福、财、贵、寿，

这是互惠的。让他天天看到你以后，心情很高兴，这是人生啊，所以这叫互旺啊。

很多人说女人旺夫，我说男人更旺妻啊，这是互旺的事情啊。

男子居南方火位，女子居北方水位，只要水火一克，这家就完了，出大问题啊。所以家和就能化解一切灾害，家不和非常可怕啊。

夫妻吵架不和，是家庭的不幸。上克父母，中间夫妻相克，下克子女，受克的比较多。和则不克，失和则克，一克就倒霉了。运气就不好了，命运就坏了，人生就不顺了，子女也就不孝了，这一失和影响的人太多了。

我们坚持不发怒不生气不发脾气嘛，有什么话我们好好说，着急的事情慢慢说，气狠的事情我们平静地说。

再加上我们想一想，有什么大不了的事情，不为吃不为穿，难道要命啊，是不是？你就把对方说赢了，你要得奖杯啊，是不是？所以没有任何意义。

要不我说：永远看对方的优点，想他好处，那夫妻就吵不起来架。

▪ 脾气是火，火越旺，财运越低

就像有个女的跟我说她老公骂她，我说：骂不还口。

那他打我呢？我说：打不还手。

她说：那这还能行？我说：他哪能老打你老骂你，你骂不还口了，他就不打你了嘛，是不是。

那第三呢，坚决不离婚就完了嘛。有什么呀，是不是。夫妻两个人吵架，床头吵架床尾和嘛，那没啥事嘛。等他心平气和的时间，你给他讲道理就完了，那有什么呀，我们就要用这种方式去做。

这女的就听我的话，她老公骂她，她也不骂了，不还嘴了。

她老公就觉得奇怪，过去骂你，咱们对骂，今天怎么骂你，不还口了。她说我要把你气病了，花咱们家的钱，我还要照顾你，我还要受罪，所以我不气你了。她老公说：你是真的还是假的，还是演戏呢。老公不相信。她说：一次是这样，两次是这样，那时间长了就改了嘛。

我还碰到个女的，也是听完我的课，照我说的话去做。她给我讲，过去她老公那脾气非常坏，她上班回来做完饭，把饭端上去筷子拿晚了以后，他老公就说：你让我吃什么呀，手抓饭啊，筷子不拿来，说话就非常凶。

她过去为这个事就很生气，她就想：我就筷子拿晚了，我跟你一样上班，你不帮忙，你还说我手抓饭。最后一想这秦老师讲的，火大克金，命里有座金山啊都会变成水流掉，会导致双方挣不下钱。

她想：我们夫妻辛苦，一直挣不下钱，原来都是脾气大导致的。那我怎么办？有一次又开始了，她刚放那儿以后，他老公又说了，手抓饭。她那个火蹭一下就起来了，最后没办法，跑哪去了，跑阳台上去了，冲着阳台就嘟嘟囔囔骂了一通。

他老公看着奇怪了：这跑阳台上干啥去了，说胡话去了？等她出来以后，她还非常高兴，说：人家新疆人都讲究手抓饭，这也怪我，我应该提前把筷子拿了，你每次为筷子骂我，我为什么就不改了呢，我还老怨你。

她老公突然觉得，这怎么变了，有变化呀，是不是。

她说：你经常骂我不拿筷子，那我这一次长个记性，我把筷子先拿来不就行了嘛，你不改我改嘛。

从那以后，她说：秦老师你说这方法有效果，老公不再说我了。

实际这就是我们错了，你顺着他就完了呀。他每次嫌你拿筷子晚了，你为什么每次非要把筷子拿晚，你可以提前拿来嘛，就完了，就这么大点事嘛。为这点小事抱怨。

要不我说：人要任劳任怨，光任劳不任怨，这叫白干，怨气有毒存在心里，不是招病就是招祸。

所以，夫妻两个人只要一发怒，决定克金，命里有座金山都会变成水流掉了。夫妻两个人挣钱都辛苦，要不然挣的钱老要不来，要不然就是老上当被骗，即使容易挣的钱，钱来了以后都跑得很快，留不住。

214

▪ 做自己的贵人，不受父母克，还能推转父母

所以我们要做自己的贵人，这样不受父母克，你还能推转父母，就相生了。

你把这个道理明白了以后，不受克。

夫妻失和非常可怕呀，我就是受这个克，我爸爸妈妈就失和，对我克得，简直严重得很，我就因为能在逆境中吸收阳光，再加上学完《弟子规》，就不受它克了，完完全全不受它克了。

我爸我妈，在我印象中，那真是打架几十年啊。我没有受克，我走了妻子运了，所以大家可以听到我讲课。

我经常夸我老婆，我是走在妻运上了。一旦走到妻运以后，自己的丈夫位就走到了南方火位，妻子就是北方水位。

我们都知道，水借助什么东西能烧开？锅啊，茶壶啊，这叫水火既济。你水火一既济就相生了，就不受母亲的水克，也不受父亲的火克了，就走出来了，我就用这个方法走出来了。慢慢推转，让妈妈改变让父亲改变，他就念及子女的好了。我就是用这个方法化解的，我要不懂得这个道理早克死了。

我爸克我的时候，不让我上学，说：千家万家上学，一家半家当官。所以我就上个小学三年级。他不让我上，还 14 岁就把我分家分出去了，他说：养个男孩还要盖房子、娶老婆，花钱太多了，你自己独立生活吧，分了两个碗两双筷子，就把我分出去了。

我妈呢，跑得不见人，你都不知道她在哪。所以我自小到大，在人生历程里，脑海中没有妈妈的影子，只有奶奶和爷爷。你想，我受他们克还是很严重的。

好在我明白这个道理了，我心中没生怨，反而尽孝。我一想，我不管怎么样，我比孤儿强，我知道我妈还在，知道我爸在哪，那孤儿还不知道

有个男的叫爸，有个女的叫妈。

你需要在逆境中找阳光，把这个克给化解掉，我就用这个方法啊。我爸不让我上学，我一想也好：你看，大学生也找不到工作呢，我这提前上班呢还挣钱。

你看，你在这里面找阳光嘛。再加上一想，这穷人的孩子早当家，受点穷挺好，男孩要穷养嘛。

那你要是抱怨，我爸怎么这样对我，我妈怎么那样对我，那你直接受克，就把你克死了。

所以夫妻失和，对子女的克和伤是非常严重的。

我听监狱长讲，75% 的少年犯来自于不健全的家庭，也是受父母克。也因为这些孩子抱怨父母，所以他进去了。

▪ 守住四大法宝，命运随之改变

我没有进去的原因，是我守住了四大法宝。哪四大法宝？

找好处，这是第一个。我一直在找父母的好处，感谢他们呀，首先把我带到这个世界上，没有他们我来不到这个世界，这是我第一要感谢的。

第二呢，就因为他们的方式，让我更懂得了珍惜学习的机会，更懂得节约粮食、节约水电。我在家里生活的时候，一直家里都没有电，都点的蜡烛、煤油灯。我记得上小学三年级的时间老师问我：你们家一个月吃几斤油？我说：三个月吃一斤。这老师就吓一跳！我心里想：其实，我们家一年吃一斤油，拿筷子蘸着给锅里放呢，没有油嘛！

我那个时间说：怪不得我不胖呢，没得三高，油吃得少。你看，在这个事情上也能找到阳光嘛。你看，你一找到阳光，就把千年的冰融化掉了，不被它克，我们在逆境中一定要用这种方法。

那夫妻之间也是，丈夫克你的时间，你也不要被他克，你要想他好处。想他好处，这叫什么呀，找好处。

第二呢，认不是。因为我爸赌博，他一输钱回来就打，他一打我，我就要想：我爸为啥打我？怕我学坏。

你看，他打我，我也心甘情愿，一打我，我就不学坏了嘛。人家都说棍棒底下出孝子，怪不到我现在对我父母这么孝顺，是我爸打出来的。

你看，越想越高兴，你想想。人家都说"80后"啃老，我就没啃过老，我自小到现在就养父母，给每月生活费，给我爸盖房，给我妈买房，因为两个人没在一块儿生活。

所以，找好处，找别人的好处，认自己的不是，认识自己的不足。找好处，认不是啊，这是其中两大法宝啊。

那第三呢，不怨人。我不光是不怨父母，我是不怨天不怨地也不怨我的命。

第四呢，不生气。我连气都不生。

找好处、认不是、不怨人、不生气，这是四大法宝啊。

让我们吸取阳光排除阴气，不受家失和的这种克，不受夫妻失和的这种克，那你的命运你自己掌握啊。你想干什么干什么，这个是了不得的事情。

在任何逆境中都要吸取阳光。我们常常讲，就像我们做企业赔钱了，要这么想：我赔了，我这还有吃有喝有房子，那人家赔得都坐牢了，我比他还好嘛。

我们在任何逆境中要吸取阳光，阳光一照阴暗则消，你就得真阳土了，你人生就幸福就快乐了，所以这是非常了不得的事情。

念怒不休忘恩义　自身变成垃圾桶

▪ "念怒不休"使人知恩不报，忘恩负义

我们接着讲，影响运气的行为。第十一条——念怒不休，这个也是我们经常犯的。

什么叫念怒不休呢？现在人有一个毛病，别人对我们好九次，我们都能忘光，只要对我们有一次不好，我们都能把人家这个不好记住，一下记几十年。

我经常在讲：人运气不好的原因，就是我们内心世界装的怒气太多。怒气，我把它称为"阴怒"。气是阴，阴一重就伤肝，把内脏就伤掉了。

有很多人你问她：你丈夫什么时间打过你啊？她立即就想起来，他什么时候什么时候，如数家珍。甚至把几十年前的一句话、一个举动，她都在心里记着，没有完全忘却。这是个毛病，这叫什么？念怒不休！就是念念不忘！把这恩记不住，可是这个怒火在心里面，有的都存到死了，都消不了！

怒，最后导致我们去哪了？去地狱了！嗔恚啊！我们要想和地狱断绝关系，那就要把怒消掉！这个是非常重要的事情！念怒不休，就是不懂得休息，我们对任何事情一定要看得破，放得下！

尤其夫妻之间念怒不休更严重。古时候有一句话讲：夫妻床头吵架床尾和。可以吵架，但是要和！这个"和"很关键，很多家庭之所以出现大的纷争，有些男士女士爱犯个毛病，只要生一次气，就会把过去的陈旧烂事，全部掏心掏肺掏肝地，掏出来重复说一遍。这个可怕呀！

你把你自己变成垃圾桶了，你还要把别人变成垃圾桶。这叫垃圾人生，贱命之人。你不信？你现在问人，你说谁对你好？记不起来，真记不起来。

我遇到一个小女孩很有意思，大概十七八岁，见我以后，就抱怨父母，喋喋不休能说几个小时。

我说：你爸妈对你没有一点好处啊？她说没有。

我就说：你想想，没你爸妈你能来到这个世界上吗？这是不是好处啊？你十八岁之前所花费的钱财、所穿的衣服、所用的一切物质，是不是你爸妈给的？她说是啊！

我说：这不是好处吗？父母责怪你，是望女成凤；责怪男孩，是望子成龙。他责怪里面也有爱，也有疼惜！那我们为什么要忘恩负义啊！

所以念怒不休实际体现了我们不懂得知恩，也就没有办法报恩！这也是很多女士最容易犯的毛病。经常只要有点事情，把她的委屈在自己家里说完，还逢人就讲。

我遇到过一对夫妻一吵架，这女的几个姐妹在一块以后，就开始喋喋不休，议论男士。在亲戚面前议论，在自己娘家议论，在很多很多地方都开始说对方不好。这叫什么？这叫破嘴漏财！

我讲漏福的六种行为里面，有四种都是嘴巴的过失。嘴易招财、易破财。

■ 夫妻要夸对方之优，给孩子装阳，不要装阴

我们古人讲"家丑不可外扬"。什么叫家丑？家里的事情在家里解决，不要广播出去，广播出去以后，招祸，别人看不起，久而久之连孩子也看

不起你。这个毛病是不能犯的。所以念怒不休，就是我们在亲戚面前说对方的不好，甚至做父母的在孩子面前说对方不好。

我有一个远房亲戚很有意思，儿子还是研究生，他妈妈就是在家里种点地，爸爸在外面打工，很少回家。他妈妈经常给他儿子说：你爸挣不下钱，你看，供你上学都是妈种地的钱。所以孩子自小就厌恶父亲，厌恶到了极处！

这孩子结完婚以后，家境还比较好，就是不回来看他父母。他妈说：你怎么不回来看我呀？儿子说：我爸死了再回来看你，你俩在一块呢，所以我不看你。

我们再想一想，当她言丈夫之过的时候，实际也受其害了。孩子因为厌恶他父亲，也就不尊敬他妈妈了。所以要被孩子尊敬，夫妻给孩子一定要装阳。不要装阴，装阴则克，装阳则和则生！

"阳"是什么？夸对方之优！你就要给孩子讲：你爸爸很辛苦，你看，咱们在家里，想吃什么吃什么。你爸受人管，给人家干不好了，钱都拿不回来，非常辛苦，咱们家全指望你爸。

这样，孩子自小就对父亲尊敬，一旦有了尊敬的念，那自然就会感恩母亲。因为在这个世界上，缺哪一样都不圆满。孩子没妈不行，没爸也不行！

所以，我们把念怒不休这个怒气，完完全全要放下。

我们想一想：你嘴里吃个苍蝇，是不是马上要吐出去啊？那你记人仇的时间，怨恨人的时间，也和吃苍蝇一样啊！你为什么嚼得津津有味，几十年不吐出来，你恶不恶心？

这个是非常可怕的事情！很多人不以为然，一直存在心里。只要有外在因素触发，过去的事就老要重提。

▪ 古人争罪，愚人争理，家庭该是讲情义的地方

最近我看电视上有个节目，述说家庭的事情都戴个面具，坐那说对方不好。我说：愚痴啊！全世界七十亿人里，最亲的就那几个，你还抓住他

的缺点不放。

要不说古人有智慧，古人争罪，今人是愚人争理！

古人都认为自己错了，所以越过越有感情，越过越和谐！

今人都讲理，跟谁都讲理，跟父母讲理、跟丈夫讲理，夫妻对讲理，跟自己孩子都要讲个理。错了，真错了！

我给大家讲过，家庭不是讲理的地方，家庭是讲情义的地方。家里讲情讲义，家和万事兴！家里讲理，一定会家破，严重会人亡！这不是危言耸听，原因在哪个地方呢？就是念怒不休，念过不放，就是生他的气，因为这一气，会把他的所有好全部忘掉，忘恩负义！

我看到一本书上有个故事。小女孩跟她妈妈生气了，就跑出去了。跑出去以后，没拿钱肚子很饿，站在一个面馆边看。这面馆老板娘非常善良，就说：小朋友，你是不是肚子饿啊？那你来吃碗面吧。女孩说：我没有钱。

没事，阿姨不要钱，给你煮碗面条吃。老板就给这个小女孩煮了碗面条。面条放那后，又给小女孩端了一碗面汤。小女孩吃着面，就放声痛哭了，说：阿姨你真好，给我吃面又给我端面汤！

这个阿姨很有智慧，就说了一句话：阿姨给你仅仅就煮了一碗面，端了一碗面汤，你就感动得哭，说阿姨好，你妈妈给你做了十几年的饭，你怎么就没有一点感恩的念头呢？这女孩当下就明白了：我错了！回去就给她妈妈道歉。

▪ 思人恩德，想人好处，化解念怒不休

我们人有一个毛病，顺我们意了，我们就说他好，不顺我们意了，我们就说人家坏。包括对父母、夫妻、朋友都是这样。

我们人啊，都爱听拍马屁的话，都爱戴高帽子。古人讲：滴水之恩，当涌泉相报！我们错了，错在容易忘恩。就像我昨天讲的话，要思人恩

德，想人好处，这是法宝啊！

我总结的运气密码是：思人恩德，想人好处！这叫聚光，光则上扬，招财招贵！你看，又招财又招贵。

想人不好、怨恨人、嫉妒人、抱怨人就招病招祸。病祸从哪里来的？从嫉妒、怨恨这方面来的。你想招财发大财，就思人恩德，因为人脉大于财脉。你想招贵，想人好处啊！思人恩德想人好处，这是阳光！我们常把阳光存在心里，阴气不生，百病不生，万祸齐消。

我们为什么亏孝？原因是不记父母之恩。为什么对老婆不好对丈夫不好？也是忘恩啊！没有思对方的好处，没有想他的恩德，这是我们错了，是大错特错！

所以，这个毛病就犯在念怒不休，不懂得休息。你看，人这个怒怨多严重，都气出精神病来了。有些人严重了，会跳楼自杀。怒气上来，害人害己呀！

▪ 进则受难，退则宽广，心量大则福大

古人讲了一句话：退一步海阔天空。做任何事情，我们要退一步，一定要退！你进则受难，退则宽广。在这个地球上，最大的是海，比海大的是天，比天大的是人的心。我们要明白这个道理，我们的心能装下宇宙三千大千世界。

什么样的人是有福的人？量大福大！你为什么受罪？量小啊！

容不得丈夫，享不了丈夫的福；容不得父母，享不了父母的福；容不得妻子，享不了妻子的福；容不得孩子，享不了孩子的福；容不得同事，享不了同事的福；容不得领导，享不了领导的福。

那大了呢？我们容不了国家，你就享不了国家的福。为什么说容不了国家呢？你自私自利、贪污受贿，你就容不了国家，你享不了福是不是？你如何享？你都被抓进监狱去了。

我遇到一个女士跟我说：秦老师，我这听你课，对我改变很大。我说怎么了？

她说：我没听你课之前，对我丈夫，我没有一点看上他的。看帅，不帅；挣钱，不会挣钱；连夫妻生活他都不行。

她就在外面找个情人，年轻的，她给人家还花钱。她说：那个帅，夫妻生活很好。

你看，这女的不知足，找一个还不行，要给他花钱，她丈夫又挣不了钱，就又去傍一个大款。

听了我一堂课后和我通电话的时候，我就说：你丈夫一辈子在外面不找情人，这就是他最大的优点，你没注意？她说：是啊！

我说：你现在为什么想起你丈夫这个优点了？

她说：因为我找的那个帅的，他在外面又找了另一个。

我说：你才明白了？你才清醒了？

▪ 人爱包容自己的缺点，抓住别人的缺点不放

我们很多人不知足，太不知足了！这个念怒不休就是我们经常对家庭不满意、对孩子不满意、对丈夫不满意、对妻子不满意、对同事不满意、对工作不满意，这个全都在念怒不休里面。为什么？不能顺你，你就发怒。就是这个原因。所以这是我们错了。

你为什么不快乐呢？不快乐的原因就是念怒不休，计较太多，天天看到对方的缺点不放下。

我们人还有个毛病，对自己的缺点是，包容包容再包容，理解理解再理解。对别人的缺点抓住不放，拿个放大镜把人家的缺点放大看，拿放小镜把人家优点看没了，这就是导致我们念怒不休的原因。

很多人跟我说：命不好运气不好。我说：活该。他说：你怎么说我活该？

我说：你不思人恩德，不想人好处，你不活该吗？你说说，谁对你好？结果，他想不起来。

我说：谁对你坏？那简直从出生到现在，把父母兄弟姊妹，同事老板，没有一个他不数落的。

▪ 不要把自己变成垃圾桶、垃圾堆

我说：你看，这垃圾人生哪能幸福啊？请问，我们天天睡在垃圾堆里能幸福吗？垃圾堆里都是废品啊！你和废品在一起，你不是废品，谁是废品？

我经常讲：我们要把自己的人生变成黄金人生，不要把自己变成臭铜烂铁。你今天遇到高端的人和你不能合作，遇到的贵人相帮无力，经常能遇到的，都还要占你的便宜。遇到种种的恶缘、恶事、恶人，我们要反省问题在自己身上。

这叫什么？——吸引法则！你看，吸铁石都吸铁，吸不出金子来。那你是什么呀？你是垃圾桶嘛！再说难听点，你是厕所！别人排污的地方！

我们就因为里面全是抱怨全是嫉妒，全是指责，怨天、怨地、怨父母、怨丈夫、怨妻子，还怨命运。我们没有不怨的。可是就是不怨自己，这是我们错了！

念怒不休，这是所有人都最容易犯的毛病，我们一定要用什么方法化解呢？——思人恩德，想人好处。

那我们从什么地方去改正呢？从家庭先落实，先思父母的恩。最简单的方法，把父母对我们的所有好处拿个本写出来，当我们要说父母不好的时候，我们回头想一想，是他生的你，还是你生的他，先从父母开始。

接下来呢，把妻子、丈夫的优点，全部写出来。在写的过程中，脑海中过一过，这是给你装阳，阳进去了阴就排出来了，阴排出来，阳足气就足，气足运就足，运足你就发财了。

▪ 怒气大的人头上顶了个大烟筒

我把怒气大的人称为什么？——头顶顶了个大烟筒。一发怒，烟筒就冒火，就冒烟，你看他还笑呢。我一看，皮笑肉不笑。为啥？烟筒那么大的烟呢，哪是真笑啊！他笑里都有火，话里也有火，全身都是火，火一多成什么？火上上火，炎症、生病，这气场从这来的。

很多人跟我说：秦老师，我看他脾气很好。

我说：他脾气好？脾气好坏不是看他发没发，也不是你认为他好与坏，而是他内心动没动怒！

这个怒，有内怒和外怒。外怒，暴跳如雷出来了。那内怒，窝在肚里窝火。像我们农村那个麦草垛，窝时间长了自燃，就自己烧掉了，这叫自克。就是念怒不休。我们想想，我们记人的不好从小时候一直记到现在，甚至记到死，这个垃圾沤成什么样了？把我们都克成什么样了？

我们再想一想，病从哪里来的？天上会降病吗？地上会降病吗？不会啊！我们为什么得病了？自己招来的。从哪招来的？从怒上招来的。

▪ 最该听的、最该改的就是我们自己

我经常讲：大家听我讲课，别在这边听边想着，我妈该来听，我爸该来听，我老婆该来听，我丈夫该来听，我朋友该来听，起这念就错了，为什么？

你不管是看视频，还是在现场听，首先你听的过程中，你要想到我最该听，我最该改，我也最能改！

那从什么地方要把它改正呢？就是念怒不休，先从这个地方改正。从今天起，天天思人恩德，想人好处，把人家的过失统统忘掉，在他的错中

找好处。像你老公打你呢，为啥打你？你想：呀，因为他爱我才打我，他不爱我才不打我呢。他打你的过程，你都能吸收阳气，把阴就排了嘛！就这么简单啊！

像今天日子特殊点，"双十一"，很多人现在都说这是败家节，尤其女士网购很多，男士把钱包要收好！

我经常说：男士也没必要这样。她是你老婆才花你钱嘛，你心情放平和了，让她花嘛！她现在还年轻呢，还能买。她七老八十了，买那些东西也穿不上，用不上了。

她为啥这个时间买啊？还不是想帮你省点钱嘛！你为啥不从阳面的地方想她的好处呢？你要想：我老婆真有智慧啊，在"双十一"买，打五折省不少钱呢！你看，你就没气了，心情就好了，你怎么能念怒不休？一说：你这败家娘们，我不在家你把钱都花光了。那就不行了，是不是？

我们在丈夫面前，妻子面前，即使在不好的事情里面，我们要找到反面的好处，找到正的能量。

我们要顺，不能逆啊！所以把这个怒一定要改掉！

我们很多人内心世界这个怒，真是存到死都消不掉，不如意啊！任何一个人你听他说谁对他不好，那是喋喋不休。你听完后就感觉全天下人都坏，就他一个好人。这就是最明显的不懂得思人恩德、想人好处。

▪ 75%的疾病来自于生气发怒

我们要这么想，即使杀人犯出生的时间都是纯洁的婴儿。哪还有气可生？所以这个怒啊，要从内心世界彻彻底底地扔出去。为什么？影响运气！

我在佛经上看到，怒火上升能烧圣七宝！佛教有一句话叫火烧功德林。我们本身积德如林，你这一发怒等于把林子烧掉了，多可怕！

有些人不知道，怒不光是能把自己害死，上伤父母，中伤丈夫或者妻

226

子，下伤子女，严重了要命啊！怒一半，生病啊！全怒完，就死啦！这个是非常可怕的！怒发过了已经过去了，就要让它休息下来，不要让它重复发。

我们常看到很多人发怒，你看，买菜的时候跟卖菜的都能骂起架来。现在的人暴怒啊，太多了！买票的时候和卖票的对骂，病人和医生对骂，人与人之间没有不对骂的。这个怒多可怕，怒消福啊！怒克命啊！怒招灾啊！怒则得病啊！

现在医学讲：75%的疾病来自于生气发怒，这个是非常可怕的！我们一定要把怒止住。

止怒最好的方法我给大家讲了，就是思人恩德、想人好处。在任何逆境中不顺的时候，我们吸取阳光找它好处，这个很关键，也很重要啊！

我们很多人，经常自己夸自己是刀子嘴豆腐心。

我说：你那刀子嘴出来把人都能杀了，你还豆腐心呢？

我说：你就是豆腐心也是烫豆腐、烂豆腐，绝对不是白豆腐。

我们想一想，是不是这个道理。你肯定是烂豆腐，严重还是臭豆腐呢！别人看见你以后掩鼻而过，你还认为你是豆腐心，你啥烂豆腐心啊？为了解决你的怒气，说出来的话尖酸刻薄、口无遮拦，什么话难听你说什么。

明明自己怒气太重，还要给自己找个借口。我就嘴不好，你看，我这心很好，豆腐心。就是不改啊！真是不改呀！这个是非常可怕的！这也是我们人经常容易犯的。

▪ 己所不欲勿施于人

我们去吃饭时，服务员上菜上晚了，我们是不是不停喊啊？怒就起来了！我记得在湖南的时候，夫妻两个人都是博士，请我吃饭，就是一个菜上错了，那博士就把服务员叫来训斥半天。

我就问他：你训这个服务员什么原因啊？他说：菜上错了。

我说：菜上错了不是也能吃嘛！他说：我要让她为她所做的事情负

责任。

我说：请问你女儿有多大年龄？他说：和这服务员年龄差不多。

我说：你女儿要是勤工俭学去了，也在做服务员，你希望客人对你女儿怎么样？他不说话了。

我就说：古人讲"已所不欲勿施于人"。你这是已所不欲，强施于人啊！你不是错了？他这才知道。

我说：你这高学历，高暴躁啊！人家高学历高修养，你这是高学历低修养啊！是不是？服务员就上错一道菜，你提醒一下就行了，没必要抓住不放啊！

我们古人讲：得饶人处且饶人。本来你请我吃饭还心情很好，跟我聊天，结果跟我没聊上，你和服务员聊上了，你是博士啊！她又不是博士。

我们说个最难听的话，疯狗把你咬一口，你难道要爬过去把狗咬一口吗？我们要想明白这个道理呀！所以，我们现在很多人在指责疯狗的前提下，实际自己比疯狗还疯啊！这个太可怕！

▪ 三句好话当钱使，先施恩，后教诲

所以我说，学习圣贤教诲、学习传统文化，就是提升我们的德行。把我们个人的素质修养和人格魅力提升。随时随地在逆境中，在一切事情和人的身上，我们要用一个安静的心态接受正能量的东西。

你思人恩德想人好处啊！你把他的恩都思了，他的好处都想了，全部落在你身上变成阳光了，你成了纯阳之体，你善了！他身上那点阴，你一照他就化了。你一说，他能接受，他就能改了。

要不很多人说：秦老师，这人这么难教育，这么难沟通，怎么听你一讲就变了？我说：我阳光大呀，太阳一出来，万年之冰就化掉了。

我说：我在任何人跟前都能看到他的好处。我把他的好处说出来，他听了高兴啊？我先施恩，后教诲，那他就听进去了，是不是？

我们现在人犯毛病，把人家好处没说出来，劈头盖脸，缺点说一大堆。你还别说大人呢，就三岁小孩，你说他，他也暴跳如雷，你方法不对啊！

所以我们古人有一句话，三句好话当钱使。

要不我说：我太太有智慧呀！去给我们老二打防疫针，我看那么多的家长就是不会说话，一个个暴跳如雷，说：给我们家孩子慢慢打，你看，把我们家孩子打得哇哇大哭。

那打针不是吃糖，能不哭嘛！你无非抱个孩子让人家打一针，可是护士在那个地方一天不停地打针，她也有疲倦感，她也是人啊！本来孩子没打针呢，你先把护士一训：你要温柔打、要慢慢打。你看，那护士那动作，和刀切豆腐一样，刷就下去了，孩子就哇哇哭。

我太太就不一样，抱着孩子说：宝宝不哭，这阿姨打针不疼，阿姨打针特别温柔。两句话说得护士笑了，还真是打针很温柔，说：别哭啊没事儿。一边针慢慢扎进去了。你看，孩子少受痛是不是？

要不我经常说我太太了不得。昨天晚上跟我太太聊天，我太太还说：你发心好好讲三年课。我说怎么了？她说：从你开始讲课以后，咱们家简直是一年一个变化，一天一个变化，这就是你做义工的福。只要给孩子积下德，不愁孩子没福。

我一听，有智慧啊！你看，鼓励你讲啊！你天天去讲吧，你好好讲个三年。我们想想，真是这样啊！

▪ 怒了以后，要让它休息下去

所以，这个怒一定要休。

一般人不发脾气是不可能的，傻瓜也有脾气。关键是这个怒了以后，要让它休息下去，这个很关键！我们是念怒不休，是念念不忘记发怒的事情，不让它休息。我们嚼个口香糖，嚼两口都要吐掉啊！我们想一想，可

229

你说你丈夫不好，说你儿女不好，说你父母不好，在你的嘴里那简直不知道嚼了多少遍，甚至几十年了，你还不放下呀！你还别说这，人家就是死了都不放弃。

很多人说：秦老师，你怎么发现这个秘密的？

我告诉你，我从两个地方发现的。

一个是我妈。我奶都死了十几年了，我妈一说起我奶奶，就会说奶奶这不好那不好。我说：你止住。为啥？人都死了你还不放过她呀，还不停地念呀！

我就知道了，这个怨啊，在她内心世界里面几十年呀！我就知道她就算吃山珍海味，都是在地狱生活呢，她没有在天堂。

我们学习圣贤教诲，就要从地狱返天堂，从苦海返莲池。那你只有让它休息，把它放下，这个很关键。连提都不要提。是不是？

还有一个是我岳父。我记得跟我太太未结婚之前，我岳父带我去给他妈妈上坟。我说：你这烧纸怎么不跪啊？他说：我不跪，她不给我哄孩子。我一听，这也在地狱呢！

我才知道，怪不得我岳父不挣钱呢，怒火上升把财烧光了，他妈给他没哄孩子，记了这么多年啊！都死了这么多年还记着呢。人家给你哄孩子是人情，不哄孩子也是人情，为啥？把你哄大就已经太不容易了，人家哪有义务给你哄孩子啊！

■ 怨就招病，怒就伤财

所以人有时候在这倒的霉，我妈倒霉就是怨她父母，怨我奶怨我爷。我岳父倒霉也是怨他父母，这怨里有怒啊！怨就招病，怒就伤财。就是我昨天讲的火太旺，你命里有座金山都会变成水流掉呀！

我遇到怒火上身的人，一个企业上百亿，可是一两年全部倒闭。就这怒火一起来，倒闭了。可不可怕？为什么呀？火克金，火把金一融就变成水了，变成水以后就流掉了。就像一只骆驼，你拿勺子挖着吃完了。你看，骆驼大不大，你今天挖点明天挖点，我今天发点怒明天发点怒，这金山今天流点水，明天流点水，久而久之，到最后竹篮打水一场空，就这样把财运漏光了。

很多人说：秦老师，我怎么挣钱这么辛苦啊？

我说：抱怨老板抱怨的，你老跟人家生气发怒啊！动不动还会说，我把老板炒鱿鱼了。

真是傻瓜！你炒了老板的鱿鱼，人家还是老板，你却没了工作。这是傻冒才说的话，傻子一个嘛！

那我们怎么办？我们要把自己变成金子一样的人生，让老板离不开你，你成功啦！我现在就是老板离不开我呀！就因为离不开我，我才能这样在这天天讲课，为什么呀？他不敢开除我啊，我随时想走就走，他还给我说好话。

■ 别人骂你的时候，你别给他耳朵就行了

所以人如何做人上人？人就分三种，人上人、人中人、人下人。

现在很多人过的是人下人的生活，自作自受。从哪里来的？就是怒！怒字怎么写，上面是个奴隶的奴，底下是个心脏的心，奴隶当了心的家，这叫奴隶命！这叫贱命之人！

一发怒，我们把贵命就变成了贱命，由贵变贱，由富变贱。不发怒，我们就是由贱变贵了，那贱命就是地狱，从地狱返天堂。就是贱命变成了富命。这也是改变运气的一种方法。

从今天开始不发怒，别人骂你的时候，你别给他耳朵就行了，耳朵在你身上嘛！你为啥要听啊？是不是？我们要听而不闻，是不是就完了啊？

耳朵为什么对长啊？东耳进西耳出，右耳进左耳出啊！耳朵起过滤的作用啊！为什么要在脑袋两边长啊？吸其精华，去其糟粕啊！我们把有用

的话正能量的话记在脑海中，把负能量的东西我们全部排掉，经过耳朵就筛选出去了。

要不我说：现在人的耳朵比聋子耳朵还可怜，好话一句没听，坏话听在耳朵里面，装在脑子里面，把自己气得要死还生病。傻冒啊！冒傻气啊！

要不我说：你听我的课由贱能变贵，由短命能变成长寿，由穷命能变成富命。那从什么地方开始啊？就是止怒！这个很关键，把怒止掉。

▪ 从今天开始，一定不发脾气

从今天开始，我们内心世界里面就要想什么？不发脾气，一定不发脾气！

父亲骂你这个儿子的时间，我们就要想：我是儿子，他骂我应该。我做错了他骂我，我马上改正，他是为我好。我要没做错，他骂我他是怕我犯错。

你看，你这一想，也就不生气了，这不是不受克了嘛！

丈夫骂我的时间，我们就要想：因为他是我丈夫才骂我，他不是我丈夫，他才不管我呢！他在意我才有反应，要不在意我就没反应了嘛！那证明他还是对我有感情的。

你看，在他骂你的过程中，你也要吸收正能量，给自己充电不要想负能量。

一个女士跟我讲：我老公又爱骂我又爱打我。

我说：以后他骂你，你给他端杯茶。

你这么说：你口渴了吧，喝完继续骂。不然把你气出病来，我和孩子咋办？

你老公会说：你不会有病吧？

你就说：我过去有病，现在没病了。过去我不明理啊，老和你对着

232

干，现在我明理了，我知道我错了，我要给你当小棉袄，让你穿上是暖和的，冬天可以替你挡风遮寒。我过去老是大冰块子、大木头疙瘩，让你这边一摸是凉的，那边一摸是硬的，所以你就对我冷冰冰不好啊。

她说：秦老师，那他打我怎么办？

我说：他打你，你给他找个棍啊！是不是？你给他把棍拿去。你说：老公啊，实在对不起，你看我把你气的，你打我几棍，你消消气。你这一说，他就笑了，没气了，你要和他对打，就不行了，那夫妻都是这样。

像我在家脾气不好，我这脾气一上来，我老婆就对我说"消防员"。我一听，消防员就是水嘛，灭火来了哪有气啊？你想想要用方法呀！

■ 怒一止，地狱返天堂

所以怒一止，贱命转贵；怒一止，穷命转富；怒一止，地狱返天堂啊！

我们现在人就在贱命、穷命、短命里面生活呢，错在这个地方。

男子像风，清凉之风、德风、柔风。女子像水，净水、纯水、养人之水。

男子一发怒，变成台风了；一暴怒，变成龙卷风了。这都叫什么？害人之风！

那女人一发怒，变成开水了。你看，那开水把人一烫就起泡，女人一不讲理，一哭二闹三上吊。这就变成什么呀？变成洪水了。更严重像苏妲己一样，就变成了红颜祸水，殃国之水啦！就这么可怕啊！

所以男人当好风，女人当好水，夫妻和谐就是上等运气呀！这就是运气啊！所以我说发怒一定要止，一点脾气都不发，没火可发！

我们经常在外人面前表现出来的，都是优秀啊，都是温柔啊。

在自己丈夫、妻子面前，在自己父母面前，自己最亲人的面前，我们是面目可憎原形毕露。

要不我说：检验一个人好坏不是看他对别人如何，而是对自己人是不是真好，表里如一。不然这叫虚伪、虚假。

▪ 脾气要是再大一点，还克父母的命中金山

人的脾气要是再大一点，除了克自己的命中金山以外，还克父母的命中金山。你看，有些年轻人暴怒以后打架斗殴，爸妈给他赔钱，不是克父母的钱财吗？经常打骂妻子，让妻子暴怒，妻子命里那点钱也变成水流掉了。所以夫妻就变成苦命了，可怜得很！就是不挣钱，享不了钱的福，这叫自克！

我讲这个克和命理克是不一样的，"和则相生、逆则相克"，与什么八字属相都没关系。我讲的都是家庭内克，我们大家一定要懂得，一定要清楚。

所以怒呀，太了不得了，毁人性命，伤人福报，招灾遇祸全在"怒"字上得呀！

所以按我们现在的话讲，能控制自己情绪的人，就能控制未来。

我们举个最简单的例子，一个人在公司受到老板谩骂了后，一肚子火，回到家里看见儿子正在淘气，就把儿子训了一顿。

儿子呢，好好的玩儿呢，被这爸爸训了一顿，儿子一看，他们家那只猫在那呢，就把猫踢了一脚。

这猫一看，我这好好在这卧着呢，小主人踢我一脚干啥？一踢，这猫就窜出去跑马路上了，正好一个司机开车呢，为了躲避猫出车祸了。

你看，这是连环，就因为心中这个怒火没消，老板说他了，他把火撒给儿子了，儿子把火撒给猫了，猫把火撒到公路上了，别人出车祸了。这个火可不可怕？一连串啊！

这是我们看见的外在的。可是我们大家知不知道，我们发三分钟的脾气，三天都恢复不过来。这多可怕呀！那你一辈子发了多少脾气？你想想得多少年才能恢复过来，这个是非常可怕的事情！

所以"怒"，能让我们从贵命变贱命，富命变穷命，长寿命变短寿命。

只要把怒火压住不再发，所有的功德积德如林，这就叫功德林！那你要是一旦改了以后，就是由贱命变贵命，由穷命变富命，由短命变长寿命，何乐而不为呢？你一改变以后，整个家庭全部受益。

▪ 上等人发脾气在嘴上，心不动怒

人发脾气分为三种，上等人发脾气在嘴上发，为了说教你，像我们孔老夫子、释迦佛教育弟子的时候，他是嘴上说，心不动怒，行不动怒，这是上等人啊！这是圣人！

中等人，发脾气是行为上。

下等人，是心里就暴怒啦！

我们想想，这个非常可怕的！我们可以看到嘴上发脾气的人，老师教育学生，不是真生气，为啥？你又不是人家孩子，人家只是尽他职责，针对事不针对人发的。中等人是针对人不针对事，他就是借题发挥，要把他的怒火发出去。下等人是心怒一起，行为就表现出来，暴躁情绪就过来了。又打又跳又蹦又骂，就过来了。你看，这非常可怕！

所以我们一定要止怒，所做善事一切福才能积住！

第二十二集

外怒为火内为烟　止怒先从嘴上改

▪ 好了一个人，就好了一个天地

好，我们继续讲第十一条，影响我们运气的行为，念怒不休，就是念念不忘，存在心里。

我经常在讲：我们的人，身体是一个小宇宙，好了一个人就好了一个天地，也就好了一个宇宙。我们每一个人，能来到这个世间，都是带福来的，带财来的，也是带贵来的。最后变成无财，无贵，无福，是我们自己造作导致的。怎么造作？实际就是怒。

▪ 怒分为言怒、行怒及心怒

怒分为三种。

言怒，言语说话比较生硬，暴怒指责；行怒，行为举止的怒。你看，大声关门，摔东西，这都是行为上的怒；心怒，又分为两种怒，内怒和外怒。内怒是窝在心里不说，外怒就通过肢体言语爆发出来。

你看，有些人一生气，多少天躺床上起不来，甚至到最后气得喝药自杀、上吊、跳楼，不光女的，男的也是。我在北京碰到一个男的，跟他媳妇生气就上吊死了，他也属于内怒。内怒的人呢，一般都是内向型的性格。

念怒不休呢，是我们会把发的这个怒怨之气，藏在心里几十年。

打比喻，我们发怒了，见谁都给谁说：哎呀，我老公对我不好，对我怎么怎么样。给亲戚朋友都说了。

你们这个阶段就是夫妻没有吵架，别人见你还问：你老公又欺负你了没有？你看，一说这话，又把你内心世界那个怒给引出来了，等于你又重复生一次气。这个怒也就一点一点积聚，就成了一个怒火之山了，这个是非常可怕的。

■ 冒火的是外向型，冒黑烟的是内向型

我是经常在大街上看到，人头顶都是烟筒，那冒黑烟的是巨多，冒黑烟的这个现状呢，实际就是念怒不休。他那个怒火一直在心里存着。

那冒火的人呢，是外向型的人，冒黑烟的是内向型的人。为什么？他一直在心里存着，他没有间断的时间，二十四小时，一年三百六十五天，他这个烟都不断地在冒。可是冒火的人不一样，他发了就冒火，不发火就没了，就停了。

要不很多人说：这人是好脾气啊！不发脾气。我一看，脾气不好，这叫内火，天天冒黑烟。这种表现出来的就是倔强、认死理，你听他讲话好像他委屈完了，好像谁都亏欠他了，非常影响运气。

这种怒一旦时常不休，克己之财，克夫之财，克妻之财，克企业的财。他不光是影响财呀，还克人的事业，你当官都当不了。

所以，我们经常讲一句话，阎王好见，小鬼难缠。

● 柔能克刚，只见掉牙齿的没见掉舌头的

人为什么发怒呢？发怒的原因就是，不能就低而下，老是高高在上。所以古人有一句话叫水低成海，人低成王。人低了能成王，高了成不了王啊，高了就死了，可是低能成王。

所以我们古人讲的话很有道理啊。你看，柔能克刚。柔能克刚这句话，我过去不理解，我现在看见老人没牙齿的时间，我理解了。为什么呀？我一看牙齿最硬，你看，八九十岁的人，只见掉牙齿没有看见掉舌头的。我在这个道理上，我就明白了，柔真能克刚啊，你真要柔啊。所以我们经常有一句话，巴掌不打笑脸汉，你冲他微笑他不打你。

● 止怒先从嘴上改，不逞口舌之快

那我们要想止怒也有方法。

用下等方法止怒，先从嘴上改，不逞口舌之快。对任何事情啊，我们不要去拿嘴巴激怒对方。你看，妻子激怒丈夫了，丈夫就打你了。我也遇见丈夫激怒妻子，妻子打丈夫的。

我就遇到一位女士，跟我学习以后变化很大。他老公觉得很奇怪，见我以后说：我老婆脾气很大，经常抽我耳刮，她爸妈为这个事说她很多次，都改不了。奇怪了，听你几次课给变了。他想不通，他说不行，我要把这个人见见，这是什么人啊？她父母都教育不过来的，怎么见你几次就变了？

因为这个原因，夫妻两个人都开始跟我学传统文化。实际你看，这女人打男人，男人打女人，这种现象现在已经很普遍了。这叫逞口舌之快，逞完以后激怒对方，就开始上手了。

所以第一个先从嘴上止，恶言不说，尖酸刻薄之语不出。

我们古人讲得好：祸从口出，病从口入。我们要用这个嘴巴干什么呀？招福，说别人爱听的话。

你看，佛经上讲，有人问：这个人不善良，我要不要严厉地教育他呢？佛讲了一句话：先人不善，不识道德，无有语者，殊无怪也。

意思说，他先人不善不识道德，没有教他，所以你别怪他。

佛说话温柔到了极处，我们有时候把佛经的很多话听完以后，感觉真是至善圆满啊。美到了极处。我们听完以后哪有怒火啊？

▪ 家丑不可外扬

那对社会上的人呢？你也别怪他，为什么呀？他是先人不善，不识道德，殊无怪也。是他先人给他没教好，不怪他。

我们总爱把过去的陈芝麻烂谷子的事情，装在肚子里面。要不然就找到一个倾诉对象，不断地给人家说。对方度量大点还好，度量不大的话，麻烦，你把垃圾就倒给人家了。关键是，你这个垃圾四处乱倒你也倒不尽啊。这个很麻烦。

所以我们中国古人有一句话：家丑不可外扬。家里事家里处理，给第二个人都不要说。你说出去，会听的人劝劝你，不会听的人还笑话你。

你说你老公不好，人家说：这女的没能力，连个老公都管不好。

你看，嘲笑你嘛！

你要说你老婆不好，别人说：你看，这男的没能力，连自己老婆都管不好当啥男人啊！

你看看，你自取其辱。

我们一定要把念怒止住。第一，从嘴巴就要改了，不说，把嘴的这个怒止了。

239

▪ 女子一生气，一暴怒，就会气血不和

那第二，行为。即使再大的气，关门轻点啊，不要把情绪发泄在物具上面。你看，我们放个水杯，就"嗵"一下就放桌子上了。尤其女士，做饭的时间有情绪了，那个菜碟子往桌子上，"嗵"就放下去了。这都是有情绪，发怒的表现。

这丈夫一看，这火不就被激起来了。是不是？

要不我说：女子如水啊，水就是来降火的。那男子如火，火就是来温水的。你看，水要烧开，要靠火呀。是不是？男子这个火要是真火，真火里面无邪、不偏，就能煮出好的开水来，泡茶有味道啊！

女人要是经常发脾气，家庭经常吵架，那肯定就容易遭遇疾病。

比如，女子一生气，一暴怒，那就会气血不和，气血不和容易妇科生病。气血不和肯定急躁，一急躁，那这个丈夫肯定迁怒，家就失和。那孩子肯定就会受父母的影响，烦躁，情绪失控，火一上行，孩子容易得什么啊？呼吸道疾病。所以，这也是连环影响，这其中有很多例子，构成了经验。

就像我们古人一样，诸葛亮，观天象，借东风取箭。他观天象就知道风。那我们在农村也有这个现象。我们过去都讲了，云朝北，就是天上的云朝北走的时间，就干什么啊？晒干麦，意思就是把麦子就晒干了。

我经常也看，现在有雾霾看不了。过去我们在老家的时间，明天晒不晒，因为没电视，哪能知道天气啊？我就把这口诀都记住了。云朝什么地方走是晴天，什么地方走是多云，我们都知道。

古人上观天象下知地理。我们现在都知道立冬了，冷啊！秋天过去了赶快穿棉衣呀！是不是？立春了，你问农民，一些老的农民都知道，立春我要种什么，立冬我要种什么，一年四季种什么菜，吃什么样的东西，四

季分明啊！他看完这个云走的方向，就知道哪一天下雨，它是多云，还是暴雨，还是阵雨。这不迷信啊，是不是？

所以，这就是经验之谈。我也就是用这种经验去分析判断，效果是非常好的。

▪ 两兄弟的故事——弟弟怨怒导致胃病

所以念怒不休啊，不是说你暴跳如雷发脾气，而是念念不忘。过去让你发怒的事情，不让它休息。我们一定要让这个怒气休息住。从今天开始起，过去种种让它过去，你别让它不过去。

就像你一去坟地上坟，还想着我妈对我不好。你看，都死这么多年，你还让它不过去。你妈都躺那儿了，你还在心里痛苦呢。受病啊，受祸啊！你说你可不可怜？

就像我遇到弟兄两个人很有意思。埋他父亲，老二出钱多，老大出钱少。老二就心里不舒服，天天怨他哥，说：你还是老大呢，你怎么出钱少让我出钱多。

老大这个人是外向型的，什么想法都没有，该吃吃，该喝喝，该睡睡。夫妻关系很好，孩子还考上了学。老二呢？就因为想这个事太多，怒在心中存，导致得了个胃病。天天抱怨，自己吃不下睡不好。

我最后见这个老二的时候，我说：你心中这个怒，你要改了呀，要把它扔出去啊！他说：我放不下呀！

我说：你放不下，你哥哥知不知道？他说：他不知道。

我说：你哥哥能吃能喝能睡，是不是？他说是。

我说：你是不是不能吃不能喝不能睡？他说是。

我说：你在和谁生气？他说：我在跟我哥生气。

我说：你傻冒啊？他说：我怎么傻冒？

我说：你在和你哥生气，你要让你哥生气，你别生气，这才是真正的和你哥生气。你哥没生气，你在生气，你还给自己找个理由，说我在和我哥生气。把自己气得吃不下饭。你不傻冒嘛？

他一想：哎呀，有道理啊！我跟自己生了这么多年气，我还要给自己戴个帽子，我在跟我哥生气，这不傻冒吗？

▪ 跟自己生气的人是最坏的人

我们想一想，你跟你老公生气吗？你跟你老公生气，你让他生气，你别生气呀！

你嘴上挂着，我在跟你生气，把自己气得吃不下饭，你不傻瓜吗？这就傻冒、傻瓜啊！你到底跟谁生气呢？实际是自己跟自己生气呢。要不我们经常听的一句话是——拿别人的错误惩罚自己。我们经常都做了一些傻冒的行为。

很多父母说：我在跟我儿女生气呢。

我说：你不是跟儿女生气呢，你在跟自己生气呢。

我说：你儿女气吗？人家不气，人家该吃吃，该喝喝，该玩玩。把你这老鬼气死了，挖个坑把你埋了就完了嘛！你以为有啥了不得呀？你还说你跟儿女生气，把自己气成这样这叫傻瓜！

要不我说：最智慧的生气方法是，他气你不气，你要让他生气啊！你别生气就行了。所以我们现在这人很愚痴啊！自己在残害自己，还不知道，还要找个借口。

你看这个弟弟就是，气得自己吃不下饭，气得时间长了影响老婆，老婆在这个事上也纠结。还影响了孩子，让自己的家庭不和。

他还说：为什么这个坏人长寿好人不长寿？

我说：你这个怒气克己，克妻，克子。你看，你哥家什么都不受。你是好人吗？你连你自己都不放过，跟自己生气，你实际是最坏的恶人啊！所以我们一定要看破放下呀！这个很重要。

■ 一个做过就放下，一个念念不忘

就像一个老和尚和一个小和尚，走在河边呢，正准备过河。一位女士也要过，说：这河水这么深我过不去。老和尚一想，出家人要慈悲为怀，把这女的一背就过去了，放那儿走了。

走了一路，这个小和尚心里就惦记呀：这老和尚犯戒，他怎么背个女的过河呀？都走了十几里路了，这个小和尚忍不住就问老和尚：师父，你犯戒。你刚才背了个女的过河。

老和尚说：啊？那是个女的呀我咋不知道！我只知道她是个人，需要过河，需要帮助。我把她背过去，我都放下了，你怎么十几里还在惦记她呀？到底咱俩谁犯戒？

小和尚恍然大悟：我犯戒了！

我们想想，实际真是这个道理呀！我们天天是念怒不休，念念不忘，我们对所有的事情不能看破、不能放下，这个是错误的。

■ 不要总提起别人的伤心事

我遇到一个朋友的儿子，在部队里面服役的时间呢，出现意外，一条胳膊没有了，残疾了。

我经常给他父母在讲：不要老说你们家孩子是残疾人。你说这话就不对，不能说呀！

他们经常说这个话，本是关心儿子的话，反而把儿子给害死了，孩子到最后要自杀，还是我给开导开导不自杀了。

为什么？他妈一说：呀，你别去厨房，你是残疾人！

本来孩子自己都忘记了，不觉得自己是残疾人，他觉得我去厨房，一只手还能端个饭，给帮忙拿个筷子嘛，是不是？他妈就说了：你是残疾人，不要去厨房拿东西。

他爸一说：哎呀，你是残疾人，你不能坐前面，你要坐后面。你看，随时随地把残疾人这几个字提来提去。本来儿子都忘记了，还觉得挺好的。

他们给儿子介绍对象时说：谈对象，你是残疾人啊，你有缺陷啊，所以你跟女朋友谈的时候，你要多包容多理解。

你看，实际是关心他，关心的过程中是在不断地残害自己的孩子。给孩子干什么啊？灌毒！我最后就给他说，我说：你能不能不提残疾两个字啊？人家本来挺好的，你就总说别人是残疾人。

▪ 生气不能改变现状，只会再把自己残害一遍

你看，我们天天抱怨，如果有一段时间不抱怨，人家说：这两天他对你怎么样啊？你又把那个怒火提一下。我们一想啊，就不断地重复痛苦的经历，不断地回忆过去的痛苦，不让它休息，不断地在内心世界重复。这个是非常可怕的事情。

我们听这一堂课，我们就知道了，这影响运气。这一点毒火在内心世界里面，把你命中的富贵，把你命中的财运，把你命中的金山，全部会给你化掉。

很多人命苦、命贱、命薄、命短，就是因为把过去的一点怒，放在肚子里面就积、积、积，一下积攒成一个怒火之山，把自己害死了。

这个是非常可怕的事。我们一定要看得破，放得下，全部放下。

我们反过来再想一想：你生气能改变现状吗？你发怒能改变他吗？既然改变不了现状也改变不了他，那我们为什么要多一重伤害呢？

他本身把你伤害了，你又改变不了事实。你再发一次怒，等于你又把自己残害一遍。所以我们没有必要去这样。

反过来咱们再想一想：只有长果实的树，才会受到人的攻击呀！你看，那苹果树、梨树一长水果了，大家去敲打了。为什么呀？为了要它的果实。

当别人在攻击你的时候，侮辱你的时候，谩骂你的时候，证明你这个人还是很有价值的。你要是个乞丐，没人理你。你对他有威胁力，所以他才关注你，才欺负你故意伤你。

那你这个时候要干什么呀？首先要自信！你要知道，这个世界上你是独一无二的。

▪ 上等人是轴心人，分秒时针围着你转

自信后面呢，要自强。把自己变成金子一样的人生。

我过去是不戴手表的，尤其电子表我是从来不戴，我觉得那个没有教育意义。一个朋友给我送块机械表。我在机械表上发现了一个秘密，机械表上是时针、分针、秒针，这三个针是大家比较关注的。

我们都知道时针慢，它是整时的，分针快一些，秒针更快。可是我从来不看时针、秒针、分针。我看什么啊？我看分秒时针的那个轴心。

我经常在讲：作为一个人，你要把自己变成一个轴心，让分秒时围着你转，你来设计你的命运，你来设计你的人生，你就能自立，自信，自强。三自啊！你自己设计你的人生啊，这样就了不得了。

可是，我们现在很多人，都在围着别人转。

你看，秒针围着分针转，分针围着时针转，时针围着表的这个轴心转啊。我们作为一个人，上等人是轴心人啊！

你看，佛就是做到这一点了，大家围着他转啊！那些和尚、尼姑，不需要发工资，终生不娶、终生不嫁，守在寺庙里面虔诚到了极致啊！

孔老夫子都走了两千多年了，现在爱好国学儒学的人，还在大力地推广，在演讲他的东西。我们想想，古圣先贤，他们都是钟表的轴心。唯独我们，是分、秒、时啊！真是这样！

■ 说两句不好，立即就生气，这是秒针人生

你看，我们是不是傻冒？别人说我们两句不好，立即就生气，我们是不是秒针啊？别人夸我们两句，我们哈哈就笑，你是不是秒针啊？

我们现在人，丢一块表，痛哭流涕。丢一只狗，哎呀，放声大哭。现在很多人都愚痴啊！我们看新闻，接一只藏獒，竟然一百多辆奔驰车都跑去了。

我说：他爸他妈来了，他有没有去接一下，一只破狗就那样兴师动众！这就是秒针人生啊！瞬息间就过去了。

孔老夫子有一个弟子，颜回。有的人问孔老夫子说：你的哪个学生最得意呀？孔老夫子讲了一句话：我的弟子啊，颜回最得意。只有半瓢舀水喝，穷到那种程度，也不改其乐。他的那种快乐，不会受物质、受生活条件影响。

所以，我们一定要当钟表轴心。

你看，我在表中，我都能发现它的道啊。钟表轴心是圣贤之路；时针，是老师之路啊；分针呢？是设计之路啊，设计师啊，给人打工的；秒针呢？是辛苦之路啊！

你看看，北京盖了这么多房子，那些工匠，有几个能住在这个地方？出力的人并不挣钱，挣钱的人并不出力呀！

我们想想，轴心动不动？全部都不动啊。这叫如如不动，智慧自生啊！

表的轴心、时针、分针、秒针，这是四种人生啊。四种人生，我把它归纳为，有德有才是精品，我们所谓的佛菩萨、天神、圣人；有德无才是成品，我们所说的，这个世间的模范人物；无德无才是废品，这一类的寄生虫，依托别人生活的；有才无德是毒品，有能力没德行，净做坏事。造一些害人的食品，害人的机械，害人的东西，这是毒品。

那我们在归纳人生的时候，你想想，你是在做圣贤，你是钟表的轴心吗，你给你定位啊。那爱发怒的人呢？念怒不休的人呢？完完全全就是短

命之人、贱命之人，他是这人生第四个档，废品啊！

要不我说：你要设计你自己，你把你自己设计成上等人、中等人、下等人。你是精品、成品、废品，还是毒品？你把你的孩子设计成精品、成品、毒品，还是废品，这个很关键呀！由你自己设计。

▪ 对于发怒，真想改就能改

我们经常会被别人的意识所指挥。你看，我们看电视，电视里面哭他也哭，电视里面笑他也笑。

我说：上面是疯子，底下是傻子啊！为什么呀？演员疯演呀就为了吸引你眼球，你在底下是傻哭傻笑，浪费自己的生命，浪费自己的电费。你把人家在那儿捧了半天，人家明星也不认识你是谁，也没有给你发个糖吃啊。

所以，我这人历来不看电视的原因就在这儿。我说：我捧他，谁捧我呢？我要自己捧自己，这叫自我设计呀。

那爱发怒的人能不能自我设计？设计不了。你连你这点小毛病都去不了。要不很多人说：秦老师，我这改不了。

我说：改不了是你不想改，你要真想改，你肯定就能改了。

打个比方，要人给你说了：从今天开始起，你再发脾气我枪毙你。你肯定不发脾气。你发不起来。为啥？哎呀，我一发脾气就要被枪毙啦！所以，人要专心致志改这种恶。你要想：我发怒我就死了，我今天发怒怎么办？我脱光满街跑去！你敢发怒吗？

▪ 死字当头，必然专心致志地改

我还看到一个故事，一个老和尚给国王讲：你给死刑犯的人交代一个任务，你要告诉他，完成任务以后，我就赦免你，不杀你的头。他能至心至意地全部改正。

国王说：真的吗？老和尚说：真的。

国王就给一个死刑犯说：你从寺庙这个地方，端一碗水，从城里绕一圈给我回来，一滴水都不许洒。你要没洒的话，我立即就释放你，不杀头。你要是洒了的话，我就杀你头了。

死刑犯一想，哎呀，求生啊，是不是？

国王在城里又是演戏，又是耍杂耍，又是跳舞的。

死刑犯端了一碗水，从寺庙绕一圈回来，真一滴水都没洒。

国王问：你看见那边唱戏了吗？不知道。你看见那边跳舞了吗？没有。那你听没听见那边耍杂耍呢？说不知道。

你看，死刑犯那个时候，真是视而不见，听而不闻啊。就专心致志到那种程度。

要不现在很多人说：我学传统文化，为什么烦恼这么多？

我告诉你，你没有把这个当成你的生命所必须，没有学进去啊！你真学进去了，那和这死刑犯一样，专心致志了。

我们就知道，我们净土宗的印光大师，别人都把死字认为是一个非常祸害的字。他干什么啊？给他佛堂边就写个死字，时刻提醒自己。

那我们要想把这个怒字如何取掉？从今天开始起不再发怒。

我们把它要往深了想，哎呀，秦老师讲了，一发怒，贵命变贱命啊，长寿变短寿啊，富命变成穷命啊！怒火一起，就像头顶顶了几百层高的一个烟筒，在冒烟冒火啊！上克父母，中克丈夫克妻子，下克子女。

你要是真的能联系到这个地方去，我保证你再不发脾气、再不发怒了。

我们再想，你命中有座大山，金山啊金银宝库啊，就因为你这个怒，变成水流光啦！你可不可惜？

你看，这个国王最后就问老和尚：你怎么知道他能做到？那边那么热闹，我派了那么多人在引诱他，他怎么一滴水都没洒啊？端过来，是达到了视而不见，听而不闻。

老和尚就讲了：他那个时候就一心想活命，这叫至诚感通。

248

▪ 从心上改，要容，不要忍

所以我说：改变发怒，由嘴上改，行为改，第三个最重要的是从心上改，心里面一点怒气都没有。

要不很多人说：那秦老师那我忍吧。

我告诉你，忍都不要忍，要容，很自然。忍无可忍一旦爆发，把过去的所有怒火，全部爆发出来，比现在还厉害。

你看，有些人说：我九次就忍了，第十次忍不出来，把前九次那个怒火加到第十次，那成了原子弹啦！

容，很正常。什么样的东西，我都要把它容进去，有容乃大呀，量大福大呀！我们古人讲：宰相肚里能撑船。不是当了宰相，你肚里能撑船了，而是你肚子有撑船的这种量，有了当宰相的机会，你才能抓得住。你要没有撑船的这个量，有宰相的机会你也抓不住。

就像一个人跟我说：我老板不器重我。

我说：给你个总经理，你干不了是真的。你想干什么和能干什么，是不一样的。所以，念怒不休是现在所有人最易犯的毛病。

我也发现很多企业，很多老板，最后出问题都犯在这个怒字上面。本来贵命一发怒变成贱命，本来富命一发怒把命中金克了，变成了穷命。本来长寿命一发怒经常生气，导致五脏不和六腑不安变成了短命。

很多人跟我说：秦老师，那命运自己能掌握？

我说：肯定能掌握。你不发怒就行了，你自己完全可以控制，我们管不了别人发不发脾气，那我们管自己还不行吗？就这么简单呀！是不是？

▪ 发脾气是宣泄，其实微笑也是宣泄

发脾气是一种宣泄的方式。那我告诉大家，我发现一个秘密，微笑也是一种宣泄的方式啊！

我们看王善人老先生，被别人损了辱了，他最后怎么办？他跑在野地里面是放声大笑啊！

你看，他用笑排泄怒气啊！你换一种方式就行了，就这么简单，是不是？

那我们以后再心情不好了，我告诉大家一个方法最简单了，包里装面镜子，拿镜子对着自己模样看一看，你这熊样为啥不笑啊？你不就笑了嘛，是不是？就这么简单嘛！

所有的动物不会的功能就是微笑，唯独人会笑，你不笑把这个功能丧失了，你不就和动物一样嘛。大家有没有注意，猫和狗不会笑？

我那天没事了，我一看，我们小区有只猫，猫眼睛发瓷，狗眼睛发瓷。

我说：人要不会笑就和猫狗一样了。你是人啊！不是动物啊！你把你这小样一看，你说为啥不笑啊？又没缺胳膊，又没缺腿的，有吃有喝的你为啥不笑啊？是不是？你要不笑，家里死人了你就不笑。是不是？所以，一定要明白，一定要明白。

你看我们古人对去世的人，六十岁以后去世的人，我们都称为喜丧。为什么称为喜丧？连去世人都要叫你乐呢。活满六十了。这是一甲子了，他活满了呀！这都不是什么悲哀的事情啊。

所以人一定要乐，念怒不休啊，这个是非常可怕。把几十年的垃圾，装在肚子里面，得病，影响运气。

很多人去世叫什么啊，含恨而终啊！死不瞑目啊！什么原因啊？就是因为心中这个怒没消，他还有恨，他走不了，所以这个非常可怕。

经常念怒不休的人，容易把福扔出去。把祸招回来，把病招回来。所以夫妻之间，男人要包容女人，女人要包容男人，一定要容。这个容人之量非常重要。

■ 暴怒是当下就起来了，念怒是温火

那第十二——是暴怒骂子。这个也影响很大。

你看，暴怒也是怒啊。你看这个怒字，它提了两点。

一个是念怒，念怒就是把过去的陈旧的事情，在心里不断地重复，不断地重复，藏在这个垃圾桶里面。把我们的身体，本来是清静无染，我们把身体变成垃圾桶了。

暴怒呢？是当下就发怒，我管你受得了受不了，这叫暴怒。暴，暴躁，怒是怒气。所以念怒和暴怒的区别在于，暴怒是当下就起来了，可是念怒呢，是温火，在肚子里面藏着。

不说别的，就在座的各位，你自己心里想想，谁对你不好，我告诉你，你一会儿就想一大堆。不信你拿个笔写，哎呀，那简直就没有你不怒恨的人。可是，让你想想别人的好处啊？告诉大家，那真想不起几个来。父母对我们恩重如山呢，我们都对他们的缺点念念不忘啊！我们想一想，是不是这个道理？

就像一个女士一样，我说：你妈打你，你还记不记得？

她说：哎呀，我记得呀，那小时候，把我绑在那儿打呢呀！

我说：那打你都多少年了？她说三十年了。

我说：三十年你还记着呢？我说：那你妈给你做了顿饺子，做了顿米饭，做得那好吃的饭，什么时间你记不记得？她说：哎呀记不得了。

你看，你父母对你恩太多了，你记不得。反而对你打了一下，你记住了。你看看，所以这个人啊，我看了看，就是欠打，不打记不住嘛。所以我们一定要明白这个道理。

▪ 思人恩德，身体会发热，像过电一样

要不我说思人恩德想人好处这叫聚光，光则上扬，招财招贵。

天天抱怨人、嫉妒人、仇视人，这叫招阴气。阴则下沉，招病招祸。这是准则呀！这是调整自己的身体运气和命运的准则。这也是法宝呀！

你就思人恩德想人好处就行了。一思人恩，我不知道大家有没有感觉，光我每次讲这个思人恩德的时候，我身上都有反应，就开始发热像过电一样。这是真思人恩啊！

你没有反应，那证明你是假思人恩。为什么啊？思人恩的时间就是招阳，思，在脑袋这个地方真想人好，这是正能量就从头顶就灌下去了。那想人好处呢，想人好处从心里想。

思人恩德想人好处，招财。第一个就是钱，你生活无忧了；那第二呢，招贵，有人帮助你呀。所以我用这个方法，到现在为止，遇到恶人啊都变成善人，所有好事让我碰完了。

我在传统文化里面是付出最少得到荣誉最多，讲课最少反而还影响很大。大家对我还非常尊敬。我们想想为什么呀？念念不忘他人之恩，就是这样。我在任何一个环境中，都能找到他人的好处。

▪ 学传统文化要服务大众看一切人优点

我记得，参加一次传统文化论坛，在辽宁省。当时人家对我们这些老师特别好，一人一个单间，房间里面又有润嗓子的药，还有水果和其他吃的。其中一个老师就跟我讲了：秦老师，这主办方太奢侈太浪费了，两个人睡一间房间就行了嘛。为什么非要一个人睡一间房？把钱浪费了还摆那么多吃的。

我当时就说了：你来讲传统文化，为什么不想人好，老想人坏呀？他说：为什么呀？

我说：第一，所有老师信仰不同，生活习惯不同，有人晚上打呼噜呢？我就遇到过，跟一个老师睡呢，我一晚上都没睡着觉。他呼噜声像风箱一样，我把两只耳朵塞住都不行啊。那我第二天给人咋讲课啊。

我这给他一说，他说：哎呀，有道理啊。

我说：你要想主办方非常好了。为什么呀？给你一人安排一个单间，不是让你享受的。他知道，第一要尊师啊。第二你休息好了，才能把你知道的东西，精彩地给大众分享出去。他为什么给你弄点润嗓子药啊？让你嗓子讲出话来好听啊。给你点水果，让你补充体力嘛。是不是？

你哪能在哪儿都指责啊。我说：你学传统文化，你是来服务大众，看一切人优点的。不是学了这个传统文化以后，对人指指点点的。这就错啦！

■ 做慈善，不是要把自己捐穷

现在很多人认为做慈善，就要把自己捐得穷了，搞得自己可怜得不行，这叫慈善？这也是错误的。

我经常在讲：有钱的人不见得慈悲，可是慈悲的你一定要有钱。我们看佛教，四大菩萨除了地藏菩萨是光头以外，剩下的三位菩萨都是穿金戴银啊，没有显示一点穷相啊。你为啥非要把你弄得穷穷苦苦的，谁还敢向你学习啊？你错了！

你看，孔子的弟子子贡这个例子，对大家就有非常大的帮助。子贡，是鲁国人，鲁国当时有一个鼓励政策，凡是鲁国的人能在别的国家，把鲁国的人质赎回来以后，赎这个人的钱，全部由政府承担，政府奖励他。

可是，子贡去完以后，给他国家也赎人了，赎完以后回来，不要政府的奖励和补助。孔夫子就非常不高兴。

一般人要想的话，子贡太高风亮节啦。

可孔老夫子是圣人啊，和别人看法不一样。孔老夫子就说子贡了，你做的这个行动，会让以后的人质不被赎回来。子贡就问为什么。

孔子说：鲁国穷人比较多，本来都有救人之心，要是救了人以后，政府给的奖励不敢要，自己还要花钱，就阻碍了别人救人的心。为什么啊？一说要奖励，他不敢要，他会想：我没有子贡高风亮节呀。

因为子贡是大商人啊，他有钱啊。可是，慈善不是富人的专利，是所有人都可以做的。你看，孔老夫子看东西，和别人看东西是不一样的。

我们想想，有时候有人讲了，哎呀，这人做慈善，不能收钱。

我说：那这人做慈善做义工的，他不收钱，他车费怎么办？他又没上班。他也要生活啊，是不是？

这个是完完全全错误的。你看，圣人和别人看法就不一样。所以我们内心世界，一定要懂得这个道理，一定要清楚要明白呀。

▪ 鼓励能让白痴变天才，谩骂能让天才变白痴

所以接着看，影响运气的行为，暴怒骂子。

当我们对任何事情想要暴怒指责时，我们要三思而后行。暴怒不光是不能顶撞父母，更不能骂子。

现在人作为父母没有慈悲心，为什么说没有慈悲心啊？不是说孩子傻，就说孩子有多动症。

你看，我就遇到一个家长跟我说：秦老师，你看，我儿子有多动症。那小孩儿，我看坐那儿挺正常的，怎么他爸一说，这孩子就开始摸腿呀，摸眼睛啊，摸耳朵，不停地动啊。

我就悄悄跟那孩子说：小朋友啊，你没病，你爸才有病呢。

他爸跟我说：秦老师，我孩子真有病，医生说的。

实际呀，这种观念是错误的。

要不有很多家长一说自己孩子：你傻啊，你笨啊，你被人骗啊。这话都是不能说的。我们作为家长要给孩子说什么啊，孩子你能行，你是独一无二的，一定要鼓励。

我们都知道，鼓励能让白痴变天才，谩骂能让天才变白痴。

■ 父母是土壤，孩子是种子

你不相信是不是？一万个人说你傻，你就真傻了。为什么？人家做了个实验，做个什么实验？一个孩子，他妈老说他有抑郁症，精神不正常，最后把他治疗送到哪儿去？送到精神病医院去了。

他在那个地方以后，开始人家都说他有神经病，最后，他慢慢慢慢，就和精神病人一样了。举动啊，吃啊，言语啊，走路啊，都一模一样。为啥？他说：我不能不当精神病啊，就和这些人一样。

当一个医生在那个地方，给他们做全面检查的时间，唯独检查这个孩子说：这个孩子脑子是正常的，怎么成了精神病了？医生最后才知道，在精神病人这个圈里面，他变成了精神病，这是父母害了。哪有病啊，是不是？

所以我们嘴巴有毒。不能说这类的话，要鼓励赞美，一定要去欣赏他，这个是非常非常重要的事情。

我经常在讲：孩子是一粒种子，父母是他的土壤。不是种子不发芽不生根，而是你这个土壤不肥沃，是我们有问题了。一天到晚骂孩子傻瓜、缺心眼，是我们错了。

■ 傻人有傻福，捐赠得福富不可言

我就受这毒害，很有意思！每次见我爸，我爸就会说我：哎呀，你这没上啥学，你这笨，你这傻，别人骗你。

我都会想想：我是不是真智商不够啊？我这智商不够的还给人讲课呢？

有一次我跟我爸聊天，我说：爸，你注没注意傻人有傻福呀？我爸说了一句话，哎呦，还真是你这么傻个人，还这么有福，那证明你还是有福。

我说：既然傻人有福，你为啥不让我傻啊，非要让我那么聪明干什么啊，是不是？我爸一听，哎呀，有道理，那你就这么傻下去吧。

你想想，因为我这个人这个习惯啊，经常是手心朝下。为啥？捐款啊做慈善啊。要不我经常的总结是什么啊？手心朝下的人是富不可言。手心朝上的人是乞丐之命。你看，你给我打发点儿。

所以，我工资少的时候，我就捐赠啊。到现在为止，很多企业在我这儿买书，拿卖书的这个钱我就捐赠。有时候去银行讲课，银行给我的课时费，我就拿这个捐。

■ 一家失火，四邻遭殃，离你近的人，你伤他最严重

暴怒骂人，是非常可怕的一件事情。一定要控制情绪，尤其对自己的孩子。

我经常在讲：当你骂孩子缺心眼的时间。我们就要想，谁缺心眼啊？孩子缺心眼，那还不是你这个缺心眼生的吗？就和这个道理是一样。

还有人说：哎呀，你这个猪，笨得和猪一样！我就说了：他是猪的孩子，你就等于是猪爸猪妈嘛，你骂他的时候，实际把自己也骂了。真的是这样，所以我们错了。

不能暴怒，也不要骂子，教育呀，也是非常重要的。

暴怒，暴怒的人就是外向型的性格。那烟筒是冒火的不是冒烟的，克财严重，非常严重啊。

这种人钱财容易虚耗，有点钱不经花，有点钱就出事。要不很多人说：我挣钱很多为啥存不住啊？

我说：你是暴躁脾气，再加上嘴非常快，别人一句话没说出来，他十

句话都出去了。这个是非常可怕的事情。

很多人出问题，就是从念怒不休和暴怒上面得的，导致自己的运气不好。

这两个都是火，都会克金，这个克，克得非常严重。

这就像什么啊？你一家失火了，四邻遭殃。就是你一暴怒以后，丈夫遭殃、妻子遭殃、父母遭殃、孩子遭殃。所有离你近的人，你伤他最严重，这是非常可怕的。

如何止怒呢？我教你个办法。你要这么想，哎呀，我一发脾气，就短寿一百天，我再一发怒，就短寿十二年。你这发几次怒，就死翘翘了。你看，你再不发脾气了。所以一定要把它立到短命上来，那真是短命啊！

大恶起于小挑唆　六亲不认气场散

▪ 妻子要帮助丈夫化解矛盾，不挑唆

接下来讲第十三，挑唆。挑唆啊，挑唆丈夫为非作歹，挑唆妻子为非作歹，夫妻之间很多事情是挑唆出来的。因为我经常在讲：丈夫要给妻子当好一辈子的贵星、福星、财星，那妻子也要给丈夫当好喜星、福星、财星、贵星，你是他的贵人啊。丈夫不要给妻子当成了怨夫，妻子不要给丈夫当成了怨妇，这个很关键。

挑唆这个事情可怕得很。我在农村碰到了一件事情，什么事情？农村浇地，都是排队，一家排一家。有一家来晚了反而先浇地了，这一家没浇上。这媳妇就骂丈夫说：你个窝囊废，我们在这排着呢，让人家把水争去了浇地呢，咱们都没浇得了。

你看，这种妻子就属于挑唆了。都是邻居嘛，也是一个村子，你让让他，这个矛盾不就化解了？就因为浇地这一件事，妻子在家是不依不饶，就说丈夫窝囊废，把丈夫骂得没办法，拿个铁锨就跑人那家去了，两家人为浇地是一死一伤。

她丈夫被打得临死时候问他老婆呢：我还窝囊废吗？那女的放声痛哭说了一句话：是我把你害死了呀！你看，这也属于挑唆，不光为非作歹是挑唆。

为什么古人讲家有贤妻丈夫不遭横祸呢？妻子要帮助丈夫泻火，即使丈夫为这事要去找别人理论，你作为妻子怎么办？应该给他泻火。

你该说：你看，邻里邻居的，他们家有小孩有老人的，他们早浇一会儿咱们晚浇一会儿也没事，为啥呢？因为抬头不见低头见嘛。你看，你这样一说，是不是丈夫的火就泻了？

要不我说：会劝人的人，越劝人心里越舒服；不会劝人的人，越劝人心里就越窝火，这也是一种挑唆。

■ 挑唆会导致小事变大事故

实际上很小一个事情，也是挑唆，一说：你看，他插队呢。这时男的说他媳妇：你没长眼睛啊，你不站好让别人插你队。这媳妇就顶回去了：我咋没长眼睛啊，你是个男的呢，你那么有力气，你咋不挤去？

你看，也是挑唆，是不是？那我们回过来再这么一想，他插队说不定他们家有病人呢，说不定他们家买票要早回去呢，咱们让他一让又如何？实际真是这样啊。

我看到新闻，买税票去了，别人插了一个队，后面的人就骂骂咧咧，骂这个卖税票的，卖税票的没有控制住，拿剪刀就把对方捅死了，这也是挑唆。

■ 很多贪污受贿，都是妻子纵容的

不光是挑唆丈夫挑唆妻子，还有相互之间挑唆。打比方，媳妇在丈夫面前说婆婆不好，这也是一种挑唆。挑唆丈夫不孝敬自己的父母，这也是一种挑唆。

要不我们古时候有一句话呀，劝君休听枕边言，这是针对女人讲的。为什么叫枕边言？晚上睡觉的时间，都在枕头上躺着呢，媳妇就开始说了：你小姑子不好，你大姑子不好，你兄弟不好，你这不好你那不好。说他们不好的时候，言下之意就是她最好嘛。

那这个人听了以后，听一次两次没事，时间长了以后，这些话就入在心里了，他就开始对自己的姊妹反感了。

我遇到兄弟们为争财产打得头破血流，我当时就在想，他们争财产为谁啊？为妻子为孩子。那谁给挑唆的？肯定是老婆挑唆的。真的是这样，影响运气。

挑唆丈夫为非作歹，挑唆妻子为非作歹，也是影响运气的一种现象，为什么？夫妻之间阴阳本身是和的，那个时间就克了，人的运气就不好了。

我们都知道，有很多当官的贪污受贿，都是妻子纵容导致的，这个是非常可怕的事情。所以挑唆丈夫去做一些违法的事情，挑唆丈夫不孝敬自己的父母，离间人家的骨肉，这个是非常可怕的。

▪ 劝人帮人要有智慧，避免无意中的挑唆

挑唆朋友，这也非常可怕。我们都知道，有的兄弟几十年的感情，因为别人两句话，兄弟就能大打出手。人家一说：你看，你妈向老二不向你。回去跟他父母生气，和弟弟打架，这也是一种挑唆。

所以我们作为一个人啊，千万不要去挑唆他人为害。按我们现在的话来讲，就算有是非，也不说是非，这个很关键。我们在劝人帮人的时间，一定要起到化解他家庭矛盾的作用。

当人家一说：我老婆这不好那不好。

你就给他讲啊：你老婆就再不好，她是你老婆嘛，是不是？那别人老婆再好，那总不是你老婆。

一个女的总说：我老公不好。我说：你想想，你老公不好，你都敢选择嫁给他，他要好的话，那你不天天背着他转圈吗？她一听，有道理。是不是？要会劝人呀。

还有人一说：你看，我这孩子笨得啥都不行。我就跟他说：你孩子不偷吧，不抢吧，那他不给你惹麻烦，这就已经够好了嘛，是不是？即使他孩子偷了抢了被抓了，你都要告诉他，那也总比没孩子强嘛。你看，多少人要孩子都要不了，你还有孩子了，他再坏也是你孩子，慢慢教育嘛，是不是？

我们在劝人的时间，一定要帮助他解决内心的怨恨和愁火，千万不要无意中就挑唆了，这个很关键啊。

▪ 老板纵容下属作恶也是挑唆

我就遇到一个老板很有意思，你知道这老板为啥倒霉？挑唆员工。

现在很多公司有规定，第一，夫妻两人不能在一个公司工作；第二，员工不能在本单位里面谈对象。可是我遇这老板，一看他下属，有老婆呢，还和别的女的在一块好呢，他还纵容，还给钱，导致自己倒霉。

这种例子非常多，这也叫挑唆。为什么呀？像这个情况，你作为老板，你是君你要义，他是臣他要忠啊。

你要告诉他，你在我这挣钱，我给你提供个平台，你在这儿不要搞小动作。为什么啊？糟糠之妻不下台。你要对你老婆好对你孩子好，这才是男子所为。

如果你要给他钱，不说他，还纵容，这叫同流合污。你提供的平台，你给的钱，让他做恶了，这也是一种挑唆。

▪ 谣言止于智者，不要扮演挑唆的角色

挑唆啊，不光是对丈夫妻子而言。我们在人生道路上，无意识中会扮演挑唆的角色，本身那个人说别人不好，你还帮腔，说他确实不好。

我经常在讲"谣言止于智者"，你是不是智者？当他说他不好的时间，你笑笑就行了，不作答就行了，不要附和，不要拍马屁，你一参与就变成挑唆了，影响自己运气。

要不我说：漏福从嘴上漏的，这个非常可怕。当别人要离婚，你劝他不离，当别人兄弟为争财产打架，你劝他不争。

我们要给所有人当什么呀？当个贵人，给自己当福人。让所有人遇到你以后，会把你当成他命中的贵人，把你当成良师，把你当成益友，这个很关键的。

我们在为人处世过程中，有时候老是成人之恶。人家要离婚呢，你正好给人家添了把油，火着起来，离了，是不是？

你看，我就遇到过，一看这小伙子挺帅，见人老婆，他就说：你老婆就配不上你，你长这么帅。你看，这一句话完了，导致人家夫妻闹矛盾，你这太不会说话，这也叫挑唆。妻子真丑的话，你说什么啊？人家诸葛亮老婆丑不丑，家中宝啊，是不是？你这么去想就完了嘛，你给他转一下话语。

所以我们这个毛病啊，也是有意识无意识中最容易犯的。

包括我们买东西一样，人家正在这买橘子呢，你看了两下，就说：这橘子怎么这也不好那也不好？本来那个人想买呢，你就挑了挑，没想买，说两句话，弄得人家不买了，你说那卖橘子的怨不怨恨你？

你看，我就不会。我就会说：我上次就买了非常甜。你看，我这一句话周边很多人都去买了，就因为我一句话。要成人之愿，他说不上来就指望着卖橘子这个摊生活呢。

我们为什么要嘴臭，非要说人家不好，是不是？你可以不说嘛，你不说会死人啊？是不是？所以不要挑唆。

我经常在菜市场看到吵架，为什么呀？就是挑唆，人家正挑菜呢，你说：那菜不好吃，炒出来难吃死了，一句话，那人把菜放下走了。这种例子特别多。

我们经常变成了别人的帮凶，真是别人的帮凶啊。同样是一样东西，同样是一道菜，就像咖啡一样，有人觉得咖啡香，有人说那太苦了，是不是？可是我们在表达的过程中，不要按自己的意识去攻击某一个人、事、物，这无意中也会成为一种挑唆，这个是非常可怕的事情。

▪ 我们无意之中造了很多的恶

所以，我们在生活的点点滴滴中，不要挑唆。包括母子关系、父子关系也是。

有时候你说：你看，你妈对你弟好，对你不好。这也是一种挑唆。为什么呀？你挑拨人家母子关系兄弟关系呀，是不是？

有时候，我们无意之中造了很多的恶，我们自己不知道。自己最后倒霉的时候，还不清楚为什么，还说：我这么好的人，我这么善的人怎么没好运？

我经常在讲：苍蝇不叮无缝的蛋。当你遇到灾难，遇到不顺的事情时，我告诉你，你一定不是好蛋，真的是这样。

▪ 现在很多人都六亲不认，冷淡至极

那第十四个影响运气的行为呢，背亲向疏。这也是现在人比较容易犯的事情。

什么叫亲呢？六亲：姑姐舅，这是内三亲；表亲，娘姨堂兄弟，这是外三亲。所以我们过去常讲六亲不认，现在很多人都六亲不认啊。我不知道大家有没有注意，对亲情冷淡至极，一看那人是富豪，一看那人是领导，恨不得舔人家屁股去。所以，背亲向疏也会影响自己的运气，很多人不知道啊。

我经常在讲：你想六顺就要内亲六亲，你要内亲啊，一定要从六亲开始向外去走。你连你的叔叔、姑姑、姐姐、舅舅，你都不爱护，你和朋友之间，哎呀，又是吃又是喝，给朋友还能借钱，对自己的亲戚反而非常冷淡。

我告诉你，这个叫什么呀？外求，外求是不得福的。我们一定要内求再外求，内求从什么地方？帮助舅舅家，帮助姑姑家，帮助姐姐家，帮助表亲家、娘姨家，亲戚之间的事情能帮则帮。

▪ 对父母兄妹不好，却对外人献媚，大错

我们想一想，我们经常听古人讲一句话，为朋友都两肋插刀，何况是我们亲人呢？

可是现在很多人犯背亲向疏这毛病。现在兴什么啊，傍爹傍妈，拜一个什么干妈，对干妈好到那种程度啊，比对他爸他妈都好。他对自己父母凶得不得了，对干妈又是端茶又是倒水的。

这是我正儿八经碰到的。他还说啥？我干妈是将军，能帮我提职。

我说：那你爸你妈还给你生命了呢，你爸你妈不生你，你能长这么大吗？你死了，谁给你提职啊，是不是？

所以我们啊，经常背亲向疏，背对亲人，对外人我们献媚、拍马屁。向外人献媚，对自己的兄弟姊妹，对自己的父母妻子都不好。

最明显的，自己过生日，本该跟谁一块过？跟你爸妈。可是，现在很多人过生日，跟朋友一块过的，吃喝嫖赌去了。

你的生日是你妈妈的受难日，是你爸爸的惊恐日啊。现在很多人，过

偏了，甚至都利用自己的生日拉拢关系，为了让人给他送礼，这容易倒霉啊。很多人不明白，这容易影响你的运气。

要不我经常在讲：很多人在这个上面做错了。你对你爸妈，你对你的兄弟姊妹都不好，你跑到庙里头天天去烧香，去求佛求神，那都没用。

■ 你有一桶水，才能给人家一碗水，不做传统文化狂热分子

你看，我从做传统文化起，到现在为止，我一天没有耽误过工作，我在单位待十几年了从来不影响啊，是不是？你看，我过去讲课就是周六周日讲，平时都不讲，不影响工作嘛。这样你做的叫德。

如果你去做慈善去了，工作什么都不做，你爸妈谁养活？是不是？

我们要想明白这个道理啊。

首先你是一个人，你不是神。你和我一样，我掐你会痛，扎你一针你会流血。你把你还弄得清高得不行。你干啥，搞什么名堂，是不是？你错了！这样做慈善，也是献媚，这也是背亲向疏，这个是非常可怕的事情。

我记得听过蔡礼旭老师的故事，让我很感动。蔡老师全身心都投入到做传统文化做义工中，他的两个姐姐，因为经济还行，每月给他生活费，给传统文化组织决定不添经济麻烦。

你看，人家这个可以啊，你连你父母都管不了，你连你生活都没有办法了，你还说你做义工做慈善呢，那不可笑吗？你拿啥做慈善呀？

我们首先要明白，你有一桶水，你才有能力给人家一碗水呀，你连水都没有，都渴死了，你怎么给人家？

要不我说：我把这类人称为传统文化狂热分子，度没掌握好，真的是度没掌握好。

你首先要讲，你是人，学什么也好，就是给人不添麻烦。你净给别人添麻烦，你这啥都不做，父母担心是不是？

我经常在讲：什么样的一个人叫好人啊？好人不是天天捐款，也不是天天做慈善，也不是天天做义工。真正的好人，是上能孝顺父母，下能对自己的妻子、丈夫、孩子负责，又能厚爱手足，把自己的本职责任尽到位，这叫好人啊。

我说：你即使拥有全天下所有的钱财，又能帮助全天下所有可怜的人，可是你只要不孝顺父母，不能对家人负责任，你都不能算得上是一个好人啊。

好人的标准就是，把自己的本职工作做好。你的责任是什么？你是儿子，你的本职工作就是尽孝；你是丈夫，你的本职工作就是尽责；你是父亲，你就要以身示范；你是这个国家的人民，你就要做个好公民啊。

▪ 对自己的亲人要尽职尽责做好

我们要知道背亲向疏的意思，我们对自己的亲人要尽职尽责做好，你要对他们做不好，对外面人所做的所有东西，我告诉你，这叫演戏，不是真的是假的。

我就在想了，过去人是房低人情厚。没有高铁，没有飞机，距离远而情义深啊；可是现在呢，楼高情薄，飞机快，高速路快，人与人距离却越来越远，大家没感觉到吗？

现在人为什么生病？生病的原因是缺乏爱呀，你不爱别人嘛。我们别说不爱别人了，我们连父母、连兄弟姐妹，连我们六亲都不爱啊。

背亲向疏，六亲不认。就像我遇个老板一样，我说：你亲戚来了怎么做？他说：亲戚来了在家做顿饭吃，为什么呀？家里省钱。

我说：那你经常在外面应酬。他说：那是请客吃饭，都是些老板，都是些领导，要走关系的。这也是背亲向疏啊。真的是这样，这个是非常可怕的。

要不我说：现在人吃饭都不会吃，过去人吃饭吃营养，现在人吃饭吃三高，往死里吃呢。吃饭都有目的，把真正的感情完全给浪费掉了。

266

所以我们大家听到这一段以后，我们就要想想，我们对自己的姑姑怎么样，对自己的姐姐怎么样，对自己的舅舅怎么样，我们对自己的表亲、娘姨、堂兄弟怎么样，有没有尽到自己的本分，用爱和他们相交？

还别说这个呢，我遇到女儿去娘家，都是拿薄礼去了，东西都不好。回自己家，把娘家的东西大包小包给自己家拿，这类的事情也非常多啊。

■ 偏爱谁就害谁，越爱他越弱

有很多做父母的，嘴上说爱女儿，心里爱儿子，对儿女都不平等啊，这也是背亲向疏啊。

我真遇到过，嘴上说：女儿我疼你我爱你，天天心里想儿子。想儿子受儿子害，把女儿家东西不停给自己家拿，给媳妇拿给儿子拿，儿子媳妇还不落好，这也叫背亲向疏。

作为父母不能公正，不能一碗水端平，就受儿媳妇和儿子的害，这都是我们自己找的，这也叫背亲向疏。为什么呀？既然是亲的就不能背对，肯定是平等的。我们都说：手心手背都是肉啊。那你今天做的这个事情，是不是平等了？这也折福啊，很多人不明白。

我遇到很多人都是，欺女儿爱儿子，儿子越爱越倒霉，儿子越爱越弱。儿子呢，经常还出事，越爱媳妇，媳妇越把他不当人，这也叫背亲向疏。为什么呀？这叫把自己没拿稳，没有走中道。

儒家学说讲什么呀？中庸啊，就是中道，一定要平衡。

很多做父母的，爱老小不爱老大，这也是背亲向疏。你爱谁就害谁，你越爱他，他越弱。

所以，我们古人有一句话讲什么呀？儿孙自有儿孙福，不为儿孙做牛马。他们各人有各人的福啊，你把你老人的本分做好就行，不要出位。

背亲向疏，我为什么讲了很多例子，这里面涵盖的内容太多了。

我们在对亲情的方面太冷淡，对不是亲人的方面过度热情，这是一层意思。还有一层意思，我们把亲戚分层次了。一看，这个亲戚对我好，给我借钱了，我给他拿点好东西。那个亲戚对我不好，给我没借钱，所以我给他拿点坏东西，起这个念也是背亲向疏。这个也造业的，这个影响运气啊。

你向他借钱，他没借，你就不想想，或许人家那个时间没钱嘛，你不能按他给你借钱或者没借钱，就把他定为远或者近，这个也是错了。

我们心不公正啊，不会得福啊。

要不我说：我讲的是做人与运气。人一旦心不正，心坏了，对自己的运就有影响，对所有的事情都有影响。所以，我给大家细细讲每一个原因，导致的倒霉、出问题、得病，就这原因，因为很多人的行为不符合做人之道。

孔老夫子讲得很好。父与子和，如何和？父慈，父用慈和子就和了。子与父如何和？子孝。那老板和员工如何和？老板就是君王，君用义与臣和，臣用忠与君和。那夫妇是什么啊？夫妇有别。为什么有别呀？女子和男子所做的事情不一样，所以男女有别，在不同性别上面，职责和能力上是不一样的。

▪ 奶奶就爱我姑姑，跟我姑姑生气喝药死了

你想想，你对你老婆不好，对你弟弟好，这也是背亲向疏。

你要想什么啊？全世界几十亿人，我们最亲的就是兄弟姐妹、夫妻，就是儿女，就是几个家人，所以人不能犯这毛病啊。

我奶奶也犯这个毛病，重女轻儿。这是我在我们家里悟到的这个道，我奶奶就爱我两个姑姑，她就受我姑姑害。为什么呀？跟我姑姑生气的时候，她自己喝药死了。

我爷爷也犯了这毛病，我爷爷是重儿轻女。我爷爷对我说：这女人都是外姓之人，都要嫁出去呢，这男的才是咱们家人。可是我爷爷到去世，四个儿子不能养老送终，还抢他财产。你看，心向儿子嘛，受儿子害。

这就叫作为父母背亲向疏，没有把这个公平掌握好。为什么呀？儿子

女儿都是你的，你尽到你的父母职责就行了。不能把他分为什么外人家人，一看儿子是家人女儿是外人，起这念就错了。

▪ 背亲向疏的念头一起，气场不和就散了

还有很多妇女也会报怨，抱怨什么？说：你看，我给你生孩子呢。

我说：你这话丢人啊，为啥你给人家生孩子呀？这孩子也是你的呀，是不是？你想没想过？你自己怀孕，自己生的孩子，你还说你给人家男人生的孩子，这不错了？为什么？按血脉的关系，孩子不光是传承父亲的血脉，也传承妈妈的基因啊。

所以我们不能有这个念头，有这个念头也是背亲向疏。本身是一个家，你给他搞成分裂了。你说：我为你付出了，我为你生孩了，我生的孩子跟你姓了。实际呢，你把你和这个家分离了，这个气场就散了。一散以后，你肯定受丈夫害、受孩子害，孩子会不孝你，丈夫会不疼你。为什么呀？你把这个气场打散了，是你起这个念。

就像我讲过，一个日本剑术大师非常厉害，书童就起了一个念，他立即感觉有杀气。你看，最后书童说：我当时就在想，主人这么厉害，现在全神贯注地看樱花，要是后面来个人拿剑刺他一剑，他可能不知道。书童就起了这个念，这个杀气就传过去了。

我们想想，我们家为什么不能和？气场不能和，言语不能和，行为不能和，心性不能和。你看，你自己出的问题。

所以背亲向疏，含义很深。我们现在人就是，在亲人里面还要分远近，朋友里面也要分远近，在孩子跟前还要分。我是跟儿子近跟女儿远，要么就是我跟女儿近跟儿子远，都受这个害。

这种道理是我在我家庭悟到的，我们家里就犯这个毛病。实际真正的，我们要想，手心手背都是一样的肉。要不我说：伦常与疾病，伦常与运气，背亲向疏也会影响我们的运气，影响我们的气场，让我们的家失和。

▪ 应尽己所能帮助所有亲戚，无论穷富

你看，我在家里都会很公平，对太太、父母、儿子，对所有的亲戚，只要需要我帮忙，我都是尽己所能。我绝对不会说：这个亲戚是富人，那个亲戚是穷人，我把富人看得起，我把穷人看不起。我告诉你，帮穷亲戚，才符合亲情之义啊。

什么叫亲情啊？难中帮他呀，这才符合你的道啊。那富人不缺钱了，你给他再多，他都不说你好，是不是？我们经常讲一句话是什么呀？穷时给一碗米，把你当恩人啊；富时给一斗米，把你当仇人啊。

他很富，你给一斗米，他都不稀罕，反而说：你看不起我，给我还送一斗米来。是不是？他要穷了，你给一碗米，他感恩你呀。

不过，还有一句话叫什么呀？救急不救穷。这个意思是，对于穷亲戚，当他在急难中，我们可以救他，可是穷的时候救不了他，你越救他越穷，为什么呀？让他有懒惰的这种思想，让他有依附的这种思想，这就不好了。这两层意思有区别，我们要分清。

▪ 亲不见怪，越亲的人越要多包容多原谅

所以背亲向疏，这个里面内容也是非常丰富的。大家不光是对外面，对家庭，包括对所有的事情，都可以拿背亲向疏去衡量。

你自己想想，我们很多人都犯这个毛病。包括姊妹一样，我爱我大姐，我大姐对我有帮助了，我爱她；我不爱我二姐，为啥？我二姐对我没帮助，我二姐比较吝啬。

那你想想，你大姐对你帮助了，是你大姐她经济好，你二姐对你吝啬，那可能她嫁的那个婆家，是不是经济不好？她是受那个家庭氛围影响

呀，你也不能拿这个来衡量，就把他拉成你的近人，或者是你的远人。

你首先要想，她们都是你姐，一母同胞，用这种念头去衡量，那你可能就不会产生这种矛盾。我就遇到很多，包括我们家里也是，你看，我姑跟谁好，我爸跟谁好，那姊妹之间都弄得四分五裂啊。

一根筷子，你看，一折就断，那十根筷子是不是断不了？我们的家庭要是拧成一股绳，那运气肯定好呀。

我们古人有句话，夫妻齐心其利断金。夫妻一条心，黄土变成金，都是讲什么呀？气场和、人和的原因。你能不能和？我们很多人不和，同床异梦。不能平等，导致我们的运气下降，导致家里失和，被外来的邪气所侵。

所以我讲的方法就是，用平等心调整你的气场。你今天要听完以后，我过去对我二姐有意见，我现在跟我二姐没意见了，我过去对我弟弟有意见，对我亲人有意见，我现在这些意见全部放下。我首先把他认为是什么？首先是我的亲人。

我们古人有一句话，亲不见怪。越是亲的人，你才越不见怪，他所做的行为呢，你才越该原谅他包容他帮助他呀。

我们想想，我们经常对朋友对外人，都比对父母对我们亲人好啊。我们经常犯了背亲向疏的毛病。

我有个亲戚有钱时，对他亲戚都不好，对朋友好得很。他真正出事了以后，所有的朋友都跑了，反而是他这些穷亲戚帮他了。我们想一想，真的是这样啊。

所以我经常在讲：现在社会，永远能离你近的，肯定是我们的六亲。背亲向疏是非常容易犯的毛病，我们一定不要犯，真不要犯。

▪ 天下第一家的中庸之道

有个故事，我记得不大清楚，我记得好像是郑濂家，家族比较大，家族之间呢，关系就处得非常好，一点没有不和睦的。

皇帝听完以后就觉得不可能啊，我要试试：他和自己族人咋能处得这么好？就专门给他赐两个梨，看这两个梨他怎么分。

你知道这个人干什么呀？拿了两口大缸，接了满满两缸水，把两个梨恭恭敬敬地全部削成块，弄成梨汁，弄到两缸水里了。他说什么呀？圣上恩赐两个梨，我不敢独吞，与族人共同分享。分不过来啊，怎么办？全弄成梨水，在这个水里融入，家族人每人舀一勺梨水，感恩圣上。

你看，人家这个公平啊，这就是中庸啊，一点都没有犯背亲向疏。这个故事大家可以在网上搜，大概意思就是这样。你看，人家用这个方法，非常了不得呀，所以，成为天下第一家。

▪ 和所有人都要平等相处

你偏爱谁，谁就弱，气场就散，真的是这样。

大家有没有注意，你越担心谁，谁越倒霉，他越出事。实际被你的内心世界，这种气场的暗示所伤，这叫犯克。

还别说你这样，如果你天天想你得心脏病，我告诉你，不出一年，你就真得心脏病了。你会发觉，我怎么胸闷了，我怎么气短了，我怎么这也不好那也不好，全身都是病？真的是这样。

所以，我们内心世界一定要装正能量，对所有人平等相处。一个家庭一个单位，他有职位不同，是因为分工不同，负责不同，人品肯定是一样的。

就像，我们在看电影一样，是不有主角有配角？你要明白这个道理，只是他负责不同啊。这个很关键的事情，一定不要犯背亲向疏，不然的话，家里气场散，失和，容易受这类的害。

祭祖不忘祖先恩　一年五次不可少

▪ 祖先祭日不能不祭

我们昨天讲到，影响运气的行为，第十三，挑唆。第十四，背亲向疏。

今天日子也比较特殊，农历十月初一，正巧是寒衣节，也是祭祖的时节。所以，今天讲第十五——祖先祭日不祭祀，影响运气。

很多人就说：哎呀，我都没想到，这会影响我们的运气，影响我们的命运，影响我们的财路。没想到，有这么多的事情会影响我们的人生。

我说：实际真不多，你把国家的法律条款去查查，几千条都不止。可是呢，你没有感觉到不自在，不舒服。为什么呢？因为你不犯法，所有条款对你来说是无用的，法律条款再多，也是针对犯法人来讲的。

那我们想一想，影响运气无非也就是几十条而已，多吗？那你也别犯它就完了嘛，是不是。

所以，我们不要把祖宗的恩德忘掉。因为仅仅清明节，都有两千多年历史了，祖先祭日不祭祀，让我们心里丢掉了感恩心，对人生影响很大。

我们古时候，把丧葬祭祀列为五礼之一，是非常重的一个礼节。过去的人，从生重病到去世，礼仪程序有六十六种，古人对这个就这么讲究。

我们想一想，现在呢，天时不一样了，我们要古为今用。

▪ 一年五次的祭祖，一次都不能缺少

新时代，我们可以有这个观念，厚养薄葬。就是对活着的父母，祖先，爷爷奶奶姥爷姥姥，我们应该非常好地照顾他们的生活。去世时，葬礼可以薄葬，可以把古代的一些繁琐的仪式去掉。

可是一年的五次祭祀，尽量不要少。

我经常在讲：人与五是非常有渊源的。你看，我们都知道人有五官，身体有五脏，手指有五个，脚趾也有五个。

所以，祭祀一年也是五次。

第一次祭祀就是清明节，这个日子很多地方都非常重视，清明节的前十天和后十天，都是可以祭祖的。

第二个，就是中元节七月十五，佛教称为佛欢喜日，道教称为中元节，超度祖先，在民间一些地方也称为鬼节。

第三个，就是农历十月初一，我们称为寒衣节。因为进入立冬以后天冷了，所以我们应该给去世的祖先送一些衣服。

你看，现在这个流行，卖那些纸衣服的也比较多。我们过去的家人，都拿纸糊衣服。我小时候还跟着长辈一块糊过衣服，要是没有时间糊衣服呢，可以在纸花店，买一些成品的这些纸。像七色纸、九色纸这种颜色的纸，给他们烧一点。

实际这无非都是，在世的人对去世的人的一种感恩和祭祀，也是孝道文化的一种传承。除了十月初一呢，还有冬至，大年三十。

很多人把清明节都当成踏青，当成旅游去了。实际真是不能忘了这个传统。

总之，一年的清明、七月十五、十月初一、冬至、大年三十，正好是

一年五次祭祀。

除了这五次日子以外，还有祖先的祭日要祭祀。至于是哪一天？就是你的亲人去世的那一天，是他的祭日。

你像我爷爷就是农历五月初七去世的，我每年在那个日子，虽说没烧纸也没烧香，我在网上写一篇祭文，也是一种非常现代的祭祀方式。

我写祭文有两个目的，第一纪念爷爷，第二因为我博客上关注量比较高，很多人都看，也为了引导大家呀，让大家想念一下自己的祖先。

▪ 千万不要烧什么美元

同时，我们要注意，我们一定不要商业化的烧纸。

什么叫商业化，人家流行什么你烧什么，这就错了。我们要遵循古礼，古时候用的纸就是麻钱纸。麻钱里面有乾坤，为什么有乾坤啊？麻钱的样子是内方外圆。

古人创造这个钱币，它是有内涵的。天圆地方，男子为乾，女子为坤，所以天为乾，地为坤。小小的麻钱里面，也代表了阴阳，也代表了天地，也代表了男女这个乾坤，所以我们烧一些麻钱纸就行了。

我们千万不要烧什么美元，印得像那个真钱一样，这个就没必要了。

我们不要烧印的这些假票子，包括什么假手机、汽车、电视，我觉得这些东西是没必要烧的。这些东西是商家为了挣钱随便做的。我们应该遵循古礼，烧这个传统的纸钱。

▪ 祭祖是世代流传的，古时候国家对宗庙很重视

我讲过，中华民族没有共同的宗教信仰！却有共同的祖先信仰！中国人不管你是姓什么，管你是姓王姓李姓黄姓秦的，我们都是炎黄子孙，我

们中华的始祖炎帝、黄帝嘛！这是我们中国人的始祖。三皇五帝，这是我们中华民族的始祖。

我们觉得非常幸运，中华文明延绵几千年不断，对祭祖都很重视。古时候，国有宗庙，就是皇帝是有宗庙的。你看，我们现在的故宫博物馆，它的上侧，就是它的上首，好像现在是文化宫。那个就是古时候皇帝的宗庙，我还去那个地方去参观过。

我去看了看，古时候国家对宗庙非常重视。为什么？我们中国人历来，把左侧称为上首，就是非常尊敬的位置，他把现在的上首，最尊敬的位子用来干什么呀，供祖先啊！

▪ 在家孝父母，何必远烧香

在农村呢，到现在还流行着上首让老人居住，我们把它称为老人位，运气学上也是称为老人位。我们有时候去很多家里，一看，这老人要住在下首了，就会说：你亏了孝了，怪不得你家庭不顺利，这叫位不正。

什么叫位不正啊，老人居了子孙位！所以，上首的这个位置，真正的这个定位就是，以站在我们的入户门的门口面朝外看，左手边的屋子称为上首，右手边屋子称为下首。

上首我们也称为老人位，下首我们称为子孙位，实际古人对这些东西的讲究，也是符合古礼的，长幼有序。

为什么要让老人住上首呢，它讲究老人是全家的源头。我们有一句话叫一福压百祸，家里有老是全家之宝，他是福星。我们孝顺老人的话，实际就是给我们积福呢。

民间也有一句话：在家孝父母，何必远烧香。你要在家把父母孝敬好了以后，是不需要往远处去烧香的。

▪ 国家的强大在于文化强大

我们古时候，对墓葬和祭祀是非常重视的。我去故宫边的这个文化宫一看，清朝这样一个少数民族，他竟然统治了中国两百九十多年！那不是一个短数字，再加上康乾盛世，影响那么大，那不是偶然的。

你看，清朝在祭祖上面，也是非常重视。而且，少数民族入关以后，他遵守中华文化，他不废除，我们从他的大臣的嘴里，可以听到。

我们现在很多人看电视看热闹，我很少看电视，看一次电视就能懂得里面的道理。你看，和珅他是满族人，他说：奴才，叩见皇上。可是，纪晓岚说：臣，纪晓岚叩见皇上。因为纪晓岚是汉民。

所以，你看，清朝入关以后，之所以能统领这么大的一个国家，他就是保留了中国优秀的传统文化，他没有废除。

他没有针对汉民，没有用满民的文化来教育你，他让你称臣，他满族的人自称就是奴才。

我一看，我说：清朝的皇帝有智慧，他明白道理，我用什么管你，我用文化管你。用你们的传统管你，这个了不得。

我们都知道，秦始皇焚书坑儒，他的朝代也就短短十五年就灭掉了。一个国家强大，不是说你的军队有多强大，而是你的文化有多强大，这是凝聚人心啊。这是帮助国家兴旺发达。

▪ 祭祖是凝聚民族家族和家庭的一种方式

要不我说呢，祭祖，谁祭谁有福，真是这样，谁祭谁有福。

你看，我们国家不说别的，每年的黄帝陵祭祀，电视台全球直播。祭祖不光是体现一个孝道，也是凝聚力。

你看，祭黄帝，祭炎帝，实际就是凝聚全球华人的一种方式。让全球华人知道我是炎黄子孙，今天是我祖先的祭日，我们是中华民族的后人。我们家族祭祖也是凝聚一个家族，凝聚一个家庭的一种方式。

可能我们在城市住，多少年都不回农村，要是家里有祠堂，要是家里有祖坟，我们可能因为想念，还会回到自己家的祠堂。

你看，我们家有秦氏祠堂，就因为有祠堂在，所以呢，在外面的宗亲，一到清明祭日放假的时间，都会尽可能带着孩子回去，去祠堂祭祀祖先。

在祭祀的过程中，也增加了外面人和在农村生活的族人的感情，也把你在城市的文化，传递回农村，真的是这样。

▪ 东魁的名字也有不忘祖先的意思

我爷爷十四岁就参军，祖籍是河南洛阳偃师大口镇的，镇上的人大部分都姓秦，那个地方就有秦氏宗祠，我们家有秦氏族谱，是全有的。

因为我爷爷参军，工作落在了陕西宝鸡眉县，加我儿子这一代，我们秦家这一支呢，在陕西都已经四代了，将近上百年了。

我爷爷非常有智慧，给我们起名字的时间就说：人总有死的那一天，把祖先忘了怎么办？就给我加了个东字。

他在我懂事的时间就给我讲：我们的祖籍，在我们现在居住的东方。给你起这个东字的目的就是，让你知道你的源头在哪里，不要忘了祖宗。秦是姓氏，东，是祖宗的方位，魁，是老人的期望，希望你东方成魁。

我爷爷给我讲完这个名字以后，我才知道，原来这也是让我们不要忘记祖先。

你看，他用这个东字来祭祀祖先，实际这是长者对孩子的一种愿望。

▪ 懂得祭祖的人懂得感恩，懂得孝顺

你如理如法地虔诚祭祀，我相信你一定会得福，谁祭谁得福，这是真的。

你看，我们一个人一年三百六十五天，活一百岁才三万六千五百天。祖宗是我们的先族血脉，我们是祖宗的后族血脉，未来我们也会成为子孙的祖先，这是一脉相传的呀。你祭一祭，是不是，也不费什么事，一年五次嘛。

三百六十五天，你就祭五次，也就五天时间，你都拿不出来？

还有很多人说：秦老师，是不是一祭祖我就好了，一祭祖我就发财了？

我说：你别祭了，你是为发财嘛，你是为你好才祭，那你祭了也是白祭、假祭，没用。

祭祖真正要做到，事死者，如事生。对去世的祖先，要升起感恩心，你的内心世界对你运气影响最大，祭祀贵在至诚，这个很重要的。

我们过去民间有句话：谁家坟上冒青烟了，家里会出贵人啊，出贤孝子孙啊。

我们细细地想，这句话一点迷信都没有，有很深的道理。懂得祭祖的人懂得感恩呀，懂得孝顺呀，如此教育下去，家里孩子的心就很正，不会走偏，最后会出贵人呀。

▪ 千万不要用丧葬敛财

所以这个祖先祭日不能不祭，一定要祭祀。

我遇到的这一家，给老人烧纸，真是烧得多，比咱们一般人烧得多，还很虔诚，都跪在那个地方烧，虔诚得很。

我们当时送他妈妈去了墓地以后，他给所有人说：这个是公墓，希望大家在送我妈妈的过程中，不要打扰到别人的墓地，不要踩到人家的墓头。

朋友的钱，他一分钱都不要，一拨一拨，行完礼就走了。

当时我一看，朋友被他的行动全部感动。那送葬的队伍，最少都是

二三里路长，都是步行的，车都开不过去了，只能走路。这也是至今为止，我参加的最有教育意义的丧礼。

子女对去世的老人至诚到了极处，以老人去世敛财的风气，在他身上没有。

我们古人讲了一句话：好儿不瞅祖宗财，好女不贪嫁妆衣呀。可是，现在很多人，抢祖宗的财是小事，父母过生日敛财，父母去世敛财，完完全全用这种方法去敛财了，这个错了。

不报答去世祖先之恩，反而假借死人之名敛财。本来很悲哀的一件事，有的人恨不得给谁都说，因为人来了就要给他送礼送钱嘛。我们想一想，这个是非常恶劣的一个风气。

▪ 没时间回家可以遥祭，不可代祭代哭

祭祖先呀，我们可以古为今用，但是千万不要乱搞花样。

你看，我们现在祭祖，叫人代哭，叫人代祭，这个就是搞花样。

我也给大家讲过，即使我们没有时间回到家乡或者祖坟祭祀祖先，那最简单的方式，你看，今天十月一，我买点纸找一个空地，朝老家方向，可以烧点纸烧点香啊。这叫遥祭，也不忘祖宗之德。遥祭，是非常好的方法。

代祭、代哭的方式是不能做的。祭祀切不可搞花样，按自己的想法，什么都给祖先乱烧。

你看，什么烧麻将的，烧小三的，这都不对，这些反映在你心里，都是恶习呀。有这些恶习的人，运气能好吗？

▪ 改命的三种方法，剪树叶、砍树干、拔树根

我虽说假借运气之名，引导大家，可是呢，一般人把运气都是改不了的。因为，唯有改掉自己的恶心、恶习，才能改变运气呀。

改过有三种。第一种，剪树叶。就像一棵毒树一样，我们去其枝叶，把这个毒叶子给它剪掉，那对人来说，就是恶口啊，恶目对人啊，耳朵听是非啊，是不是？改过，就如同我们从耳朵开始，耳不听是非，眼不恶毒看人，嘴不说尖酸刻薄的话语，就如同剪树叶一样，把毒树叶毒树枝啊剪掉。

那第二种改过的方法，砍其主干。树木的主树干，就如同我们，我们要行为端正，不做违法乱纪的事情，不做违背伦理道德的事情。但我们行为虽说端正了，可是这个心还没变呀。

那去除这个毒树最彻底的方法就是，从心里连根拔掉啊。这是第三种啊。

▪ 订婚、出嫁、添丁，都要祭一次祖

除了这五次祭祀以外，家里要给男孩订婚，女孩出嫁之前，都要祭一次祖。包括家里添了孩子也要祭。即使回不去怎么办，赶快找一个空的地方，烧点香，烧几张纸，跟祖先说家里添了个重孙，添了个后人。

你看，很简单的一个方式，体现孝道。

所以说，祖宗虽远，其德不能不扬，祭祀不能不诚。

祭祀祖先是我们做人本分之事，你应该做的，就像我们孝敬很多老人是应该的。有的人跟我讲：我对我爸妈这么好，我为啥不顺？我听完以后就大笑，我说：你对你爸你妈好，你是做子之责，你应该做的事情，那是好事吗？

　　你把孝顺你爸你妈都当成好事了，你也太愚痴了吧，这是你应该做的。我们一定要把分内的事，和不是分内的事要分清楚。

　　我讲的孝亲祭祖，是我们分内的事情，大家一定要明白，一定要懂得。通过祭祖，你能培养自己的感恩心，这是你未来运气的源头，是你做人处世的根源。唯有对人感恩，才能与人更好相处呀。

当个好人存好心　为非作歹不可助

■ 不助人为非，不成人之恶

影响运气的行为，第十六——助人为非、成人之恶。

非呢，就是说他不是好事；恶呢，纯粹就是恶的事情。

最简单的例子，你看，别人要回家陪父母、陪老婆、陪孩子吃饭，你非要把人家叫出去吃饭喝酒，这就是非，这也会影响运气。很多人都说：我只是叫个朋友去吃个饭。我说：那除非他愿意去。

我不知道别人怎么样啊，我这可能特殊点儿，因为大家对我蛮尊敬的。人家说请我吃饭，我说免了，第一呢我吃素，第二呢，我不吃的东西太多，都过敏。能推就推。实际上，我的目的就是在家多陪陪孩子、家人。

我看有很多朋友，光应酬都辛苦得不得了，那真辛苦得很。实际上，我的应酬也很多。你看，我每天中午讲课，下午都有应酬。下午的应酬都是不得已，不是朋友托朋友就是公司的同事，都想把我见见。我也很被动啊，没办法。可是，我一想呢，这也是结善缘。给他说说方法，因为他们没有时间或没有机会听我讲的东西。

实际上，我虽是应酬，但应酬中都在行善积德。可是我们很多人，在应酬中是助人为非的。错在这个地方。

强行劝人喝酒，这也是为非啊。酒可以放在那个地方，但你别劝他喝。他愿意喝是他的事，你喝不喝是你的事。不要劝人喝酒，劝人喝酒也是为非。

所以呢，我们不要为非。别人要回家陪父母，甚至他不回家，我们都要劝他回家陪父母。

▪ 过生日要报父母恩，朋友开车一定劝他别喝酒

我很少参加朋友过生日的活动，他过生日想要邀请我去，我必须问他：你爸妈参加吗？你爸妈要是参加，我就去，你爸妈要不参加，我就不去。为什么呀？生日是妈妈的难日、父亲的惊恐日，所以你过生日应该跟父母过。

如果你父母离得很远，或是你在外地不方便，那你可以邀请朋友。但是，在这个时间，你也应该提前在家里，朝父母那个方向磕几个头，报答父母生养之恩。用这个方法，应该效果更好一些。

我们现在很多朋友，假借生日之名，第一为了拉拢关系，第二为了敛财，别人会给他封个红包，现在流行叫份子钱，这也是不对的。

劝人喝酒是不对的，尤其是他要开车，你还要劝他喝酒，你想，这不是要他的命吗？现在酒驾查得这么严，我们想想。有的报道说：一年中，中国因为喝酒出现的意外事故，导致几万人丧命。

死的这些人，大部分都是家庭的顶梁柱，是一个家庭的经济来源。他死了是小事，他的父母、孩子、家人呢？谁来管？完全成为了国家的负担、社会的负担。这是非常可怕的事情。

所以我们不能助人为非，即使他要喝酒，要是他开车了，你都要劝他别喝酒啊。既然我们是好朋友，就要为朋友负责任，不能把他家给害了。你别喝，你来坐会儿，吃点饭，我们都已经很高兴了——你可以用这种方法。

▪ 做生意可以吃饭不喝酒，要做朋友的贵人

有人就给我说了：秦老师呀，这请人吃饭不喝酒，生意做不好啊。

我告诉你，错了！我遇到的一个国企的老板，我和他吃过几次饭。他很奇特，你喝什么酒我都给你买，就是自己不喝。他说了：酒是厂家的，命是我的，我不代表我个人啊，我家里有父母有孩子呢。我喝倒了，我们家人怎么办？我爸妈就我这一个儿子。

你看，人家一句话出来以后，周边人都不喝酒了，这男的有责任心啊，反而和他成了好朋友。了不得呀，是不是？

就像我一样，我不喝酒，照顾我的人很多呀，又是什么果醋，又是什么酸奶，我看我成了饭桌上的亮点了，大家还都帮我记着呢。

我们老板一提我，合作伙伴都说：是不是你那个不喝酒的助理呀？老板说：对，就是又不喝酒又不抽烟，还在吃素的那个。

别人都喝酒，千篇一律，大家都记不住。反而我这个吃素的、不喝酒的，大家对我的印象非常深，反而增加了我和客户之间的感情。

很多人说：你还是个年轻人，没想到自制力这么强，不吃肉、不喝酒、不抽烟，现在的年轻人，少见呀。像你自制力这么强、自控力这么强的人，一定有超人的能力。你看看，别人对我评价还很高。在我们很多客户跟前，我影响很好啊。

甚至我在朋友跟前，也是这样。我回到老家，很有意思，我朋友的老婆一打电话，问你跟谁在一块儿？他说：我跟秦东魁在一块儿。他老婆说：哦，你和他在一块儿我放心。

你看，放心，让他老公跟给我在一块聊天，跟我在一块儿玩。我们既然给人当朋友，就要当良师，又要当益友。不助人为非，不成人之恶。

我们都知道，孔老夫子把朋友列为五伦之一。我们如何当朋友的贵人、当朋友的福星？就是要断绝为人之非，断绝成人之恶。

▪ 多劝谏，不助人成恶，要做大众的福星

我们无意中啊，可能在人生倒霉和出事故的过程中，变成了助人出事、助人成恶的角色，这个毛病是非常可怕的。

作为良师益友一定要劝谏。我有很多朋友爱赌博，他们赌博都不敢跟我说。他说：我跟你一说，你就批评我。到最后他惭愧到什么程度啊？他说：我觉得我要是抽烟、赌博的话，和你站在一块儿，我都觉得对不起你。

我说：你是对不起自己，不是对不起我。你毁坏你自己的身体呢，与我有啥关系呀？他说：我想起你了，我就记着，我就要戒烟。

我在陕西有个朋友，原来一天都是一两包烟。现在，全戒完了。我说：你为什么戒了？他说：因为你呀，戒了。

所以，我们想一想，你要当大众的福星，让大众想起你的时间就能受益，就能改过，就能断恶，就能成善。这个是非常重要的事情。

我参加政协会议的时候，经常给政协委员、人大代表赠送我的书，其中一个企业家看过我的书，讲邪淫影响运气，他见我以后，他说：秦老师，你把我救了，我每次想着要去嫖娼，就想起你话，吓得我走在半道就走回家了。

我说：这么有效果？他说：不是光对我有影响，我给朋友讲了，朋友也吓得不敢去了。感谢你呀，我没看你书之前呀，我觉得是牡丹花下死、做鬼也风流。谁知道看完你那书以后，刚要去做坏事，脑海中把那些倒霉的事想一遍，历历在目，心惊肉颤。然后我就回家了，不去了。

我们想一想，就有这么大的摄受力和效果啊。

所以，我们现在很多人，哪能把别人叫到歌舞厅去，哪能把别人叫去嫖娼啊？我遇到多少人，花钱请人嫖娼还说什么呀，我这是照顾到位，我这能拉拢关系。最后把自己弄到监狱去呀，最后让自己公司破产。这种的例子太多太多了。

为什么倒霉呀？因为你这钱是从邪道来的，是助人成非来的，是成人之恶来的。他即使要嫖娼，你都要跟他说：你做什么事都行，唯独嫖娼，我不出钱，你自己考虑。你可以转身就走。可能第一次把他得罪了，可是回头，他把你的话，可能就记在心里一辈子了。他会觉得你人品非常好，真是这样。

在北京有很多我的好朋友，认识时间长了，被我劝得都不敢见我了。为什么呀？他说：我没改，所以不敢见你。

你看，他不改，连见我都不敢。我们大家一定要明白呀，所以不要助人为非，非是不合乎道理的事情。不要成人之恶，恶呢，纯粹就是大错。这个是非常重要的。

▪ 说好话，做好事，存好心，当好人，四季平安

所以我们作为一个人，要把自己变成什么呀？德土，你这个土里有没有德？人生命来自于天地，智慧来自于天地，我们要代天地宣教，天的这个道是什么道，好善之德呀，上善若水呀，地的这个道是什么呀，厚德载物啊。

我们要说人话，做人事、存人心。你要想，你是人，你不是动物，你不是畜牲，你更不是鬼，那我们做事一定要符合人道。上一个层次呢，贤人之道，再上一个层次是圣人之道啊，这是人生的三部曲。

先做好人，那做好人就四部曲，说好话，由嘴上开始，那第二做好事啊，行为落实啊，第三存好心啊，第四当好人啊，四好啊。

你要做好了四好以后，我告诉你，嘴好就是春季，我讲过我们嘴要好的话，春天就很顺利；行为好的话，夏天就很顺利；心好的话，秋天就会很顺利；当一个好人，冬天就会很顺利，那你四季平安呀。

大家都说祝你四季平安，可大家不知道，这四季平安从哪儿来的，在我们身上啊，你要做好了这四好，我告诉你，你就会四平八稳。

嘴好春天好。春天是播种子的时间，你要恶口就招恶人。我们说话先

287

和别人结个善缘，如同春天播种子一样。

行为好夏天好。夏天是枝叶茂盛的时间、根深叶茂的时间，就如同我们在社交中与人相处的时间，也是我们自身成长的时间。

心好秋天好。那心好呢，就像秋天收果一样。好人好自己，坏人坏自己，修行修自己。我们现在很多人有问题，为什么呀？修行不是修自己，是修别人，学了传统文化，一看，爸妈这也不好，兄弟那也不好，朋友这也有缺点。你看，他拿来不是修理自己，他修理别人去了。所以，错了，徒增烦恼。

当个好人冬天好。如同冬天一样，冬天是内藏，你看，万物都冬眠了，树叶也掉了，是不是？大地虽说冻冰了，可是大家有没有注意？你把土翻出来，底下的土还冒烟呢，地下是热的。夏天呢，地底下是凉的，夏天我们去地下室，哎呀，凉快得很。要是冬天我们去地下室，就热。

大地它夏天是散发，冬天是内藏。

我们人也是一样啊，我们人也如四季一样：二十岁的时间如同春天；二十岁到四十岁的时间就如同夏天；四十岁到六十岁的时间，就如同是秋天，那个时间子孙满堂啊；六十岁到八十岁的时间就是冬天。

▪ 老要护子以幼时，当好子孙的德土厚土

要有厚德，你就是一块德土，你给子孙积了多少德？我们看到很多家风家规，都是一些家族有德行的人留下来的。

我们不光是不能助人成非、成人之恶，那我们在家族也不能助子孙成非，也不能助子孙成恶啊，这就叫改自己呀。我们把自己变成德土，不要把自己变成秽土。

要不我说：孩子是粒种子啊。你看，孝道的孝字，上半部分是个土字，底下是个子，这一撇下来就是一个老人拿个锄头刨坑在埋种子呢。子孙就是我们的种子。

老人如何能护住子孙这颗种子，就是要有德土。你有没有德，你是缺

德还是在积德？这个很重要，这是孝字其中一个解说的意思——老人刨坑下种子呢。我们要给子孙当好厚德之土，子孙在我们这块肥沃的土地里面，才能生根发芽。

那孝道的孝字，第二个解说意思是什么？上半部分是个老字，下半部分是个子字。老要护子以幼时，作为老人，我们要护子以幼时，如何护？让他不邪而正、不躁而静、不恶而善，这就是你护了。

你让孩子急躁暴躁、让孩子亏孝、让孩子作恶，就是没保护好。要不《三字经》上讲：养不教父之过，教不严师之惰。教不严是老师的惰性导致的。他把职责分得很清楚。

这是老要护子以幼时。那子呢，子要养老以终时。孩子回报给老人的就是养老。

现在，很多老人不会当老人，不会当厚土。孩子给他点钱，他说：你不用给了，你们还年轻呢，你们养孩子花钱很多呢。

我说：你起这个念，就折子孙福。他给你是他的本分啊，你要培养他懂得回报的心呀，你这不仅不让他修，还给他回绝了。你回绝一次、两次、三次，他慢慢就变成"啃老"族了。

所以我说：现在的老人，作为父母，不能变成子孙的德土，变成了秽土。这也是助子为非，助子成恶。这不光是对别人，对内在的也是不守本分。

你看，我们家老二，三岁。他想拖地，我就让他拖，拖不干净也行啊，只要他喜欢拖地。他给妈妈择菜，择不干净没事，他妈重新择一遍。要锻炼他，教育他。教育就是教子为善。

很多人问我：秦老师，孩子如何能成功，如何能成才？

我就告诉他：藏富显贫啊，你要把你的富有藏起来，显你贫穷，这样就好了。这个是很重要的事情啊。所以我们助人为非，不光是针对外人，我们很多人在家里，都已经助人为非、成人为恶了。

我遇到的很多家庭都是这样。孩子回来，就问：你老师欺负你了没有？老师欺负你了，你给老爸说，老爸有得是钱。

你看，这也是助儿子为非。让他儿子内心世界不害怕老师，不尊敬老师，那孩子肯定不听老师话。你造业了，自己把孩子害死了——还不知道怎么死的。是我们自己把自己变成了秽土，不是德土。

▪ 孩子对你尽孝天经地义，不要拒绝

要想杜绝成人之恶、助人之非，我们就要把自己变成德土，归到自己的本位上来。

孩子与你和，就是以行孝与你和的，这是孩子之德。

父母与孩子和，就是行慈道。你不慈就与孩子不和了。

所以你对孩子和要行慈道，这是天经地义的事情；孩子对你尽孝道，也是天经地义的事情。

他给你就拿，给你买你就用，请你吃饭你就吃，给你钱你就花，这是符合道的。

所以呢，我们要当好德土，不要把自己变成秽土。

在家里，我时常给儿子讲：你看，你妈做饭很辛苦，你去洗碗吧？我太太也就习惯了，现在我儿子洗碗洗得非常干净。你以为我是想让他洗碗呢，我是让他自小就懂得对他自己负责。

你看，我们两口子过生日，儿子是要给我们磕头的，我们就用这个方法。我们要助他为善，成他之美。我们夫妻自己，也是用这个方法。双方父母过生日，我们夫妻带着孩子，给老人封红包、磕头。

我们家磕头次数多：过年磕头，母亲节父亲节磕头，过生日磕头。

▪ 厚养薄葬，多拜活人，祭祀至诚就是培养德土

我的理念是，我们一定要懂得厚养薄葬。

你可以在你爸你妈活着的时间多磕头，一定要厚养，活着的时间让他

衣食无忧，让他很幸福。

死了以后，祭祀至诚就行了，不要在形式上太拘泥了。

我经常就在讲：他活着你给他磕个头，他能看见他能知道。他要死了，谁知他知不知道？活着时把孝都尽到位了，老人即使去世了，你内心世界也没亏欠呀。所以，活着要拜寿啊。

现在人颠倒了，活着对老人都不孝，死了买孝名，这就错了。这也属于助人为非、成人之恶。

为了劝我部队一个朋友给他父亲过生日，我说：我知道你忙啊，你再忙，你爸过生日不能请一天假回去？

他们给他老人过生日，都舍不得磕头，我就先带头给他爸磕个头，说：我祝叔叔生日快乐。我这一磕，他姊妹几个全跪那磕头了。

有些人说：那是他爸，你怎么能磕得下去？我那个时间磕头，我就想，我是为了引导我这个朋友拜活人不拜死人。

从那以后，他磕头就成习惯了，我再没管过。现在，人家每年回去给他爸妈过生日呢。

所以，作为朋友一定要成人之善、助人之美，这个很关键。有很多人在这个上面，就助人之恶了。要不朋友过生日，一给我打电话，我就说：回去陪你爸妈吃饭，别请我。就是这个道理呀。

■ 不拿单位的东西就是给孩子做好榜样

我们在家庭中，包括工作中，也是一样不要助人为非。我们在单位，一看单位有笔、有笔记本，我们往家拿，这个也是成己之非、成己之恶。

你要拿这个笔、这个本的话，你要先问问你们董事长同不同意。他同意你再拿，他不同意千万别拿，这个影响运气的。很多人不知道，这是捡个芝麻，可能你把西瓜就漏掉了。有可能让自己未来挣钱辛苦，影响儿女挣钱都非常辛苦。

你看，我们在单位，随便拿个东西走的话，很正常。都觉得别人都拿了嘛，一个笔呀、一个笔记本啊。甚至我遇到很多人，把单位的一次性纸杯，给家里拿了很多。为啥？说我拿了就不用买了嘛。

有些便宜不能占，你认为占的是单位的便宜，可这影响自己运气的。

我遇到在银行的，他们家就全是银行的水杯。他老挣不了钱，老受领导排挤，就不知道什么原因。

我给他分析说：你这一次性水杯偷得太多了。他说：你说话难听，我这是拿的。

我说：你拿，你领导知道吗？他说不知道。

我说：不知道就是偷啊。我告诉你，偷一毛钱也是贼。我们想想，是不是这个道理？你以为偷一万块钱才是贼呀？纸杯虽小，其行恶劣，你这个行为是非常恶劣的。

你的心坏了呀。这样自私自利，不顾公德的心，会影响你未来在工作中的行为模式，让别人不喜欢你，你升迁就难了，就不会给你带来好运气呀。这个道理从这里来的。

所以，我们不能助己为非、成己之恶。

我们都有这毛病，随时在单位拿张纸，拿一次性水杯，拿单位的本子，拿单位的笔。爱占便宜，占尽了便宜，就导致自己未来肯定人际关系不好，挣不了钱，挣钱辛苦，还导致自己工作中经常遇到小人。这就是这个毛病造的。

你这样的行为，还会教坏你的孩子，你孩子学你的习惯了，都贪一些蝇头小利，都丢掉了公德，那你孩子未来挣钱也肯定辛苦。大家都不喜欢事事计较、贪得无厌的人，对不对。

你的行为影响了你的心，再影响了孩子的心，这是运气不好的道理所在呀。

所以，在生活中，点点滴滴中，即使见任何一个人、在任何地方讲课，我都是保持着利益大众、能帮助大众的心思去做事情。一定把里面的恶因、恶事、恶缘，全部断光，所以我们人做任何事情，一定要深思熟虑，千万不要助人为非、成人为恶，这个非常关键、非常可怕。

■ 改邪念为正念，落实一百天，运气就能改变

第十七呢，影响我们运气的是什么呀？动邪念。

我们知道邪念也是人最容易犯的。看见一个女的漂亮，我们就有邪淫念头。看见一个男的帅，我们就有一个邪淫念头。

不光是这样，有人看别人发财了嫉妒，起邪念希望他倒霉。

我们要希望天下人都幸福，告诉你，你就幸福了。为什么？天下人里面就有你呀，因为你也是天下人。

我们希望天下人都发财，那告诉你你也就发财了，为什么？因为天下人里面有你。

要不我说，改变命运最好的方法就是动这个念头：希望天下人都不得病，那你也就不得病了。你也是天下人。希望天下人都长命；希望天下人都当官；希望天下人都得到子女的赡养；希望天下人都能向善。

你天天能起这样的念头，我告诉你，你这个念呀，充满这个世界，感召阳光，你的自身充满能量，我天天都是。

所以，脑海中一定不要动邪念，要动什么？随时随地动正念。

见他人生病，赶快起念：希望他遇到名医良药疾病早愈。

见他人残疾：希望他下一辈子不要当残疾人。

见他人丑陋：希望他漂亮。

人家做生意投资，希望他好；他当官，希望他当清官；他们家要个儿子，希望他长命百岁；要个女儿，希望这个女儿能当贤德之女。

你看，你随时随地都动正念，一点儿恶念都不起，完全不起嫉妒，完全不起恶念，立即把命就改了，把思想就变了。效果非常好的，大家不妨试试。

你要用个一百天，我告诉你，你的气色就好，气场一起来，你的运气就好了。

■ 邪念伤气，气衰则神伤

起邪念影响运气，为什么呀？念头是在头这个地方，大家都知道啊，人运气未衰、气先衰，当我们的恶念太重以后，你的气就下沉，不上扬。

要不我说：人啊，倒不倒霉，我一看就知道。气衰了嘛，他就可能要倒霉，可能要出问题。

气如何衰了？就是脑袋不干净啊，装邪念太多了。精气神嘛，气一衰直接影响肠胃，体质就寒了，这是气衰的表现呀。

我们都知道，精生气、气生神。神在肺脏、气在胃脏、精在肾脏，你这邪思一起，直接就把气压下去，你就会觉得胃不舒服。

大家不信，你试试生气，你气生多了以后，哪儿都不胀，就是胃这个地方胀。你就是肚子胀，窝气窝多了，把气压下去没宣泄出来。

本来你这个气，由胃生气、气来养神，通过肺，嘴巴就呼出去了。

你那个时间，阴气毒气出不去，我们就觉得，我的胃胀，我的肚子胀啊。这胀那胀的，实际就是气聚那个地方了，这个是邪念多了。

邪念里面，不光是害人的念头，怨孩子、怨丈夫、怨妻子、怨父母、怨天怨地，你起这个念也是邪念，不是正念。

我们要用正念养气、善念养心、身正养精啊。精气神足了，你就通天彻地了。

■ 不怕念起只怕觉迟，观察到邪念，要忏悔

所以，不动邪念很关键，邪念不要产生，一定不要有这种念头，随时随地警觉。如果我们有了邪念怎么办？我们经常听到一句话，不怕念起只怕觉迟。当你有了这个邪念以后，这个觉悟立即要出来呀：我怎么又产生

个恶念?

早上出门儿,我们就要想:今天要不动一切邪念。要想老板好,老板好了就能给我发工资。要想同事好,同事好了以后,我们就能和谐相处。要想兄弟好、要想爸妈好、要想所有人好,那你就好了。

晚上呢,我们就反省:我今天对谁动邪念了?想谁不好了?我赶快忏悔呀,忏是知错,悔是不犯呀。我们不就消掉了嘛?

有好多事情我们不以为然,实际啊,我常讲:千里大坝毁于蝼蚁之穴呀。

一个邪念不制止,就会慢慢形成习惯,并影响我们的行为,再影响到身边人对我们的看法,最后影响到我们自己的得失。实际我们的福、禄、寿,就是这样全部消耗掉的。因为我们念不正、心不正、行不正,因为我们得了三不正的病了。

■ 听完我的课,找你哪儿错了,改了就好,不用见我

很多人说:秦老师,你也会治病?

我说:我不会治病,我只会治邪病。你过去就像那个火车要出轨啦。因为你念头邪、心邪、身邪,你邪了,我把你拨正,你把运就改了。

很多人都说:秦老师,我想问你问题,我想见你。

我说:你不用问我,也不用见我。为什么?你听完我讲的课,或者看完我的视频,你给你身上归。你看自己哪儿错了,改了就好。关键你要真干真做呀,不真干不真做,真的没用啊。

君子不贪不义财 和则相生逆则克

▪ 赌博让人笑里藏刀

今天讲第十八，赌博。

赌博呀，现在都比较常见。在很多小地方麻将馆很多，一些酒店、茶馆里面，都有打麻将的现象，真是特别多。很多人呢，认为这是娱乐，也没有认为它对人有什么影响。

实际上，赌博呢，它会让人犯笑里藏刀罪。为什么说是笑里藏刀啊？你看，朋友关系非常好，坐在那个地方打麻将的时候，表面笑得非常灿烂，内心世界就会想着：我要把他们三个人的钱全都赢光。起这个念是非常可怕的。这个念是什么念呢？我们称为乞丐念。

运气学上一直讲，人身上的场能非常重要。你有贪占别人钱财的念头，心就变坏了。虽说好像关系很好，可是坐在那个地方啊，朋友之间反目是很常见的。不光朋友之间反目常见啊，包括父子在那个地方也是一样的。

我看到一则新闻，为一块钱，儿子把他父亲抽一耳刮。就是因为赌博。

我还听到一个事例，老太太被叫出去打麻将，输了几百块钱，回到家里和老头打架，失手出了人命，这种事例也是非常多。所以赌博这种恶习是非常可怕的。

■ 从哪个道里来的钱，就从哪个道里还回去

就像我几年前在北京碰见一个例子。一个女士，年龄都挺大了，夫妻两个人呢，非常喜欢赌博。澳门去赌博回来呀，挣了不少钱，在北京给他儿子买了两套房，还心里想，买这两套房都要写儿子名字。为什么写呀？她怕有遗产税。

这是第一个念头。那第二个念头呢？她想：我儿子啊，这好吃懒做的，我给他买一套房，他可以居住，另外一套房就可以出租，收租金就能养他一辈子了。他们两口子就回老家生活了。

你看，这个慈母多败儿啊，这个一点儿也不假。

她见我时，心情非常地悲哀，为什么悲哀呢？他们把房子都落在孩子的名下，买了两套房。他儿子才二十一二岁，竟然也去澳门赌了一把，结果把这两套房就这么赌输了。

我们都知道，澳门赌博是合法的，那你输的钱要给人家还债的。她问我：为什么？

我就讲了：刁里求财刁里消。你们喜欢赌博，你孩子肯定也学会了呀。你这个钱，是偏道来的还要偏道给它还回去，这是你们自己培养的呀。

很多人认为，啊，这也有联系啊？我告诉你，一定是有联系的。行为习惯的潜移默化呀，影响孩子呀，是非常可怕的一件事情。

昨天晚上，一个朋友跟我说他孩子的问题，说了一大堆。

我就回了他一句话，复印件出现问题，一定是原件出现问题了。我说：那你孩子出的问题，不是孩子的问题，是你的问题呀。你孩子自私，因为你自私；你孩子不孝，因为你不孝。

■ 君子不贪不义之财，不是什么钱都敢拿的

你看，我看到范仲淹先生的一段故事啊，让人很感动。范仲淹先生在寺庙里学习的过程中，发现寺庙的一棵树下，埋了一罐金子。他发现以后，又埋在那个地方就没有动。若干年以后他当了宰相，当地要修建寺庙就去找他化缘，他就说了：那寺庙就有钱，不需要化缘，在一棵树下，有一罐金子。这化缘的人一听，回到寺庙，在那树下发现一罐金子就把寺庙修建起来了。

我们想，范仲淹为什么能当宰相？因为君子不贪不义之财，邪财就是不义嘛。

我们在挣钱的过程中啊，我经常在讲：作为员工就要尽到忠，对得起你这份工资，那你这个钱就是正财。你要是愧对了老板，那你这个钱也是凶财，一定是凶财。这个是非常可怕的事情。

我们挣的这个钱，一定要对得起自己的良心，而不是对得起别人。这个是非常重要、非常关键的事情。

赌博只是代表了邪财的一方面。现在除了赌博，卖摇头丸的、卖毒品的、卖假货的、卖地沟油的，早晚都肯定会出问题呀。因为你最终会影响自己坐监狱，影响孩子跟你学坏，最后败家，所以这个是非常可怕的。

你这个钱从违法乱纪来的，你这个钱从骗中来的，你这个钱是坑害别人来的，你这个钱是卖地沟油、卖假货、开夜总会来的，凡是你这个钱，违背了两条路：第一，违背了国法；第二，违背了伦理道德。我告诉你，这个财绝对是凶财，肯定招祸。

那不是开玩笑的事情。那不是什么钱都敢拿的，不是什么钱都敢挣的。

要不我说：凶财是毒蛇。有很多人，有很多企业，有很多官员，最后出现了问题，我们就拿这一条对照，肯定他这个财来之不正。

我们经常在讲：要是这个财不正，我们就是心不正了，行不正了，思

不正了。一旦三不正了以后，福没了，禄没了，寿就没了。诸事难成，做任何事情都很难成，这个是非常可怕的。

▪ "财"字的两种解释

所以古人创造这个财富的财字，他是两种意思。第一，宝贝型的人才。我们作为人，要交往宝贝型的人才，这一类的人才就是良师益友。你看，贝才也。良师能让我们人生明理懂道，益友能让我们少做错事、改邪归正。这是第一个财的解说。

那第二个呢？是内财。内财是什么呀？宝贝儿。谁是我们家的宝贝儿？孩子。把我们家的宝贝儿培养成对这个社会、对世界有用的人才，那你的人生才是宝贝型的人生，你的孩子才是真正的宝贝型的人才。

所以我们这一堂课实际就给大家讲：我们挣钱的时候，一定要从正中求。

你看，我们中国的企业，最出名的同仁堂，三百五六十年了，人家求财就是从正中来的。光同仁堂三个字，大家知道市值多少钱？人家能做几百年，为什么有很多企业做几年就倒闭呀？因为财求的路不同。

君子爱财一定要取之有道啊！

你如果自己很正，行为正，自然能培养出正气的孩子，孩子未来做事，就不会出偏差，对社会肯定是有用的人才。这就是传承呀，是潜移默化呀，道理很明显。

▪ 不能找当领导的亲戚去谋私利

一个地方出一个领导，一县之长、一市之长，作为公民就应该让他全心全意为人民服务，我们不要去障碍他。

如果你的家人或者你的儿子、叔叔、伯伯，你的亲人在当县长、书记，或者是当市长，或是领导人，你更要好好地维护他的形象。不能假公济私，不能打着领导的这种权威，谋己私利，这是不可以的。

我经常在讲：人要做一个真人啊，什么叫真人？

你现在是领导，别人尊敬你，不是尊敬你呢，是尊敬你的官位呢，你误认为尊敬你呢？你现在有钱，别人尊敬你，不是尊敬你，是因为尊敬你的钱。

那什么样的人能被人尊敬呢？为官者能全心全意为老百姓服务，老百姓尊敬你。就像我们的周恩来总理一样。你看，了不得呀，真是了不得呀！

■ 言父母过，损害家庭形象

那小到我们家庭呢？你爸爸是主人的话，我告诉你，一家之主，你不能攻击父亲，你攻击父亲也不对，这叫忤逆。

为什么呢？家里只有一个人要当家呀，你攻击他以后，你在哪儿说你爸爸不好的话，就是把你们家里头的形象，在别人面前给损害掉了。说你妈妈不好，也是把自己家庭的形象就损害了。

所以我经常在说：言父母过，孝心已失。当你言父母过失的时候，实际上孝心就已经失掉了，就是这个道理啊。

■ 看人的缺点，叫犯克，自己克自己

所以，那我们在工作中啊，不能说老板不好啊。老板不好他都当老板了，他要再好的话，那他不当神了嘛。你说你好，你还给人家打工呢，到底谁好啊？

我在广东，一个员工给我讲：我们老板非常愚痴，非常傻。我就问他

一句话，我说：傻人愚痴人都当老板了，我劝天下人都傻都愚痴，为啥？傻人愚痴都当老板了嘛，你这聪明人给人家打工呢嘛，到底谁傻？他一听，有道理。

我们要明白一个人的道。就像我经常在讲：你是聚宝盆，你还是垃圾桶？

聚宝盆是取众人之长，长于众人。看到任何一个人，能在他的身上，吸取正能量的东西这叫相生。

一旦当我们遇到什么事情，见了这个人，遇到这件事，我们看到他的缺点的时候，我告诉你，这叫犯克，这叫吸收垃圾，自己克自己。

你看，夫妻之间，你看你老婆哪儿都不好，我告诉你，你就受她克了。你要把你老婆当皇后，你就是皇帝了，相生了。

你要看见你老公哪儿都不好，我告诉你，你也犯克了，他克你了。你要看你老公是皇帝，那你就是皇后。

这就是反作用力。大家有没有注意，我们的眼球里面看到的都是对方，你看谁，眼球里面就装谁，绝对装的不是你自己。

要不我说：你看，你们两个人站那儿，你对视，眼球里装的都是对方啊，不是装的别人啊。

那你眼球里面既然装他了，要装他的什么呢？装他的真善美，装他的正，装他的善。不看他的恶，他的短处与你没关系。

要不我经常在讲：我们每一个人都有优点，优点是我们该学习推广发扬光大的。我们只有学习了对方的优点，我们才能取众人之长，而长于众人。

可是我们每一个人都并非圣贤，都有短处。我们的短处，是相互提建议，帮助他改正他的短处，让他成就一个完美的人生，这样才不枉费我们见面的缘分。

可是我们每一个人绝对都会犯错误，错误需要我们大家相互包容理解，再帮助他纠正错误。这样，我们才是重情重义的人生，就是这样啊。

▪ 和则相生，逆则相克

人这一生就遇三种人，哪三种人？

第一种，遇到好人干好事。第二呢，遇到能人干大事。那第三种，遇到坏人不坏事就好了。

你遇到好人干好事，你和他和了。你遇到好人，你怀疑人家做好事，这就犯克了。不是他克你，你自己克自己了。

你遇到能人不能干大事，你嫉妒人家，我告诉你，也就犯克了。和则相生，逆则相克呀。

你遇到坏人，不坏事就好了，这就和了。你遇到坏人以后坏事了。那你遇到贼，贼把你偷了。你遇到赌博的，你也赌博了。你遇到嫖娼的，你也参与了。我告诉你，这就克了。所以我们遇到坏人，不坏事就好了。

在所有的人面前，我们要与他和，决定不逆。因为和则生，生则生万物。逆则克万物，一克就不顺。

你如何在反面里找到阳光，这就相生了，你就相生了。

▪ 不出卖国家和企业机密

作为一个公民，我们要爱国，不当国贼，绝对不当国贼，不当汉奸呀。

不出卖国家，不出卖国家机密。我经常看到新闻，有些人跑到军事基地拍照，卖给外国人挣钱呀。丧尽天良啊！真是这样啊，太不应该了。

那对企业呢，不出卖企业的机密。我遇到很多职业经理人，为了跳槽，争取高的工资，把企业的秘密卖给别人。这种例子很多啊，任何一个单位都有。

我们单位也有，所以单位给我们发个小手机，都是单线联络，为啥？

可怕得很，有人监控你了，你里面讲什么话什么秘密，他都知道，他想偷商业秘密。

这是企业之贼呀。这是缺德的，这影响运气的。

很多人不以为然，认为我为了跳槽挣高工资啊。你跳槽，要提升你的能力和你的德行啊，不是拿着人家企业的秘密作为筹码，来提升你的价值啊，那这筹码一尽你不就亡了吗，是不是？

大到不出卖国家，中到不出卖企业的机密，那小到呢，不言父母的过失。这三个，都不要犯。

■ 家丑不可外扬，可以自己忏悔

我们古人讲了一句话，家丑不可外扬，家里所有不好的事情，除非你遇的这个朋友非常知己，他能开化你帮助你改正。要不然，家里的所有的丑事秘密，我告诉大家，不要外扬。你扬了，别人就看不起你家族，看不起你父母，也看不起你。

你自己要说呢，我要忏悔，那怎么办？那把你所做的恶，写到一张纸上，在古圣先贤面前一读。从今以后，我作为中华儿女，坚决不再重犯。那你说一条改一条，说一条改一条。最后把那一张纸烧掉就完了，一忏悔就完了，这也是一种方法，不一定非要给别人说。

除非向自己老师、自己信任的朋友，你可以说一说。

可是呢，家里头的秘密，一般也不能说。

■ 用两年的时间学说话，用一辈子的时间管好嘴

你看，很多人漏财，说自己家里很有钱，实际没钱，被人盯上了，招来杀身之祸，是不是。男的见别的女的，说自己老婆不好，那女的想：这

男的是不是对我有意思呀，说他老婆不好。女的说老公不好，那男的一想：这女的是不是想追求我呀，说他老公不好。你看，就因为这一句话，就容易招来大祸啊！

要不说：我们用一到两年的时间学说话，却要用一辈子的时间管好自己的嘴呀。我们古人讲得好啊，一言亡国一言兴邦啊。三寸不烂之舌，是招祸的源头啊，真的是这样啊。

所以小到自己这个家庭，都不要言过。你言对方的过，早晚对方会知道，世上没有不透风的墙啊，我们要明白啊。

我们呀，很多人的运气，都是从嘴上漏掉的。你看，我们做了好事赶快说出来，让人夸一夸，你看，漏掉了。

我们嘴巴说话尖酸刻薄，得罪人了；这个嘴巴，口无遮拦招下祸了。你看，这个嘴呀，给我们带来的麻烦灾祸，太多太多了，所以我们不能不谨慎啊。

要不很多人就说：我没想到这一个嘴，惹了这么大的麻烦。

我说：说者无心听者有意呀。

▪ 漏国税，影响运气，要发票就是积善

那第三呢，不漏国税。作为一位公民，不能漏国税呀，影响运气严重呀。

我经常在讲：国税分为两种，一种是地税，一种是国税。

你要欠了一个国家的国税，这个国家有多少亿人，这多少亿人，都是你的债主。那要是地税呢，你亏了地税，那这一个地区的人，都是你的债主。

我们要合法经营照章纳税，这个很关键。

那这个漏税，我们最容易漏的地方是什么呀？去超市买东西不开税票也是漏税，包括坐出租车。

你看，我在超市随时买东西，都要发票的。我问了，他没有，那是他的事，与我就没关系了。你要是有这个小票，你不开税票，我告诉你，这个是非常可怕的一件事情！

有时候在超市买完东西，拿着小票刚出来，就有人说：你这小票要不要啊？给我吧，我去补账。这都不能给啊！包括有人在火车站要你的火车票，抵账。这都是助人成恶的，我们不能不知啊！

坐出租车要发票啊，包括坐公交车，你拿钱买票，如果有票，就一定要票，为什么呀？你要不要票，人家都不给你票，那乘务员是不是把钱就拿了呢？这也是贪污行为呀，那他为什么贪污？是你不要票导致的。当然，如果有的公交车无人售票，或刷卡的，我们就可以不要票。

停车场也是一样，我们走的时候交完费也应该要发票啊。你看，这是我们经常犯的毛病。

那小店没有发票那就没办法，你问他，他说没有，他有的是定额发票。

反正，去很多地方买东西，一定不要漏税！漏税的人太多了！我们有直接漏税，间接漏税，太多太多了。

我都已经习惯了，买个十块钱的东西，都要问他要发票。那他没有是他的事情，我职责尽到了，我不要这是我的罪责呀。

你给国家帮助纳税，这是积福啊。国家的兴旺来自于谁，你想想，是不是这个道理。我们全民都不要发票，都不交税，那哪能行啊，那国家还活不活。

国家的税金拿来干什么呀，除了给公务员发工资以外，他的税金拿来修建路了，像孤儿院、敬老院，市政设施、路灯、指示牌，这都是税钱所修啊。

要不我说：要发票就是积善。任何一个地方，你快餐费也可以要发票啊。

所以很多人在这个上面犯毛病，漏税。我们大家一定不能不要发票，也不要把你购物小票乱给人，不能把不用的车票给他，他拿去都是套国家的钱去了。你说不定就在这儿影响你的运气了。

我们过去都不认为这是恶呀，认为无所谓。这个就错了，这对我们影响是非常大的！

▪ 子女有钱，怕父母花，藏着掖着，也叫偷税漏税

那第四呢，不犯国制。制是什么呀，规章制度包括地方法规。小到公司的制度，还有我们的家规家风，你都不要违反他，违反真不好啊。

那偷税漏税呢，除了国家的层面以外，在企业里面也是这样，一定要注意。买什么东西要有票据。

那在家庭呢，那家庭的偷税漏税是什么呀？作为子女有钱，怕父母花，钱藏着掖着，老说自己没钱，这也叫偷税漏税呀，这叫亏孝啊！

大到国家法律，小到地方法规，包括我们家庭的家规，违反了都会影响我们。

要不我说：把这些东西呀，详细地给大家讲一讲，大家可以对照，我们都在哪儿错了？人家顺在什么地方，我们逆在什么地方？

▪ 和万物顺，人就顺

我讲的课，与什么八字相克，属相相克是不一样的。

我讲的，要想不克就要和。员工对老板尽忠，和老板就和了，老板对员工尽义就和了。父对子尽慈就和了，子对父尽孝就和了。所以这个和呀，是非常重要的事情。

我们在人生道路上，你想想，你有没有在犯克。你谤国主就犯克了，你毁谤你们的村书记也就犯克了，你毁谤你爸妈也犯克了。你一毁谤他的时候，和他的场能就散了，不能和，你可能就受他克，受他制约呀。你看，夫妻不和就克了，父子不和就克了，老板员工不和就克了。我们在生

306

活中，不能犯克，你受克就受约束。

那我们人要想顺利的话，就和万物要顺。

▪ 我们想别人是小人时，别人也认为我们是小人

那第二十——思害他人。我们脑海里面思害他人，天天想着害人，嫉妒、怨恨、仇视。

我们害人，天天想着别人是小人，老想着自己好像是伟人一样。实际当我们想别人是小人的时候，别人也认为我们是小人。我们要把他认为是贵人，我告诉你，你内心世界把他变成贵人，他真就是你的贵人。一定要思人恩德，想人好处，这个是非常重要啊。这是第二十。

第二十七集

扬人之善隐人恶　千年暗室一灯明

▪ 扬人之善，隐人之恶

第二十一条——扬人之恶。扬人之恶也影响运气呀，什么叫扬人之恶？经常说朋友不好，扬别人的过错，不能从他的恶中吸取教训。

我经常在讲：当一个好人来到你跟前，可能让你向他学习，也当个好人。当坏人来到你的跟前的时候，让你别向他学习，不然你就变成坏人了。

你之所以是好人，就因为人家有坏人，你才成得好人啊。好人是坏人成就的，要没有坏人你怎么能当好人啊，我们要想想这个道理啊。

所以我们要随时随地，要扬人之善，隐人之恶。他的善是我学习的榜样，他的恶是警示我，不要像他一样做坏事。我们在里面要吸取教训，吸取营养，帮助我们，这个很重要啊。

所以，心里老起这种恶的念头不对，扬人之恶是不好的，天天说人不好，不要把自己变成垃圾桶，要思人恩德想人好处啊。

▪ 千年暗室一灯明

思人恩德想人好处，聚光呀。那聚光有什么好处呢？光则上扬，招财招贵。光是上扬的，所以这个光的力度是非常大。

我看到一个故事，一个国王给三个女儿讲：有一个房间，我给你们一笔钱，你们用钱买东西把这个房间给我装满。

大女儿买成棉花，花那么多钱买的棉花，总有角落没有装到的。二女儿买成粮食了，也有上边一点地方装不满。三女儿有智慧呀，点了根蜡烛，满屋子充满光了。

那我们想一想，我们这个内心世界装什么了，你是装阳光还是装棉花，你还是装粮食，你还是装垃圾，你还是装大粪啊。

我们想想，你装阳光那温暖别人啊，你要装大粪呢，你走哪儿臭哪儿啊。

实际我们学习，无非就是要给内心世界装阳光，照亮他人。那这阳光首先要把自己温暖了，你的内心世界里面要聚光啊，光则上扬，招财招贵呀。

财是钱的意思，贵是人的意思，财与你和了，人与你和了，那首先是你自己与自己和了呀。所以我们古人讲：天时不如地利，地利不如人和呀。

大家一定要像那一首歌一样，太阳当空照，照到我们的内心世界去，用阳光充满它。

你再看你的家庭，千年黑洞，一朝亮啊。你看，就是一个千年黑洞你跑去，点一盏灯就全部亮了。

那我们的运气如何设计？就像千年暗室一灯明一样，我们在任何时间都接收阳光，这个是非常重要的事情！

所以我们每一个人，在工作中，别人骂你的时候，别人攻击你的时候，侮辱你的时候，我们怎么办？视而不见听而不闻，我们不接招。现在很多人爱接招，丈夫一骂，你一接招，你看，对骂了，打起来了。同事之间产生矛盾也一样。

智者不辩嘛，是不是？我们智慧，我们不用辩就完了，辩它干什么呀，没有任何意义呀，是不是？

我们经常犯毛病犯在无用的争辩上。你看，家里人，夫妻之间，跟父母之间，朋友之间，无用的争辩，就要争个你对了，他对了，有啥意思？不争吃不争喝的还损伤感情。

■ 杜绝和垃圾人来往，不要受垃圾侵害

我们要杜绝和垃圾人来往，不要受垃圾侵害。

你看，很多人被人把命要了，就是招惹垃圾人了。惹不起能躲得起，我躲开他就完了。有很多人在外面旅游被人捅死，什么原因？招惹了垃圾人。

我们开车的时候也能感觉到，别人一插队，你心情不好了，这也是跟垃圾人生气，他还不知道。你让他一让，又何妨。你反过来一想，他们家是不是有病人啊，他急着找医生啊，就完了嘛，生不起气了，是不是，那他插队怕啥。

所以一定要明白，不要扬人之恶，不接收一切负的能量。

我们不接招，一切阳光的东西，真善美的东西我们全盘接收。一切阴暗的、负能量的东西，避而不拿，我们把它规避过去。

要不很多人说：秦老师，你用什么方法？我说：我告诉你，人这耳朵是通的，很多人给我倒垃圾，他倒过来以后，我东耳朵听，西耳朵就出去了。

我在他倒垃圾的过程中，还在吸收能量，我不要犯和他同样的毛病，我一定不会向别人倒垃圾。那没有垃圾可倒，我只倒正能量的东西。耳朵

就是通的呀，我们要懂得，我们要清楚啊。我们现在很多人，抓住垃圾不放，很可怜呀。

很多人一说：我和他生气把我气得要死。

你看，你和人家生气把你气得要死，你到底在和谁生气？你本来就和自己生气呢，还找一个借口说我在和他生气。活该嘛，那死了白死嘛。

所以不接收负能量的东西，一定不要扬人之恶。

▪ 我们给自己内心世界装了多少垃圾

一旦我们的内心世界失和了、犯克了，就容易生病。我们经常讲的，肝气郁结呀，你是生气把肝气郁结了嘛。

心力憔悴，心用力太过了，心力憔悴了。肾气不足，你生气了把肾气伤了。

胃气不和，我们人都知道，身上是气血，气为阳，血为阴，气为血母，血为气帅。气是上升的，我们把这个气没有上升上去啊。

你自己首先克了，你一克运气就不好了，你挣钱就辛苦了，你就遇小人了，你身体也不好了。

错在我们老心里想人之恶，想人之恶，嘴巴把别人之恶就扬出来了，这叫什么，倒垃圾。

我记得我在弘燕市场那个地方，一个朋友跟找止在说话，我说：你看，垃圾桶来了。他说：垃圾桶在哪儿？我说：马上过来。你不信咱俩坐这儿，她能倒几个小时垃圾。

果然，她坐那儿以后就开始，说父母不好，偏袒哥哥。接下来说丈夫不好，一天在外面喝酒不顾家。说孩子不好不听话。说老板不好。坐那儿整整说了三四个小时。

我说：你看，垃圾倒来了没有，是不是垃圾桶啊。我这朋友一说：这是个大垃圾桶啊。我说：她这个垃圾是没有实质的物体，要有实质物体呀，我这几十平方米的房里都装不下呀。

我们大家觉不觉得累呀，我们的内心世界，我们给自己装了多少垃圾。你这种垃圾要是能形成物质，我告诉你，你所住的地方，你所到的地方，无处不是臭气熏天呀，可以说比厕所还臭。我们天天背着垃圾，到处跑还乐滋滋的，还美滋滋的，我们错了。

所以心里装人之恶，想人之恶，嘴巴扬人之恶，把我们内心世界的光明毁掉了，我们的运气衰下来了，我们倒霉了，我们不好了。很多人犯这个毛病。

▪ 除了三岁小孩，现在人很少看到真正的微笑

要不我经常在讲：我这人最大的好处，就是在任何方面，我都能给自己装阳，绝对不装阴。那你装了阴以后怎么办？装阴以后，就会招病招祸。

有人说：秦老师，你知道他为啥可怜？我说：为啥可怜？他说：可怜之人必有可恨之处。

我说：错了，你把这个词改改。改成可恨之人必有可怜之处。你看，不一样了。他为啥可恨啊，因为他可怜才可恨嘛。

你看，同样是一句话，词的前后用的不一样，一个是吸收正能量，一个是吸收负能量。

你说：可怜之人必有可恨之处。他为什么可怜？因为他可恨，所以他才可怜，证明他活该嘛。

那你反过来一想，可恨之人必有可怜之处。他虽说可恨，因为他可怜所以可恨，你要可怜他。词一变意思立即不一样了。

你看，古人和今人的区别在于，古人争罪，今人争理。古人哪儿有问题都是怪自己，我自己没做好。今人是把责任推出去，老说自己好，光说别人坏，这个就错了。

　　所以我们大家，一定要明白，随时随地把自己的心态调整，变成阳光型的心态。让我们笑得真的是非常灿烂呀。要不我说：真正的微笑，是笑像元宝，招财招贵。

　　可是大家现在很少看到真正的微笑。还能在三岁以下的小孩可以看到，那笑啊真是灿烂啊，给个糖都笑得那么开心。

　　我们现在成人的笑啊，都是皮笑肉不笑。要不笑比哭都还难看，要不就是笑里藏刀，你看那个笑啊，都复杂得不得了。

　　所以，我讲这一段就是改变运气命运的密码呀，真的是这样。你如何改，让我们内心世界里面装一根蜡烛，烛光照满各个角落。不要装垃圾，不接收负能量，在一切负能量的过程中，我们能吸取他的精华，这是非常了不得的事情。

▪ 扬人之善，不做忘恩负义之人

　　好，刚才讲到扬人之恶。接下来是隐人之善，这个也是人容易犯的毛病。

　　我在网络上也发现，有人转载别人的文章，给人家稍微一修改就变成自己的了，这也是隐人之善啊！

　　我记得我发过一些文章，有很多人就擅改内容，我就在下面加一句话，请大家尊重原著。这个很关键。

　　隐人之善，别人本身就有善事、有善德，我们故意给人家隐瞒了。很多人在做很多善事的过程中，故意为了显示自己，而把别人的善给隐瞒住了，这样是不对的，一定要滴水之恩当涌泉相报，我们要常记他人之善。

　　我们现在人犯的毛病是什么呀？忘恩负义，最容易忘别人的恩。用着人的时候脸朝前，用不着人就脸朝后了，翻脸比脱裤子都快。真是这样，可怕得很啊！

　　小地方最容易碰到这种情况，你看，这人还在台上当领导呢，一说明年要退休，今年去拜年的人都变少了，这个是非常可怕的一个事情。

　　我经常在讲：人要积德行善，厚德之人，是人品影响人让人尊敬，不是钱财让人家尊敬你，也不是你的职位让人尊敬你，所以一定要积德。

　　我们都知道，孔老夫子被人尊敬的程度是超过历代皇帝的，真的是这样啊。你看，历代皇帝无非就是历史上记载某某皇帝，无非国家治理得很好，是不是？你看，我们知道唐朝最出名的李世民，无非就是一个皇帝而已，无非就是个历史人物，他和孔子怎么比呀。孔老夫子是精神导师啊，是全世界人的精神导师。你看，他的影响，他被人尊敬的这种程度，超过历代皇帝。所以，我们不要明知故隐，一定要赞人之德。

　　这个人哪怕做了九件坏事，有一件是善事，你都可以把他这件善事多讲、多夸赞。久而久之，他这个善足，恶就隐了，就是这样啊。我们一定要扬人之善，不能隐人之善。我们在网络上转载一些老师讲的东西，一定要注明来处，不能把人家的东西据为己有，这样是不对的。

▪ 调节自身气场才能与万物相和

　　那二十二条，弃法受贿，也影响运气。我们置国法于不顾，弃法就开始受贿了，导致我们运气出问题，还影响子孙，这个也是非常可怕的事情。

　　所以我讲的就是这几十条主要的行为思想，对人的运气的影响。

　　古人有一句话说得好：天时不如地利，地利不如人和，人实际是主导天时和地利的。

　　什么叫克？克就是不和，什么叫不和？你偷东西他不偷东西，那你们怎么能和到一块儿？一个是正一个是邪呀！

　　善善相应，恶恶也相应啊！你看，贼认识的全是贼，贼与贼相和。为啥？因为他都是贼呀！有共同的恶习。善善相吸，你是善的他是善的，《易经》上说：物以类聚，人以群分。我们如何调解自己的心，与万物和？

　　我说：我们把自己变成阳光，吸收所有人的阳光，和他就和了。所以弃法受贿，它无非也是表达一个正与邪，对我们人的影响比较大。

▪ 夫妻之间纵欲过度，损阴阳

那二十三条，是我们人也比较容易犯的，淫欲过度。夫妻之间也不能淫欲过度，夫妻之间淫欲要避开：双方父母的生日、自己的生日，祖宗去世的纪念日，像清明、冬至、十月一，这都是要避免的，不能淫欲过度。

现在很多人，因为淫欲过度才导致找小三。

过去人挣钱，挣钱干什么呀？挣钱为了上养父母，中对家人负责任，下给子女提供一个好的教育平台，让孩子成才。

现在人挣钱拿来干什么？拿了有用之财做了万恶之事。男人有钱把老婆换掉，女人有钱把老公换掉，要不就是男女双方互在外面找情人、找小三，这种例子特别多。还别说小三呢，现在连小四、小五、小六、小七都出来了！我们看完以后都非常悲哀啊！

我碰到一个老板，一交往就是六七个。我就说他呢，我说：你是公猪配种啊！淫欲不能过度，连夫妻之间的淫欲都不能过度，何况你在外面乱找。淫欲过度以后，男子损阳，女子就损阴。

▪ 身体是个小宇宙，人与五的关系特别重

第二十四条，懒惰，懒惰也影响人运气呀！

很多人不明白，我经常在讲：人不能太懒，懒以后阳不正。为什么说一年之计在于春，一日之计在于晨，古人这两句话有深刻的意思呀！一年的收成在于春天，一日之计在于早晨。

你这五脏要是对人产生怒、恨、怨、恼、烦，那你这五脏就会生病。我们的身体是个小宇宙，你看，我们的人身上与五的关系特别重啊。

你看，我们的手指是五个，脚趾是五个，包括我们磕头的时间都是五

体投地，这个五体投地就是两条胳膊，两条腿，加额头全部挨地，这叫五体投地。

人有五脏，有五官，人生圆满就是五福，人与五有非常大的关系。

▪ 五脏六腑有它的休息时间，晚上是天地给人体充电

那我们这个人身体既然是一个小宇宙，那我就讲：你一个人好了，就好一个宇宙了，一个人坏就坏了一个宇宙了。那我们不能懒，日落而息，日出而起，我们要顺应太阳的作息方式，这叫符合自然了。

你看，现在很多人，晚上不睡觉早上不起来，阴阳颠倒，折运、折寿啊！当起不起，当睡不睡，阴盛阳衰呀！人就得病了，运气就不好了。

要不我经常劝很多朋友，五脏六腑有它休息时间呀。你看，中医给我们讲了，子午十二流注，每天的十二个时辰是对应人体十二条经脉，环环相扣，十分有序。你该让他休息的时候就要休息，你今天没休息，明天没休息，时间长了就致病了，运气就不好了。

所以我们不能懒惰，懒人啊最易倒霉。很多人给我就讲：这懒又没做什么恶，为什么倒霉呢？

我说：因为当行运时，你在睡觉呢，当充电时，你又在熬夜呢。

晚上实际就是天地给我们人在充电，给你的五脏六腑充电，让它充分地休息，是让你的八万四千细胞得到充分充电的过程。你要是不让它充电呢，就有问题了。

▪ 饮食也是充电，一方水土养一方人

给人体充的电分为三种：

第一种呢，就是天地给我们充电，白天的太阳照射。第二种，月亮、

风、火、水对我们的影响。那还有一种充电，就是食物的充电。

你看，我们吃食物，大家可能还不知道，南方人爱吃北方人的食物，也影响运气，北方人爱吃南方人的食物，也影响运气，很多人不知道。

要不我经常在讲：古人讲啊，一方水土养一方人，那你肯定要吃你当地产的东西，当季的东西，现在人病为什么这么多啊？为什么运气不好啊？就是不能顺应，不能入乡随俗。我看到一个报告，说中国十亿人亚健康，我就知道是饮食出的问题。你是南方人，你非要经常吃北方人吃的东西，你是北方人，你非要吃南方人的东西，那肯定不养你呀，你的底子不行啊！是不是？

我们看一看，海边经常住的人，人家吃海鲜没问题。可是我们没在海边经常住，我们要吃海鲜就受寒，得痛风，我们还要喝姜水，要把寒去了。你就受它害，可是他不害怕，为什么呀？就因为他在海边生长，他的父母也吃海鲜，祖先也吃海鲜，按咱们现在社会讲，他就是这种基因，他的基因已经适应了那种食物链的环境，你还没适应，这就是我们中医讲的水土不服，真是这样。

所以，我们现在人得的病就是什么？水土不服病！

▪ 日落而息，日出而作，符合天道会长寿

为什么说懒惰导致人运气不好呢，就是我们要日出而作，日落而息，我们顺应天时，那运气就很好，就容易长寿，运气就会顺利。为什么呀？这是符合天道的。

所以，我们人这个身体有自我调节能力，不能懒惰，人一懒惰以后，孩子跟着你学，最后变成"啃老"族。你看，现在很多人都说：孩子"啃老"，不挣钱呀！老指望着花爸妈的钱。是什么原因？就是懒惰导致的。

该睡不睡，该起不起，阴阳颠倒。所以你要这个孩子，该养你呢他不养你，他反而"啃"你，懒惰也招祸啊！

所以我有个习惯，九点半以后就睡觉，早上五六点钟就起来，我一定要照这个方式去做。很多人说：秦老师，你气色这么好。我说：肯定的嘛，我是随着日出而起、日落而息的这种规律的。

▪ 晨不起，脑袋则愚；夜不睡，运气则衰

要不我说：人要想长寿、心想事成、运气要好，除了各种原因以外，一定要顺应天时、顺应太阳、顺应气候、顺应环境，该热则热，该寒则寒，四季分明。让我们这个人呢，适应这种环境。

懒人非常可怕，晨不起，脑袋则愚，夜不睡，运气则衰。你看，你晚上不睡运气衰了，那个时间，天地给你充电，充不进去。

▪ 夜宵要少吃，吃多了得肠胃病

你看，现在很多人吃夜宵呢，那夜宵哪能吃啊。

晚上胃要休息，你非要给它塞满满的，它休息不了，肠胃病人特别多啊，就这原因导致的。很多人还说：喝这吃那排宿便呢。我告诉你，宿便都是饮食不规律导致的，积聚了。

你的身体是非常精密的仪器，它完全可以自愈，适合各种环境。你看，热了它会出汗，把热量排出去，是不是？可是我们很多人没有顺应天时，没有顺应自然之理啊。冬天穿棉衣，夏天穿短袖，这就是顺应天时。

▪ 运气坏的人多吃土豆、红薯，接地气

我们尽量在吃东西的过程中，不吃反季节的东西，要吃当季之菜，当

方之菜。你看，这不光是养生了，人运气也好了。

我经常在讲：运气坏的人多吃土豆、红薯啊！很多人说为啥？我说：接地气呀！

现在人经常都在水泥里包着呢。你看，我们住的楼房，水泥的嘛！坐的车，是不是？铁包着的，走的路水泥的，哪能接到一点地气呀？接不到啊！

地气是夏天散发，冬天内藏。你看，我们冬天把土翻上来，土都冒烟呢！它夏天是外泄，你看，夏天，我们去地下室特别凉快，冬天去地下室就热，大地它是有调节温度的作用的。

▪ 顺应太阳的作息，人生得阳光照耀

所以，人一定不能懒惰。

要不很多人说：哎呀，这个懒惰还能影响运气呀！就是因为不能顺应太阳的作息。人一定要顺应太阳的作息，你人生才能得阳光照耀。

我们古人讲勤俭持家呀！一定要勤快，早上不要贪睡。为什么呀？人活一百岁你算算，三万六千五百天，谁敢保证？别说保证活一百岁，谁敢保证你今天在这儿坐着，你明天早上还能把鞋穿上？都没办法保证啊！

生命无常啊！是不是？我们早睡早起身体健康多好，我们懒睡一会儿，对自己自身影响还是蛮大的，没有必要的，懒惰影响人的运气。

第二十八集

娶媳妇踩婆婆脚　以暴制暴不可取

▪ 奶奶性格暴躁导致我的家族惨祸连连

今天我要给大家讲影响人运气非常关键的一个因素，除了自己家的祖坟、住宅、生辰八字、属相以外，还有一个非常关键的因素就是人。

我们都知道古人讲：天时不如地利，地利不如人和。

可是，我们可能都不知道，人和主要建立在谁的身上？

实际，人和是建立在女人的身上。古时候，我们大家就讲，女子对家庭影响是非常大的。

所以，第二十五条，女人一生不柔顺是全家之祸。

我也是近几年领悟这个道理的。不是在别人家发现的，还是在我们家发现的。

我这人，不管遇到什么事、什么人，我都会研究：这个人为什么短命？为什么发财？为什么出事情？为什么命贵？

人家都说小朋友喜欢问十万个为什么，实际我的问题比十万个为什么还多。我对很多事情，找不到根源是不会罢休的，这种念头是比较重的。

　　我在我家里发现什么呢？因为我自小是跟奶奶长大的，奶奶对我是非常疼爱，但是，我奶奶的性格就是暴躁。暴躁到什么程度啊？我看到她和儿媳妇对打。

　　其实，我奶奶有六个孩子，两个女儿，四个儿子。我爷爷因为对祖宗非常地惦念，就让我大伯回到了祖籍，顶了我大爷爷的门户。因为我大爷爷家里人都被日本的炸弹炸死了，等于那一家是绝户的。下来就是我爸爸，我父亲是老二。还有我的三叔、四叔，还有两个姑姑。

　　我们家庭的这种状态很可悲。大伯家稍微好一些，因为家里有两位党员，还是公务员。其中有一个堂妹，和我年龄一样大，还是个官员，在政府机关。由于她是女孩子，嫁到别人家去了，所以受到我们家族的影响都是很少的。不像男孩子，受影响很大。

　　我爷爷去世，我大伯不知什么原因就没回来，包括葬礼他也没有参加。所以，我一直把他家的问题归结在亏孝上。我爷爷刚去世，他儿子就因为犯法被抓进去了。爷爷是正要过三周年，他儿子就出来了。正好就是我们古人讲的，老人去世要守孝三年。在守孝的这三年里面，我堂弟等于是在监狱里待了三年。这是我大伯家的情况。

　　我们家呢，应该在父母辈里面算最好的。在我的印象中，我父亲和我母亲就没有在一块生活过，只要在一块就是打架。我父亲又赌博，又不顾家。我妈经常挨打，所以，就不会在家里待。我们家是姊妹三个，大妹妹从小就跟妈妈走了，我和二妹妹在家里。所以，我们家里按现在来看，我们姊妹三个算是过得最好的。从我奶奶算起来我们是第三代。

　　我三叔家更凄惨。妻子因车祸去世，我堂弟得了肾衰竭，大学刚毕业，工作一年就死了。等于我三叔家是妻亡子亡。就是这样一个家庭。

　　我四叔家里是家破人没亡。为什么说家破呢？现在我四叔人在哪儿我都不知道。我爷爷奶奶去世，我四叔都没有参加葬礼，包括尽孝就更没有了。

　　我四叔应该是两个儿子，据说：我四婶跟我四叔打架以后回到娘家，小儿子被卖掉了。大儿子呢，在他一岁多的时候我好像见过。我现在都三十五岁了，后来再没有见过我这个堂弟，他应该也二十多岁了。好像是前年我父亲跟我说：四叔家儿子来找我，说他结婚需要钱。我爸对他说：伯这儿也没钱，就给了他十袋小麦让他拿去卖了。谁知道过了不久，我姑姑给我打电话，问我认识人吗。我说：怎么了。她说：你四叔家孩子犯事了，被公安局抓了，可能现在还没出来。

我大姑可能家庭情况好一点儿。大姑家是两个女儿没儿子。当时想要儿子，结果做 B 超检查是女儿，就打胎了，可奇怪的是，打胎打下来发现是儿子。因为这一件事情也就没要到儿子。

我小姑等于嫁了两次人，第一次要了个女儿，第二次嫁这一家要了两个儿子，但是她把小儿子卖掉了。我去年帮助我小姑，让她又回到了她的前夫跟前，因为还有个女儿。我又帮助她把房子盖了，因为她家里太穷。

我一直在研究我们这个家族，为什么会有这样坎坷的命运。我最后总结出来，除了亏孝以外，最深层次的一个原因就是——女人一生不柔顺，这个根源错在我奶奶身上。

我奶奶去世都十几年了，按理说我和奶奶的感情是非常深的，我不应该去说她。但为什么这么说呢，因为我觉得这是一个非常严肃的问题。

▪ 女人不柔顺，克父母克丈夫克自己

我经常讲女人在运气学里面被称为水，在命理学里面被称为运。女子要是一生不柔顺啊，运就会着火。脾气暴躁，水就会被烧开。一旦性中有火，水被烧开，她是克子女的，她这个克会克得子女家破人亡。这是对下克。那对中克呢？克丈夫、克自己。对上她还会克父母。

所以，我这一段讲的女人一生不柔顺，是会严重影响命运啊。很多人可能不理解，无非就脾气大点儿嘛，这有什么呀。

我经常在讲：什么叫女人？我们一定要明白，女子出了位就不是女人了。女人因为有男人才叫女人，女人要没有男人的话就叫寡妇。我们要明白这个道理。

我们古人讲天地，天是乾卦，地是坤卦。乾是代表男子，坤就代表女子。为什么呀？因为大地能生万物。所以，古人就讲到，女人是人的来处。我们都知道全世界的人都是女人生的，女人是人的源头。那一个家庭呢，女人也是源头。这个源头要出现了问题，我们想一想这个家里会发生什么样的事情。

我讲的克呀，是失和克。你一失和就克，你要和的话一定是不会克的。

我就研究我奶奶，我们这个家族。你要论缺德吧，也没缺德啊，祖上四五代以上还有人出家，积了很大的德。我爷爷参军，又参加平津战役、华北华南解放运动，又是离休干部。那为什么家族出现了这么多问题。是坟地出问题了吗？还是住宅出问题了？最后我把它归结到是女人出问题了，真的是女人出问题了。

古人讲：娶一个好女人旺三代呀。其实，不是说旺三代的问题，我经常在讲：娶一个好女人可以旺千代。

那女人为什么有这么大的力度呢？就是因为女子其中有一漏。哪一漏呢？女子不能当家作主。

为什么说女子不能当家作主呢？我们都知道女大当嫁，女人一大肯定是要出嫁的。女人是双重身份，生在娘家，葬在婆家。我们都知道有一句话：活着是人家的人，死了是人家的鬼。我们就知道女人的特殊地方在哪里。

我们整个家族受克来自于我奶奶。那我奶奶是有心想克家族吗？不是。她犯的毛病就是不能当好女人之位。

■ 娶媳妇踩婆婆脚，婆婆脾气差，四个儿媳妇脾气都差

这一块讲的女人一生，从什么地方定她一生呢？从她出嫁以后步入婆家，这属于她的一生了。

女人要柔顺，那不柔呢，就是性格不柔。柔是性格，顺是顺从。柔是针对自己的，就是说女子的性格一定要像水一样。

我经常讲：女子性柔如水是旺家之兆。女人要是性格非常地柔和，这种女人是全家之宝。因为女人如水。水的特性是什么呢？水能和五色，红的、蓝的、绿的，水都能把这个颜色给它调和了；水能和五味，酸的、辣的、甜的、苦的、咸的，水都能把它给稀释掉；水能润万物，为什么能润万物？我们想想地球上所有的植物，包括我们用的金、银、铜、铁、锡五金，哪个缺水都不能生成啊。

这也是女人的特性，能和五色、调五味、润万物。

所以，我在我们家族子女受报的过程中，就想到了这个深层次的原因。

那是不是怪我奶奶呢？其实，不是我奶奶这一代女人出问题了，我们家族可能上几代女人都出问题了。

我们经常讲一句话：娶媳妇踩婆婆脚。这一句话过去我不理解，现在我明白了。因为我发现，我太太跟我妈只要一待久，身上的气息、性格立即和我妈就非常相近。所以，我最怕我老婆跟我妈待一块儿。

我妈有个毛病，别人看我的书能看出道理，我妈看我的书是要找毛病。我妈说：你看，他这一句讲得很好，但他好像还没做到啊。她这么一说，我媳妇也会翻书把这一句找出来。

我有时候就说：我怎么看你越来越像我妈啊。

我最后才知道，我们秦氏家族为什么能遇到我奶奶，因为我太婆性格就不好。我问我们村子人才知道，我太婆脾气不好，遇个我奶脾气更不好。我奶那个时间跟我太婆也对打，所以，我奶和她儿媳妇也对打。

她遇的四个儿媳妇，没有一个好脾气的。这就应了《易经》上讲的一句话，"物以类聚，人以群分"。

我们把家庭的一幕，在你的脑海中像演戏一样回想一下，你就会发现，你家庭现在演的这一幕，实际上几代也演过，到你这儿，只是不断地重复再现。

所以，我发现了一个秘密：真正的孝顺，是子女不要在自己身上重演父母的缺点。这才是真孝顺。你要真能做到这样，首先就把家族的这种命运在你手中就掌握了，把上几代的这种恶就止住了，不会再传下去。

▪ 对脾气暴躁的女人，只能用感动，不能以暴制暴

所以，女人一生不柔顺，对家里是非常可怕的。那作为男人，你遇到了这个女人，脾气很大性格不好，你要怎么办呢？去感动她。只能用这种方法。如果以暴制暴，不解决任何问题，只会怨上加怨。所以，只能用感动的方式去对待。

你看，在我们家族，爷爷本来居的是南方火位，男子位，奶奶本来居的是北方水位，女子位，可是我奶奶出位了，等于她夺了我爷爷的位，水跑到火位上面就导致克。那把谁克了呢？把自己克得早死。

我奶奶六十七岁去世，听说好像是跟子女生气喝药自杀的。这是她自克。而且没喝药之前，她就已经得了半身不遂、心脑血管疾病了。

你看，这个怨恨啊，是非常可怕的一件事情。她的性格就犯了三克，上克父母、夫妻对克、下克子女。

▪ 男子女子要各居其位，出位则克

所以，女子对一个家庭的影响是非常大的。以前我去监狱看到很多年轻犯人，这些人大部分都受父母之克。一般不是女子出了女子位，就是男子出了男子位，都不能在自己的位上。所以，不能生万物。就像我讲的一样，男子和女子你如何更好地去相处是非常重要的。所以，女人一生不柔顺呀，是一家的大不幸。女人性格不柔顺呀，是子女一辈子的大不顺。女子的性格不柔顺啊，是自己一辈子的大不顺。

有很多人说：秦老师，这是不是有压迫女子的意思？

不是。女人要想幸福一定要归到本位，男人要想幸福也是一定要归在本位的。男人和女人性别不同，在一个家庭分工也不同。可是现在天时不

一样，男人能干女人的事情，女人也能干男人的事情，可是有一件事情还是干不了，男人不会生孩子。女人会生孩子，体现了女子的伟大之处。

那女子呢，一生一定要柔顺。这个柔顺是非常重要的。我们这个家族就是因为女子不柔顺传了几代，在我母亲这一代，她妯娌四个没有一个好脾气的，严重的都把自己克死了。其他这几位，家也都破了，虽说人没亡，但家破了。在我的印象中，我都快三十五岁了，我父母在一块，连年都没过过。他们在一块不是打架就是打架。我们都知道人家过年要贴对子、贴门神，我们家里面从来没见过贴对子、贴门神。

我妈性格暴得很，我奶奶性格也暴，她的婆婆性格也暴。她们的性格全都没有站在自己的位上，所以，女人一生不柔顺是全家的大不幸。

■ 女子在娘家要做到性如棉，多干活，少花钱

就像我刚刚讲的一样，女子要像水一样调五色、和五味、润万物。女子如同一所大学，了不得呀。

你的丈夫、你的孩子是什么样，就能体现一个女子的德是厚还是薄。

为什么这么说呢？古人讲：女子能相夫教子。你能不能相夫、有没有能力相夫、有没有能力教子，这个是很关键的。

那女子相夫的能力从哪里来的？实际是从娘家来的。女人在娘家的时候称为女儿，父母的女儿。那做女儿的时候呢，性格一定要像棉花一样。也就是说女人在娘家的时间要性如棉。为什么古人把女人在娘家时候的性格定成像棉花一样呢？因为女儿是爸爸妈妈的小棉袄，让父母穿着你是暖的。你又是洁白如玉的，又能纺成线，线的真正的作用就是缝合的作用。你如何缝合，这个很重要。为什么要合呢？我们都知道，嫂子和大姑子关系不好，或者和小姑子关系不好，实际就是女儿在娘家的时间就已经失和的缘故。

女子在娘家要做到性如棉，多干活，少花钱。为什么要多干活呀？你

要把你母亲所有的德能全部学会，这是技术问题。你要是把你妈妈的手艺、所有的活计都能学会，那你出嫁才能扬娘家之德。这是第一。那为什么要少花钱呢？少花钱实际是节俭的意思，要勤俭持家。

我们古人讲：一个家庭，女子要是能做好勤俭持家，那这个家庭再坏也坏不到哪里去。要是女子不能做到勤俭持家呢，这个家再好也好不到哪里去。所以，这是非常关键的两点，在娘家的时间一定要学好这两种本领。

除此之外，还要学父之德。我们古时候都讲女子要三从，首先就要在家从父。学父之德就是要把你父亲的优点学会。还要把母亲的做饭啊、针线活啊也学会。但现在不需要了。我们都知道天时变了。现在商场特别多，随便出去就能买衣服，所以，女人也不用缝衣服了。

那我们可以改一改，作为女人，是不是可以周六周日在家做饭啊，把父母好的厨艺传承下来。现在不是流传一句话，叫"要拴住男人就要拴住男人的胃"。所以说，做一手好菜也是非常重要的事情。我们要学会古为今用，这实际是很关键的。再比如，女子在外面给丈夫选衣服，也要能选得比较合体，这也算是古为今用。

■ 做媳妇，在婆家要上得厅堂、下得厨房

那学了父母的德行和能力，这女子在出嫁以后，就给人家当媳妇了。这个时间你要是在你婆家，如果能上得了厅堂，下得了厨房，那你的婆婆就会对你另眼相看，一定不会难为你。婆媳关系一定是会非常好的。

婆婆和媳妇产生矛盾，实际就一种原因，婆婆怕把她儿子交给你，结果你照顾不周，吃不好、穿不好。所以，就会随时监督看看，这媳妇干啥呢，看看媳妇做的饭怎么样啊。结果一看，媳妇做的饭这么难吃，她肯定不乐意。那要是媳妇去外面买饭，婆婆又会觉得这媳妇不会持家。所以，一般情况下，婆婆生气就是因为媳妇不节俭、不会做家务，才会

产生不满。

今天也巧了，我今天讲女人一生不柔顺的恶果。昨天下午就有一个没见过面的朋友给我打电话，她说丈夫跟她领结婚证一年了，就是没举办婚礼。而且她婆婆和公公极力要求儿子和这个儿媳妇离婚，就说媳妇好吃懒做、性格不好。

我就对她说：做好你自己。她还很聪明，说知道自己没做好。我说：你不知道，你要真知道，就改了。她说：你一说，我真知道了。我说：你要真知道，那可能就不会离婚了，实际婆婆和公公对你产生的矛盾就是这两点。

现在，我们都知道地沟油问题很严重，你要能在家里做得一手好饭，那婆婆肯定感恩戴德。哪个父母不心疼子女的身体，再加上家里吃饭又省钱，饭菜又好又干净。所以说，你在娘家学会了勤俭，并且能上得厅堂、下得厨房，那你在婆家肯定没有婆媳问题。

▪ 女人要是有好厨艺，男人肯定不舍得跟你离婚

如果你对人家家里没有贡献，没先施恩，就想先让人家给你回报，这是不可能的事情啊。再加上两个人刚成家，肯定有性格上的磨合，那我们用什么样的方法把性格上的磨合给化解掉呢？那就是下厨房做饭呀。你在做饭的时候，婆婆来给你帮忙，她一看，这媳妇做得一手好菜，又会节约，那真是了不得的事情啊。

所以，我经常讲：女人要是有好厨艺，男人肯定不舍得跟你离婚。真的是这样。你看我，几乎没有人能请动我出去吃饭的，我在外面出几天差啥都不想，就想我老婆做的米饭、面条。为什么呀？因为我老婆的饭真做得太好了，那不是一点好。我们去任何一个饭店吃顿饭，她把菜一看回家就能做出来。

别人都说：那你太太是干啥的？

我说：我太太没结婚之前也不会做饭。我太太是八五年的，"80后"有几个能下得了厨房的。我第一次去她家里，她做菜油都没热，菜就倒锅里了。我一看，倒那么多油，就觉得这媳妇不节俭。我们家原来三个月吃一斤油，我要娶个她，一个月得二十斤油。但我也很感动，这不会做饭都为我下厨房呢，看来这有干劲。

我太太也是被我鼓励起来的。我记得来北京以后，有一次她做菜盒子，用发面做的，实际特别难吃，但我为了鼓励人家连续吃了几天，我都说：好吃好吃，把她的手艺给鼓励出来的。所以，作为丈夫，就该包容该理解。就因为我当时的包容理解，我太太现在做得一手好菜。真的是这样。

▪ 女子在娘家要成全姑嫂孝心

所以说，女子一生柔顺非常了不得。古人就讲，女人在娘家的时间除了做到勤俭以外也要柔顺，女儿都是妈妈的小棉袄，要经常性地帮助嫂嫂或者弟媳妇，成全她们的孝心，不要夺了嫂嫂或者弟媳妇的功劳。不要说这个也是我妈买的，那个也是我妈做的，如果开始指责嫂嫂或者弟媳妇不孝顺，那就不对了。

我这两天听朋友讲了一个事，有一家的老二在外面工作，一年也就是过年回去给老人给点钱而已，老大在家里务农，在父母跟前待的时间比较长。

可这父母逢人就说：老二对我好，老大不好。老二就跟老大生气，说：你在家里对父母不好。

我有个朋友就说话了，说：你没有资格说这话呀，人家老大在家务农，在父母跟前待得久，就像人的牙齿舌头还有咬破的时候，哪能没有摩擦呀。老人之所以夸你好，是因为你回去得太少了，因为远的原因，距离产生美。实际真正尽孝的还就是在跟前待的孩子，他操心一定是最多的。

我们人都有个毛病，别人对他好九次，只要有一次没好，他就把九次好都忘掉，因为那一次不好他把你当成仇人。

实际我们人啊，都容易犯这个毛病。别人可能对我们好一下，我们就感动得很。可是家人对我们的好，我们反而容易忘恩。这说明我们不懂得知恩报恩，不懂得珍惜。

所以，女子在娘家的时间一定常扬嫂嫂或者弟媳妇之德、之孝，成就嫂嫂或者弟媳妇的孝心，这样才是对的。即使嫂嫂、弟媳妇不孝顺，你也可以出钱买点东西给她，对她说：给咱妈吧，毕竟你在咱妈跟前长。

▪ 婆婆对媳妇要先施恩，后教育

我常讲：女儿再好家中客，一年能进几次门，媳妇再坏家中宝，生的儿孙跟您姓啊。

所以说，媳妇再坏她是家中宝啊，她是不离开这个家的，她生的孩子还得跟你们姓。那女儿再好，她有她的家庭，她真的是一门客。所以，我们要把这个主次分清楚。作为一个婆婆也要想，你女儿再好，你都要少夸，媳妇再坏，你都要夸她好。这叫先施恩，后教育。这是真婆婆。

▪ 不要说嫂子和弟媳坏话，让妈妈闹心

女人一生都要柔顺，在娘家做女儿的时候就要柔顺。你在娘家的这种柔顺就会帮助嫂嫂和弟媳妇成就孝道，让你娘家和睦。

娘家兴旺了女儿面子上也好看。那你回到娘家以后，嫂嫂、弟媳妇也记念你的好处。这是女人在娘家的时候一定要做的事情。

千万不能说嫂嫂这不会做那不会做、嫂嫂这不好那不好，这就麻烦了。因为你一说，你妈听见就闹心了，等于你给她找麻烦了，这对你有啥好处。

所以，作为女子，在娘家一定要提满家。什么叫提满家呀？提携嫂

嫂、提携弟媳妇，帮助她们成就孝道。不要动不动把一些孝行挂在你身上，说：你看，这是我给我妈买的，那是你给你妈买的。那人家说一句话：你说你这好你那好，那你把你妈接走吧。

我们中国人的传统要落叶归根，有几个娘家母亲和娘家父亲死在女儿家的？没有啊。但以后会有，因为我们都知道天时变了。现在独生子女比较多，这种变化就会大一些。可是现在还真是非常少，因为中国的传统就是这样。

所以，做女儿在娘家一定要提满家，要树嫂嫂之德。要把自己的性格柔下来，要勤俭持家。这样一做以后，未来你在娘家的时间，你就是一个旺夫命了。等你一出嫁，那你婆家的运气就大转。

▪ 女人要性柔如水、嘴柔家和、心柔家暖

我经常讲男人是命，女人是运。女人这个运，如果很柔和就有旺命之意，它就变成运命了。这个命，就不会受天地、三界和五行的约束了。

要不很多人都说要找旺夫的女人。实际女人要旺夫，就是要从柔顺中旺夫，这是真旺夫。女人出嫁以后要性如水，性如水是旺家之兆，还要嘴柔家和，心柔家暖。

你想，你这一辈子都嫁给这个家庭了，肯定要三柔，性柔如水、嘴柔家和、心柔家暖。为什么要嘴柔？女人最大的一个毛病就是活也干了，但是任劳不任怨，嘴老爱抱怨，导致家里出问题。所以，女人一定要嘴柔。这是非常重要的。

我总说：性柔的女子命好，嘴柔的女子福大，心柔的女子寿长。女子要是真能做到三柔，你的这个运就能把男人所有恶的场能都给他断掉。这个非常了不得。

这个秘密我是从哪发现的？是在我太太身上发现的。

我跟我太太结婚才两三个月，我就把我们家电视从四楼扔下去了，我

脾气就那么大。可我老婆没发脾气，她说：这电视摔了是小事，可你还要花钱买新的，多辛苦。一句话说得我噎半天。把我性子中的火就给我完完全全降掉了。

你看，女子就要做到这样，这叫柔能克刚。女子要是真能做到柔顺，上旺父母，中旺丈夫，下旺子女。这叫三旺。那女人要是达不到三柔呢，就是三克了，上克父母，中克丈夫，下克子女。

▪ 女人的肚量大过男人

我常讲：一个家庭，女人好了，全家就好了。女人在家要爱丈夫如子，在外捧丈夫如天。

这不是压迫女人，因为女人的生理特性和男人是不一样的。女人会经过生孩子这一关。我们都知道女人生孩子这个痛是七八根肋骨断的那种痛，男人不会有这种经历。

所以，女人的肚量大过男人！如果男人出了轨，女人能原谅能包容，可如果女人出了轨，男人绝对受不了。要不我常说女人肚量太大了，为了孩子，她可以和男人继续过下去。反而男人很少能做到。这是女子的生理特征导致的。

我们都知道，女人每月都有一次生理期，女人的寿命普遍比男人寿命长，女人受打击也比男人的忍受力强。

▪ 女人一生气先伤气血，生理周期就不准确了

很多人说要男女平等，那男女能不能平等呢？按现在社会讲是可以平等，可是也平等不了。女人会生孩子，男人不会嘛；女人来生理周期，男人不来嘛。就这两条你怎么能平等得了。女人的生理特征是这样。

所以，我们一定要明白，一定要懂得，女人一生要柔顺，这是顺应她的生理特征。因为女人一生气先伤气血。你看，女人一生气，生理周期就不准确了，小肚子就痛了，影响腰也不舒服了。那男人就不会。

我们一定要真正清楚古人讲的女人要像女人，女人要柔顺这个道理。明白以后我们就知道，原来人这一生还真是这样。我们要知道自己的特征，要知道自己的心性，要知道自己的生理状况。这样去做的话就更顺意了。

你看，女人照顾孩子就比男人强，这是习性，是女人的天性，也是天职。男人就不行。

▪ 现代人其实不懂科学

古人比现代人更懂科学，会针对不同人的性格来培养。你看，我们孔老夫子因材施教，培养了七十二贤人。

因为古人是按人的思维、心性来做这个事情。古人创造工具是服务人，现在人创造工具是控制人，就把人完全控制住。

就像现在创造游戏一样，把人吸引得天天二十四小时在电脑旁待着。

古人不是用这方法，古人用的方法是开启人的天性，去除禀性和习性。可是现在人呢，是开发自私自利，让你欲望膨胀，把天性抹杀掉，刺激你。什么舌尖上的美味，让你放开吃，吃成三高，让你天天晚上熬夜，熬得进医院，完全不符合人道。这就是错了，真是错了。

第二十九集

女人一生不柔顺　克夫克子克自己

▪ 女人能成就男人，能成就一个家庭

　　女人一生不柔顺，对家庭、家族影响是非常大的。那女人如何能旺家？

　　我经常在讲：女人不要犯最愚蠢的毛病，什么毛病？不认可丈夫，一个男人这一辈子最窝囊的就是不被自己妻子认可。

　　山西有个首富，我过去认识他，关系很好。他听过我讲了一堂课以后告诉我，他说：秦老师，你讲的课我相信。我在上学的时间跟我老婆是同学，我只要一说担心考试考不上怎么办，我老婆就抽我一耳光，说：你个男的，一点儿出息都没有，还没考呢就自我设限。所以，以后有这个想放弃的想法都不敢说。

　　他说：我这个女朋友，是我一辈子的贵人，我这大学、研究生被我女朋友给抽出来的。后来，变成首富了，太太帮衬他。太太说什么呀，这世界上你就是独一无二，没有第二个你，自卑什么呀，为啥不自立、不自信、不自强啊？

　　他跟我讲：我和老婆从在学校到最后成家，一年光公司流水二十多个

334

亿，有两个儿子，人旺财旺，老婆了不得。

他老婆就给我讲了，她说：我最大的一个好处是绝对不让他放弃，第二非常认可他。在我的观念里面，我老公是人才，我从来没有想过他没能力，他窝囊，我觉得他就是人才。现在没得势，没得运，那是土壤不好，他肯定会遇到适合生根发芽的土地。

要不最后我告诉他，我说：你发财得力于你太太。她一直认可她老公，所以，她老公自信得很，自信心全部来自于老婆。要不我说：女人能成就男人，能成就一个家庭啊。

■ 我太太旺我，鼓励我，所以讲课成功

很多人说这女人旺夫。我说天下女人都旺夫，没有不旺夫的。旺的方法我们要明白、要懂得，这是个非常重要的事情。

你看，我这个，就是明显的太太旺我，小学三年级都没毕业，我讲课也是太太旺起来的。每一次我要去讲课，就给我发个短信：你一定会讲得非常好。我太太从来没有说：你个小学三年级讲啥呀。

你看，昨天我太太当朋友面还说呢：我和秦老师待久了以后，我都成老师了。给很多高学历的人一讲，他们一听，你讲得这么深啊，这么有道理啊。

实际，我最后想来想去，是我老婆鼓励我的。我记得第一次去宁夏人民会堂讲课，因为有几千人，我给老婆说：我这紧张啊，还没去手心就冒汗。

她就跟我说：你一定会讲得很好，紧张什么呀。底下坐的人肯定没有三头六臂的嘛，跟你都一样。我一想还真是，怕什么呀？你邀请我，我就去。

临讲课之前我紧张得很，我太太就发条短信：你一定会讲得非常好，祝你成功。看完那条短信以后，我坐在讲堂上，脑海里面除了想老婆以外别的都没想，管它台下几千人的，我只要讲好了，对得起老婆就行，听不听众的与我没关系，紧张念头就没了。从这讲课后，就一发不可收拾。你想想，我是老婆帮助成的。

▪ 光任劳不任怨，叫白干，要想丈夫发财，要天天笑

所以，女人对丈夫的帮助是非常大的，要不我说：在娘家的时候要性如绵，那出嫁以后一定要性如水，多干活少噘嘴。你把你一辈子都嫁给这个家庭了，你别抱怨了，要任劳任怨，光任劳不任怨，这叫白干。你也别动不动抱屈的，你老公这不好那不好的，那他不好你都敢选择嫁给他？

再加上这个家里也是你的家，没必要抱怨，要相互的包容、相互的理解，女子应该助夫成德，不累夫成罪，永远给丈夫当好垫脚石，不要当绊脚石，女人一定要给丈夫当好一辈子的贵星、喜星、财星、福星、寿星，当好这五星啊。

你如何当好喜星啊？家庭是一个港湾，丈夫回到家不管在外面遇到多大的波折，你这个温暖的港湾要给他散发出喜气，你要像元宝脸一样。

我说：女人要想丈夫发财，要想丈夫成功，那你就天天笑，笑得像元宝，招财招贵呀。你一招财，丈夫在外面容易发财，你一招贵，那丈夫不容易遇小人啊。所以，我们要喜啊。天天乐，高兴啊，高兴的事太多了。

有人说：我就高兴不起来。我说：你怎么高兴不起来？你想想，你多有福了，不知足所以不高兴。

当福星，什么叫福星？让这男的觉得娶完你以后，他这一辈子有福，没有娶错人，随时随地体贴丈夫，帮助丈夫，这女子才有能力相夫啊。成就男人的德行和修为，这个是非常重要的事情。

▪ 胎教不好，影响孩子得各种疾病

那如何女子不亏不克呢？就是要一生柔顺，柔顺丈夫，助夫成德；柔顺孩子，孩子成才。你看，妈妈一旦脾气暴躁，孩子在家都胆小，妈妈经

常发脾气的，孩子很容易得鼻炎就是得呼吸道疾病、得肺炎，这是非常可怕的一件事情。我们不能不明白呀。

所以，女人一生不柔顺非常可怕。

古人对女子的胎教非常重视，怀孕的时间眼德，眼正不邪视；行为端正；心存善念；嘴说善言。这是四正呀。这个是非常重要的事情。

要是女子性格柔顺，那要的孩子肯定是贤孝子孙。现在很多孩子，眼睛出问题都与女人怀孕时间有关系，怀孕时间生气，那肯定伤孩子的肝，孩子眼睛出问题。那孩子未来得肝癌，肝上疾病就特别严重。那在胎里就已经带这个病了，因为怀孕的时间，就给孩子种这个毒了，这是胎里面出的问题。

你看，现在孩子得什么斗鸡眼，很小年纪眼睛出问题，都是妈妈怀孕的时候产生的这种问题。

我就在这件事情上发现，女人在怀孕的时间，影响孩子的内脏、大脑、形体呀，给他装什么样的恶思维就得什么病，有的花几十万都治不好的病。

通过这件事情我才发现，女人对孩子胎教的影响这么严重！

一个学传统文化的跟我说：我想要孩子，听什么好？

我说：你不是学传统文化的吗，先听《弟子规》。她说：很奇怪，孩子一出生，只要一哭，一放唱《弟子规》的歌曲，孩子就不哭了。她说：胎教这么有用啊。我说：你以为呢，你怀孕的时间，给孩子装什么东西，这很重要啊。

那你要柔顺，你孩子肯定没有暴力倾向，孩子一定知书达理，当孩子出现种种问题，作为一个妈妈一定要负责任。

你就要想什么呀？在你怀孕的时间里，你的脑子里面都想什么？

要不很多人说：你看，我这孩子脾气大，我这孩子不孝顺，我这孩子这不好那不好。实际，是怀孕期间，你的内心世界性格脾气的一个反射，浓缩在孩子身上了，是这个原因导致的。

要不我说：人身上的场能是非常重要的，你的身上是正的场能还是负的场能，这个很关键。我们一定要注意这一块，女人一生不柔顺会使一个家庭都不顺利，非常可怕。

▪ 女人暴躁连续流产，性格一改，得双胞胎

你看，我们这个家族被我奶奶克成什么样了，她一克，她感召四个儿媳妇，一个比一个脾气厉害。

我还遇到女人性格不好以后，保不住胎，连续流产八九个，最大的六七个月，竟然胎死腹中。

我当时在通州的时候，她托一个朋友见到了我，我就告诉她了，你性格能柔和这叫德水，水能生种子。

我说：你想想，你那么多孩子，为什么都流产死了？你动气太厉害了，气一动以后就把气血伤了，气血一亏，就如同我们那些瓜果、树木一样，开的花营养不足，它坐不住果。

我说：你性格要改改。她就开始彻底改了，改完以后奇迹啊，一胎要两个男孩，老公在部队，直接从这个团长升到大校，运气好得很。

两口子再见我，激动得不得了。她说：原来这一个性格一改，又旺子又旺夫啊。你看，女人这个性格一改，就有这么大的好处。她无非就是转变了一下性格，就要个双胞胎儿子。

▪ 女人怀孕的时候，就决定了孩子未来的发展

女人一生一定要柔顺，这是非常了不得的事情，女子的德就是柔顺。

你思想不善了，被恶所侵占，那它就克你了；你存心不善了，变成了恶心，那它就克你了；你行为不善了，去吸毒、嫖娼了，那你就受它克了。因为你不符合肢体的"和"。

那你还会影响五脏六腑，如何影响五脏六腑？你怒气一大，就克肝了；你烦气一大了，就伤肾了；你恨心一重了，就克心了；你怨气一大了，就

伤脾胃了，这是"克"呀。

那女人不柔顺了就自克了。所以，女人太重要了。古人对女子要求怀孕期间四正，眼正不邪视，嘴不说恶毒言语，行为端正，心起感恩。

那你要的这个孩子，我告诉你生下来以后，他肯定容易四平八稳。你给孩子存的是四正还是四邪？这个很重要！你要存四正呢，孩子就会四平八稳，你要存了四邪，孩子就会四季不安，八方不顺。

女人在怀孕的时候，就决定了孩子未来的发展，真的是这样！

所以，古人讲了一句话，"宁舍当官的爹，不弃要饭的娘"，当官的爹我可以不要，可是要饭的娘不能不要，你看，一个妈妈对家庭影响有多大！

古人特别重视女人，因为女人真是掌握了一个家庭的命运命脉，掌握着子孙的命脉，了不得呀。

当一个好女人能改变一个男人的思想、观念、脾气、性格、思维。女人能帮助男人贱命变贵命，穷命变富命，短命变长寿命。女人有这个能力，可是男人没有。男人改了只能改自己，男人没法生孩子呀。它的区别在这个地方。

■ 女子在家里代表的是水，水能润万物

所以，女子在家里代表的是水。

我讲了，水能润万物，所有的植物、所有的东西都能被滋润。水在所有的容器里面都能顺畅无阻，器具是圆的、高的、低的、扁的、矮的，水都能进去，能和五色调五味，随方就圆这就是水的特性。我们能不能把水的特性给调整好？

现在，很多女的说：我睡不着觉，我妇科有病，长肌瘤，我一身都是病，我乳腺增生。

我告诉你：都是火太旺自克，克的。气血失和了，你就生病了。那个血气全逆到那个地方，走不了就变成肌瘤了，变成这个疾病了。是我们错了，大错特错。

一个女子对家庭的影响太大了，了不得呀！

男人的德行、修养，女人全部都能给他促成，真的是这样。要不我说：女人是一个家庭的运气源，做女儿的时间性如绵，做媳妇的时间性如水，这样的话我们人生才会更幸福。

女子只需要以柔就能克刚，丈夫再爆的脾气都能被你给同化掉，他再坏的命，遇见你以后，你都能把他给载走，为什么呀？大地才有厚德，载物之德，大地代表的是女子啊。

▪ 老婆厚德，鼓励我讲课三年

要不我说：我的成就百分之九十九都是我太太的功劳，不是我的功劳。

我这人，脾气那不是一点儿坏，被我太太这个"德水"滋润得发不起火，越来越觉得她好，越来越感恩她，她把我人生变了，把我命运变了，把我人生格局，思想全部变完了。

我讲课谁鼓励的？她鼓励的。她说：你好好讲个三年，讲个一两千小时，你看，帮助多少人。家里又不缺吃不缺喝，只要你老板不找你麻烦，你就讲去吧。

你看看，她这一句话出来，我就放心去讲了，她鼓励的，这是她的厚德。

▪ 女子一旦不知足就克夫

女子一旦不知足就克夫了。

你看，我在宁夏碰见个女的，一见面就说：秦老师，你看，我老公没能力。我说：怎么了？

她说：人家都住别墅，才给我买个平层，人家都开宝马，就给我买个奥迪。

你看，她这完完全全的克夫啊！她老公比我才大一岁，属猴的，竟然胸闷气短，检查心脏出问题了。

我就给她说了，我说：你老公是被你气出病的。我们一定要懂得，一定要明白，不要不知足啊。不要把丈夫当什么呀？摇钱树。你不懂得勤俭持家，不懂得任劳任怨，不懂得助夫成德，就累夫成罪了，给丈夫当绊脚石了。

要不我说：女人除了给娘家父母当好小棉袄，给自己的丈夫也要当好小棉袄，不要把自己变成大冰块、大木头疙瘩，男的这面一摸是凉的，那面一摸是硬的。你说他不找情人找谁去？开水不敢摸，烫起泡来了，洪水不敢染，要命啊！

▪ 女人柔顺，家庭大顺特顺

女子为什么要柔顺？女子柔顺以后水能伏火，女子要一旦柔顺，就能享公公婆婆的福，能享丈夫的福，能享子女的福。一旦脾气暴躁，连自己的福都享不了，克得自己一身病。

柔是性格柔和，顺是什么呀？顺公公婆婆之意，顺丈夫助夫成德，顺子女教子成才。你的心性一旦改完以后，你这个家庭就大顺特顺，旺顺了。

家无贤妻，不光丈夫遭横祸，子女遭横祸，家族遭横祸呀。

那女子的厚德就是性柔如水，嘴柔家和，心柔家暖。一定要柔和，居在你的水位上面，你就能滋润万物。你要出了你的水位，我告诉你，这女子是克万物的，真是克万物啊！女人一旦出问题以后，对家庭影响就这么大，所以，古人对女子很重视啊。

夫妻讲情别讲理　守得三和万事兴

▪ 男人两头哄，可以化解婆媳积怨

我们讲到这一段，就是女人一生不柔顺所犯的三克。

那男人要是遇到这样的女人，用什么方法？实际男人遇到这种女人，要是自己的妻子和自己的妈妈关系不好，男人一定要做到两头哄。

哄不是欺骗。第一，母亲，你可不能指责。你指责了以后，母亲是非常伤心的。那太太呢？你要指责完以后，她会把这个积怨加在婆婆身上。她会认为都是婆婆的原因，导致丈夫才怨恨她。所以，一定要两头哄。

哄自己的妈妈，你就要讲：媳妇毕竟是媳妇，不是女儿。你没生人家，又没养人家，她只要不犯大的过错，你该看开，也要看开。再加上，你要有妹妹有姐姐，你就再讲：要是我姐姐跟妹妹犯同样的错误，你会怎么办？我们要帮助妈妈明理。那要是姐姐和妹妹犯错误，那母亲肯定就原谅了。因为这是我女儿，我生的，我养的。可是对媳妇犯点错，我们就很难放弃，就积怨在心里。

■ 一旦婆媳积怨，男人如同老鼠进风箱，两头受克

要是一个丈夫在家里，妈妈有了积怨，妻子有了积怨，这个男人就如同老鼠跑进了风箱里，两头受气。这样就受双克了，一个妈妈克他，一个妻子克他。这样的男人是既挣不了钱，还容易得病，还容易出祸。

那男人要化解，要用这种方法化解：两头哄，责备自己。把妈妈哄了，把妻子哄了以后，在妈妈跟前要怪自己。你说：妈，你看，都怪我啊，儿子这无能啊，给媳妇没讲清楚，让你们产生了误解。妈妈因为心疼儿子，她就会放自己的儿媳妇一马。

那这个丈夫就要给妻子说：你看，那是我妈，是不是？她再坏，也是我妈，我也没办法，我也不能去不孝顺她。再加上，咱们以后有孩子，要有儿子了，你未来也是婆婆，多年的媳妇熬成婆，是不是？你对我妈，该理解要理解，该包容要包容。你要是真有气，看不惯了，你就给我说说，打我几拳，在我身上撒撒气。

你看，妻子因为心疼丈夫，就饶了婆婆。这方法是非常好的，这是第一个方法。

■ 常夸妻子好，爸妈听多了，内心就会接纳媳妇

那第二个方法，常在自己的母亲和父亲面前，夸妻子之德。说妻子这好那好，你的爸妈听多了，自然内心世界就接纳了这个儿媳妇。为什么？爸妈开始一想，反正我儿子又没说啥不好，只要人家两口子过得好，就行了，我就包容吧。

老人因为心疼儿子，就和儿媳妇之间就没有隔阂，这个火就消了。

所以火要消，不能积。一旦积以后，就会爆发。我们经常看新闻，儿

子发脾气以后把父母杀了的，把妻子、孩子、丈母娘家都杀了的。这种例子还不少，真不少。

▪ 双阴克阳，必遭奇祸

我四叔虽说没那么严重，我奶跟他媳妇生完气，他媳妇回到娘家，我四叔一直想让我奶帮助他把媳妇叫回来，我奶就是不去。弄得我四叔怎么办？一把火把四间大房就烧了，烧得我奶是无处容身啊。最后可怜得，在镇上的街道捡了几年菜叶吃，粮食都烧完了。连环因果！

你看，跟儿媳妇一生气，这个积怨起来。儿子一看，你不给我帮助叫媳妇，不行，我要把房烧了。最后烧得只剩点糊的粮食了，在我三叔家放着。他们家因为有牛，我奶奶想把糊的粮食，拿到磨面的地方，磨点面吃。可是，我三婶在大街上把我奶挡住，把这个粮食就是不让拿走。因为她有牛，她觉得，我喂牛。你看，我三婶，最后因贪财亏孝，导致车祸去世，儿子也死了。我四叔家，家破，就因为双阴克阳。

因为丈夫是阳，妈妈是阴，妻子是阴。双阴克阳，必遭奇祸。这也是家庭的一种克。那作为男人，正好在妈妈和妻子中间，这是个黏合剂的作用。你如何把这两头火都给她泻掉，两头怨都给她化解掉，这全靠丈夫了。所以一定要，第一，两头哄，第二，自己责，自己责怪自己。因为妻子爱你，妈妈爱你，她就会把对方放过一马。

▪ 让你老婆亲自把红包给你爸妈，婆婆安心，克就化解了

那第三个方法，婆婆过生日，公公过生日，母亲节、父亲节的时间，作为丈夫，提前把红包封好，给你老婆，让你老婆亲自交给你的爸妈。为什么？儿子再孝顺，都不如媳妇孝顺得好。

　　媳妇也要先对婆婆公公施恩，你给他们钱。婆婆花着儿媳妇给的钱，她心里安。

　　你要儿子给的钱，妈妈爸爸还想了：你给我钱，你媳妇知道不？是真知道假知道？你别让她知道，你两口子打架。

　　实际老人都爱儿子，怕儿子在里面为难。你要是让媳妇封红包的话，就把家庭的这层隔膜也化解掉了。那家就和了，万事就兴了。丈夫就把这个克化解掉了，就不会受到妈妈和妻子的双克，丈夫肯定没有横祸。

　　妈妈克你，等于树根烂了。妻子克你，等于绿叶掉了。你是受克的。所以，丈夫要用这种方式化解这种克。

▪ 经常要哄着妻子开心，她一高兴，旺夫

　　那丈夫还要用什么方法？第四，经常要哄着妻子开心。

　　要不我说：要想妻子不克你，让她高兴。她一高兴，旺夫，她觉得嫁给你这个丈夫，享福。她就变成你的福神啊！

　　你把老婆当皇后，你就变成皇帝命了。看你如何设计你的太太，设计你的人生，再设计你父母的人生，设计你子女的人生。

　　要不我说：每个人都是自己的命运财富设计师。我们这个设计师要当好，设计你的家庭，变成幸福之家。

▪ 夫妻两头赞，父母全开心

　　我就用这种方法。我爸妈过生日，绝对是我老婆给钱，我绝对不给。打电话问候啊，我给我爸妈打的，还没有我老婆打得多。反而我岳父岳母，我给打得多。为什么？夫妻之间相互交替。我们说难听点，就是对付对方的父母，你一定要对付好。

你看，我对我岳父岳母好，谁最高兴？我老婆高兴。

我太太对我爸我妈好，那我最高兴。

婆媳之间、女婿和岳父岳母之间，哪有摩擦？自然摩擦就没了。

所以我妈经常说：我儿媳妇比我儿子孝顺。要不我丈母娘一说：我这女婿比我女儿还孝顺。实际这是我太太故意把对她娘家的好，全堆在我头上了，让我戴这个光环。那我也要在我爸妈面前，让我妻子活成人上人，头顶有这个光环。

要不我说：夫妻要会活，两头赞。真的是这样，一定要用这种方法。

我说：婆媳出现的问题，一个大丈夫受到妻子克，受到妈妈克的时候，绝对是丈夫无能。不是妈妈无能，也不是媳妇无能，是丈夫不懂得方法。

我们要化解这个克，那自然不受她害，你反而能享她的福，这就了不得了。所以夫妻之间，作为丈夫，遇到不柔顺的女人，要用这种方法。

▪ 给太太多送礼，各种节日都送，礼多人不怪

再加上，老婆脾气大以后，你要掐断她发火的源头，这个很重要。

你看，我经常出差，我不给儿子买玩具，我给老婆绝对是买首饰。

我老婆什么金银首饰都最多。为什么呀？女人在家哄孩子，很辛苦的，你出差了，她一个人也很孤独。我们要先给太太多送礼，礼多人不怪。

你对她要施恩，一施恩，有恩的这种护佑，她对你的爸妈，自然会回报孝顺的念头。所以，我太太一个抽屉里面，全部是她的金银首饰。光我太太手上戴的这个镯子，什么羊脂玉的、和田玉的，三四个都不止。到最后，还给她妈妈，给她弟媳妇，都给，给这个亲戚，能给的，她都给了一遍。你看，她光镯子都多少，包括她背的包，我太太好点的包都是我买的。

你对她没有施恩，先要求，你肯定招祸。生气啊！所以我说：人对对方有恩，就会有求必应。

在家庭用这种方法。我们永远要记着，礼多人不怪。你看，三八妇女

节、母亲节、她的生日、结婚纪念日，所有的这些日子我都送礼，要不我说：钱要花在刀刃上。我都是用这种方法，所以夫妻感情也好了，婆媳关系也好了，家庭越来越兴旺啊。

▪ 男人要把住两和：家和万事兴，和气生财

要不我说：男人要把住大的方向，要把住两和。第一家和万事兴，第二和气生财。

那你遇到暴躁的女人以后，你掐断她发火的源头，她发不起脾气。别人说她：你怎么对你老公这么好？她说：我老公对我太好了，我就想发个脾气，也找不到有什么事可以发脾气的，我发不起脾气，没有我生气的事情。

就像我昨天晚上跟老婆聊天，我说：咱们家请个阿姨好，请个阿姨你轻松。我太太说：请个阿姨花钱得很。

我说：请个阿姨，你看，她能做饭，打扫卫生，是不是你就有时间美容，有时间去参加你的各种活动，也可能去学英语了。你这一出门，别人一看，秦太太不一样，颜值很高，是不是？我娶的是老婆，不是娶的是老保姆，你为啥非要把你变成保姆形象？

我老婆听我说这个的时候，高兴地给我丈母娘说：你看，妈，我要赶快请人，请个人，我就天天去美美容，去参加我的活动，跟同学、妈妈聊聊天，我去学学英语。

你看，是不是，你这一说，她心里偷着乐。真的是这样，所以，我们一定要对太太施恩。你说我太太在娘家脾气那么大，一脚把门能踹坏，在我们家没踹过门，没对我发过脾气。什么原因啊？我用这些方法，把她发火的源头给掐死了。她没有可发的地方，没有着急的地方。她这个脾气，久而久之不发，就化掉了，没了。你就要用这种方法。

那女人对付男人，也是要用这种方法。我的火很旺，就是太太用柔的方法全化掉了。要不我说我老婆很有智慧，非常了不得。我每次发脾气，人家

不发脾气。我说：你咋不发脾气？人家说：我看你发脾气挺可怜的，把你气倒了，咱家咋办？一句话说得我，你看，我这发脾气，人家还替我着想。

我一想：行了，这发脾气是最没修养的表现。不行，我要有修养，不能发脾气了。久而久之，男人的性中火也化掉了，女人的性中火也化掉了。

▪ 天堂和地狱的区别就在一念间

那火一化掉以后，财就生了。所以你看，我一个小学三年级没毕业的人，能讲课，工作很好，工资很高，衣食无忧。很多博士生、硕士生不如我，为什么呀？因为他把烟火没有掐掉。

那我们就要干什么？不生气，不发火，不怨人。

作为男人女人，都要用这种方法帮助对方。因为当局者迷，旁观者清。

就像我看到一个故事，说天堂和地狱的区别是什么。上帝带一个人去地狱。这人一看地狱，一个桌子十个鬼，在那个地方坐着。说开始吃饭，筷子太长，塞不到自己嘴里。鬼与鬼之间，开始筷子打架了，弄得菜饭满地都是，谁都没吃上，变成饿鬼了。

这上帝说了：你跟我去天堂去一趟吧。去天堂一看，也是同样的桌子，十个人在那坐着，筷子也很长，却是所有的人拿着筷子，夹着菜给对方嘴里放，饭菜都吃到嘴里啦。

我们想一想，同样的饭菜，同样的桌子，同样的筷子，地狱是相互争，天堂是相互帮。天堂和地狱的区别，就在一念间。

▪ 夫妻千万别讲理，夫妻要讲情

那夫妻之间呢？你不要相互争。要不我说：夫妻千万别讲理，常讲理来气死你。夫妻要讲情，越讲情意爱死你。要用这种方法。你要争的话，你看，他说他对，你说你对，那既然都对，就离婚啦。你要说我错了，我要改正，他认为他错了，要改正，那这感情越深，摩擦越少啊，家庭就和了。就是这个道理啊！

所以作为丈夫，要是遇到了女人脾气比较暴躁怎么办？要用大丈夫的胸襟、大丈夫的肚量，去把她的暴躁火性性格，给她融掉。

不是忍受啊，你这忍无可忍，一爆发更严重。你要把她融了，一定把她融了，这个很重要，一定要融。

▪ 要总夸老婆好，长时间去夸，只有一件好事也夸

你要常想她的好，即使她不好，你也要常夸她。她哪怕做了十件错事，一件好事，你把她的那一件好事，可以长时期地去说、去夸，久而久之，她会以那一件好事为荣，把那十件坏事全改了。

就像我用这个方法，我太太做菜盒子的时候，实际很难吃啊。我说：呀，好吃好吃。她越做越起劲，越做越有方法，想尽方法把它做好。你看，现在成了厨师大家啦。你想想，我那个时间不忍受，不去吃她做得那么难吃的饭，一打击，她肯定不做饭了，那我哪有口福啊。就和这个道理是一样啊。

你看，即使不孝顺的人，你说他不孝顺，他都跟你生气。你要夸他孝顺，他就会高兴。所以一个人坏，你夸他好，他就真好了。当一个人好，你说他坏，久而久之，他就真坏了。真的是这样，所以鼓励赞美，能让白痴变天才。

▪ 赞美她，引导她，才能帮助老婆改性格

女人性格暴躁，男人如何去除这种克？就要用这种方法，赞美她，把她的性格给她帮助改正了，这个是非常了不得的事情，一定要明白，一定要懂得。

女人一生了不得，你想，从女儿转成媳妇，又是妈妈，又是婆婆，她一生的转折是非常多的。在这个过程中，她的德行成长，离不开丈夫对她的帮助和引导。

我太太，我就是经常让她开心。开心，不光是让她高兴，还要给她讲道理。

我站在她的角度讲道理，不是站在我的角度讲道理。那先给她施恩，你再给她讲道理，她就能接受。

所以，我经常出门，都会给太太买首饰。你看，我在哪一堂课上都赞美她，大小课上大家听到的，我太太比我有名。为什么？我是夸了又夸，我夸完以后，不用我再夸她了。别人就说：哎呀，秦老师天天夸你，我就想见见你。

你看，我太太听了，心里美得很。久而久之，她怎么发脾气都发不起来。她说：我没有那么好，秦老师夸得这么好，我这要努力变得更好。你看，火给她制止住了。

所以，作为丈夫，一定要用这种方法，把妻子的火给她化掉。那妻子骂你怎么办？不接招。她看到你的变化以后，她骂骂，没意思了。你或者给她端杯水去，你得润润嗓子啊，她就不骂你了。

▪ 上等夫妻聚宝盆，人捧人高，下等夫妻臭尿盆，走哪臭哪

你看，我遇到夫妻两个人，听完我讲的课，变化就非常大。为什么呀？

她老公大包小包给她买的东西，她说依她过去那个脾气就要指责说：你看，你胡花钱，又被人骗了。把她老公刺激得，不愿再给她买东西了。

听完我讲的课以后，她发觉老公大包小包又买东西回来，她说：你看你，回来就回来嘛，这么客气，大包小包买这么多。她赶快接上，还给倒杯茶。

这老公也说话了，咱们家水好茶好，经过你这手一泡，这茶更好。

你看，上等夫妻是人捧人高，这叫什么？聚宝盆的生活，取之不尽，用之不完。所以，上等夫妻是人捧人高。

那中等夫妻呢？是洗脸盆的生活，各洗各的脸，相互不沟通，同床异梦。

那下等夫妻，臭尿盆，走哪臭哪。女人到娘家，说丈夫不好，怨气撒得满娘家都是。男的对自己的父母说老婆不好，导致双方四位老人，都是寝食不安。这叫臭尿盆，走哪臭哪。

下等夫妻干什么呀？天天指责对方，天天生气，把家当什么呀？当饭店宾馆，不像家庭。女的成了怨妇，男的成了怨夫，怨一块儿了，相互克了，导致家庭不安。

要不我说：人生你要注意，你要过上等夫妻的生活，还是中等、还是下等，由你自己决定，我们自己要设计。

■ 不管妻子柔不柔和，首先男人一定要大度

要不我说：男人一定是命运的设计师。当你遇到这样的女人，遇到这样的老婆怎么办？你设计，你改正。男子，不管妻子柔不柔和，首先男人一定要大度。男人一定要做到三刚，就是我讲的话。

第一，性刚没脾气。性格可以刚，刚正不屈，但是绝对不会发脾气。因为发脾气是最无能的表现，再加上男人一发脾气，刚就爆了。你想想，这刚爆了怎么办？自己就死了。

第二，男人要心刚，没私欲。心中一有私欲，这刚就裂了。为什么说：心一有私欲，就裂了？你光看你爸是你爸，你妈是你妈，你对你岳父岳母不孝顺，这叫亏孝，你刚就裂了，作为男人，应公正无私。

第三，男人要身刚，没有不良嗜好，不能吸毒、嫖娼、违法乱纪、违背伦理道德。你要一旦一犯，身不刚了，这刚就倒了。你看，刚爆了，刚裂了，刚倒了，那你就自残自死了，就是这个道理。

▪ 男人做好三刚，就能不受命运约束

所以男人要三刚，性刚没脾气，心刚没私欲，身刚没有不良嗜好，不会吃喝嫖赌吸。要当三刚。

孔老夫子也讲：男人少者戒色，中者戒斗，老者戒贪。我们想一想，也实际就是给我们讲三刚。你戒色，身就刚了。你戒斗，性就刚了。你戒贪，心就刚了。实际真是这个道理，所以古人很有智慧。

男人要立住三刚，你就是金刚之钻，你就会揽瓷器之活。为什么经常说：你不会金刚钻，你还敢揽瓷器活？男人就要把自己变成金刚钻，你揽了瓷器活，你能设计太太一生，设计你的后代一生，设计自己一生。那你的一生，就不会受命运约束，不会受一切灾难的约束。

全是吉祥的，全是平安的。要不我说：男人要当好自己一辈子的贵人，就是这个道理。所以女人不柔顺，影响大。那男人呢？肚量不大，性格不好，也是影响一生的运气。只是女人影响大点。所以，我经常在讲男人女人是互顺的。

▪ 能遇到凶暴的太太，要反省，你肯定脾气不好

我经常讲的一句话就是，家和能化解一切灾难。夫妻和谐就是上等运气。如何去和？男女各自做到自己的本分就和了，这个了不得。你今天能遇到这么凶暴的太太，你也要反省自己。你为什么遇到她？你肯定脾气不好，这性格相吸。

要不我说：人身上有四种吸引法则。一个吸财，一个吸祸，一个吸贵，一个吸病。这是你吸来的，你怪谁呀？

我经常在讲：你今天遇到的贵人，是你吸来的。你今天遇到的坏人，也是你吸来的。你今天得的病、得的祸，全是你吸来的，不怪别人。

你是吸金的，你还是吸银的、吸铜的、吸铁的，你自己决定。

你看一看，部长认识的全是部长。你要是偶然见到部长，和人家不是一个频率，即使见了面，人家相帮无力，帮不了你。即使见了面，也不可能成为好朋友。

你看，贼认识的全是贼。你如何突破这个圈，由你自己设计。

金子人生，德才兼备。银人生，这叫成人了。铜人生，这叫有才无德。铁人生，是无德无才。你今天是金子的人生，你是银子的人生，你是铜的人生、铁的人生，我们自己要负责任。

我为什么给大家讲这一块？我觉得这一块非常重点。我讲的真正目的就是，每一个人都是自己的命运设计师。你如何设计你自己、设计你的家庭、设计你的子女，是掌握在你自己手里。

▪ 把你自己变成伟大的设计师

你看，我爸爱赌博，是不是，那他可能感召我就要赌博。可是，我发现了这个规律以后，怎么办？父母的缺点，在我身上不重演，我坚决不染。他抽烟，他吃肉，他喝酒，他赌博，他身上所有的这种气息，我连一个犯都不犯。我把它制止住，因为这就叫我们明理了。

要不我说：我给大家把这个道理讲出来。讲出来以后，你用这种方法设计你的子女，设计你自己。

你看，我把我的命运改变以后，我设计了我父亲，设计了我母亲，让他们从贱命变成贵命。我这一弄，别人一说：那是秦老师他爸他妈，尊敬得不得了。

经常很多人给我们家里发特产去，什么甘肃的，外地的。我妈跟我说，我不在家，很多人去看她，给她送东西。你看，这不是贱命变成贵命了吗？

你看，我爸生个病，在医院一住，院长亲自去看，说：你是秦老师他爸呀。你看看，这不贱命变成贵命了吗？你把他设计了。

我妈给谁一发短信就是：我是秦老师他妈。大家尊敬得不得了。你看看，这不是把她命运转变了，设计了。

就像我太太，别人一见，还都叫苏老师。你看看，连我们家儿子，别人还见了说：小秦老师，小秦老师。你看，小孩，别人都叫小秦老师了。这不是设计啦？你完全可以设计。

按我父亲的那种现象，谁都不可能尊敬我，也不可能尊敬他的。我在农村待过，二十多岁才来北京的。我在农村的时间，农村人经常当我面说：你爸那赌博样，以后你和他一样。大人小孩，对我父亲都不尊敬。

可是现在，我们县上的领导，村上的书记，对我爸都尊敬得很。我们都知道，三十年前看父敬子，三十年后是看子敬父。如何敬？设计好就是这样，那是不一样的。

你如何设计你的人生？我们把贱命设计成贵命，穷命设计成富命，短命设计成长寿命。你遇到你的太太性格不柔顺，脾气暴躁，你要给她设计，把她设计成皇后，设计成德水，设计成净水，设计成旺家之水，不就好啦。

你把你自己变成伟大的设计师，千万不要把自己变成怨男，是不是。

▪ 多施恩，可以掐断发火的源头

所以，女人一生不柔顺，男人如何不被克？施恩于她，掐断她发火的源头。

那女人也要设计男人，是不是。用你这个德水，把男人的火给他降掉，脾气给他降掉，就完了嘛。

你看，我爸跟我妈就对打，相互克。他们一克以后，肯定影响我们姊妹几个。

可是，我知道这个方法，不受他们克，我反而把他们给设计了。

要不我说：我讲的是和谐家庭运气学原理，和谐，为什么摆在前面？如何和谐？原理在哪里？在我们自己手里。不是哪个神，把我们控制了，把我们约束了。

▪ 运气学就是和合学，三柔吸引三刚，阴阳和合

实际我说：运气学是什么学？就是和合学。你与自然如何和？你与天如何和？你与地如何和？你与人如何和？你要和它。和的方法很简单，男人三刚，女人三柔，我们只要用这种方法以后，你的人生就圆满了。

首先把自己设计好，他们自然就变好了。要不很多人一听，说：秦老师，我回家设计老婆去，设计丈夫去。这就错了，首先要设计自己。

你想享什么样的福？过什么样的人生？做什么样的事？把自己就朝这个方向设计。

男子的设计，性刚没脾气，心刚没私欲，身刚没有不良嗜好。

女子的设计，性柔如水，旺家之兆；嘴柔家和，心柔家暖。

女子用三柔设计自己，男子用三刚设计自己。千万不要刚爆了，刚裂了，刚倒了。女子也不要把自己变成什么呀？大冰块，大木头疙瘩。不要把自己变成开水、洪水、红颜祸水，要把自己变成德水、净水、柔水。

你这样要是得到了三柔，我告诉你，你一定会遇到三刚的丈夫。男人只要做好了三刚，你一定会遇到三柔的妻子。因为它是相吸的，这是阴阳和合。

《易经》开篇给我们讲的什么呀，"积善之家必有余庆，作恶之家必有余殃"，这两句话是《易经》上的轴心啊。你积善就有余福，你做恶就有余殃。善和恶这两种力量，是可以改变命运，改变人生的，真的是这样。我们用善的力量就完了，不造作恶就完了。

▪ 不要误解老师本意，不要断章取义

前面我讲了女人一生不柔顺，现在把男人也讲讲。

我怕很多女士听完以后说：你看，这老师，他是男人，他一天讲我们

女人这不好那不好，需要女人改。

实际真不是，我给大家讲过例子。一个男人问我说：秦老师，我边上是我老婆，你看她旺不旺夫？

我当时就想，我要说不旺夫，他离婚了。我要说旺夫，他说他都没发财，就把我问住了。

于是我就说了一句话，我说：天下女人都旺夫，关键旺不旺你这个夫，我不知道。

男人要想让老婆旺夫，男人要做到三刚。女人要想让男人旺妻，女人要做到三柔。你做好了，他自然旺你，他不旺你都不行。你要做不好啊，那自然就克了。

克与旺就在这个地方。要不我说：男人要天天让老婆高兴，她一笑，就旺夫了。她一哭，就克夫。哭叫哭丧，是不是。

所以你要用各种方法让她旺你。包括这个听课也一样，你不要断章取义，你要全盘听完，你就知道里面的内涵在什么地方。

那为什么我讲到女人的重要性？因为我们知道，女人会生孩子，女人有生理周期，她和男人不同的地方，就在这个地方。再加女人是两命，娘家生，婆家造。这是她的特性，她对一个家庭的影响，那确实非常大，对孩子影响也是非常大。因为女人她天生的这种特性，也在这个地方。

■ 女子老来的时间要性如灰

要不我说：女人在娘家的时间要性如棉，在婆家以后性如水，老来的时间要性如灰，像烧锅的那个灰一样，连火星都没有了，退而要休。

这个时间就让给人家年轻人，嘴别长，手别长，心别长。有吃有喝，天天乐呵呵，这就是家里的吉祥星了。你天天嘴要管，手要管，心要管，这叫什么，苦海之命，你操不尽的心。儿女自有儿女福，儿孙自有儿孙福，你又担心儿子，又担心孙子的，你这一担心，反而是诅咒人家了，这老人位就失了。

所以每一个人，在不同的时期，你是不同的位。你把你的位置一定要坐正，那你不正，肯定就邪了，一邪就偏了，一偏就招祸了。

■ 做好本位之事，自然生福，一出位就犯克

我经常在讲：女人要做好女儿，尽孝。做好妻子，尽责。做好妈妈，尽慈。做好婆婆，施恩。那男人也是，做好儿子，做好父亲，做好丈夫。

我们把本位的事情做好，自然就生福。一出位就犯克。

你这一克，这叫什么？管闲事。一管闲事，那就出事。所以一定要把自己的本分守好，自生万福。你是什么样的角色，你把你什么样的本质做好，那你人生就幸福了。

就像司机一样，你开着车呢，你非要想着当官，那肯定就出车祸了，这也叫出位。你有老婆，你非要去嫖娼，这也叫出位了。所以一旦出位，就有问题。就像你是女人，你本来生孩子，你非让男人生孩子去，这也叫出位了。

所以我们一定要在自己的本位内，想事情，做事情。这叫什么呀？顺应天地之道。我们自然就会得天地护佑，那你这个场能也就正了。你一旦出位以后，你这个场能就不正了，你肯定出问题了。

我给大家教的这个方法，就是回归本位。我的本位就是，做好儿子，做好丈夫，做好父亲。我都在本位里面做事，我肯定就有福了。一出位就没福了，所以，我们不要做出位之人。

那做事情也要这样，不违背伦理道德，不违背国法，那你就没出位。你违背伦理道德，违背国法，就出位了。出位以后，受到谴责，受国法制裁了，自己招的，自己设计的。

所以，男女要相互设计，把自己设计成有福之人。你真要到这一天，我告诉你，你真就会心想事成，你天天高兴得很。

▪ 平安发财求自己，人生都要求自己，求别人都没用

我就从我们整个家族里面，我明白了道，我不犯，改正就好了。

我讲的内容，实际就是运气与伦常的关系。你亏了哪一道，那你就会导致运气不好，命运不好。

行为是导致运气不好的原因。这种行为导致你的运气不好，导致人生不好。

现在很多人都要趋吉避凶，都是为了求吉祥、求平安，让子女幸福，让自己家里人平安。那平安要求自己，发财要求自己，人生都要求自己，求别人都没用。

所以我说：我们自己要给自己设计幸福人生、快乐人生。这个了不得，反正我用这方法，这十几年，心想事成，那真是没有不成的。

▪ 我讲的所有内容，都是为了把自己变成一个好人

我经常在讲：坏人坏自己，好人好自己，修行修自己，这叫修行。我们自己把自己变好，我所讲的所有内容，实际都是为了把自己变成一个好人。一定要这么做，真做真干真受益。那你不干，肯定是没有用，真的是这样。

谁都想找运气，找改变运气的好方法，我给大家讲过：眼睛改变运气，就是微笑；嘴巴改变运气，说圣贤教诲；耳朵改变运气，不听是非；行为改变运气，不做恶事；心改变运气，常起感恩心。

你把你身体的所有的工具，变成正能量，你就把运气变了。

人生如何设计？眼睛，我把它设计成元宝眼，不行吗？嘴巴，把它设计成圣贤嘴，不行吗？耳朵，把它设计成只听圣贤教诲，不行吗？我的行

为端正，不染恶习，心存感恩，常思人恩德，想人好处。你看，我只需要把我的身体设计一下就行。

▪ 常为他人着想，就是最上等的运气

要不我说：人想做善事很容易。开车的，做善事也容易，别人着急，你让他一让，一天让三次，三件善事过去啦。那说不定别人开车着急，是家里孩子放学了，是不是，是家里有病人，是不是。

要不我说：常为他人着想，就是最上等的运气，也是最高等的学问。只要内求，不需要外求啊！

我过去在家里不爱笑，今天开始，我就笑，见谁都乐，这也是一种布施，不需要花钱。耳朵，我只听圣贤教诲，不听是非，我就不会生气，我就不会装垃圾。

你想想，只有人会笑，你为啥不笑？你不笑，不和动物一样了吗，是不是？

耳朵本来听圣贤教诲呢，别人一说是非，你马上听见了，一说黄色的段子，你马上记住了。你把耳朵这个有用的工具，变成废物了，变成招祸的病根了。

嘴巴本身，好说也是说，坏说也是说。你为什么非要坏说？招气，招祸。我们好说，就完了嘛。

行为本身，能捡垃圾为善，你非要扔垃圾招祸，是不是？无非就是改变一下。

要不我说：改变运气命运，就这么简单。过去的种种不善，变成现在的善，就完了嘛。实际效果就这么简单，就这么有效。

你用这种方法，家庭和乐，社会和乐，工作团体全部和乐。不说别的，光你这一个微笑都不得了。要不我说：微笑是这个世界上最灿烂美丽的花朵。一个女的，一个男的，你穿得再名牌，我告诉你，无非别人说你

土豪。你看，你灿烂一笑，了不得呀，立即就拉近了你和对方的距离，化解了你和对方的矛盾。就这么简单，改变一下就行，这就是效果啊。

▪ 运气的核心是三和，三和万事兴

很多人说运气学复杂得很，我说：运气学没那么复杂。

你看，我不讲八字，也不讲什么属相，我就讲什么呀，就两条和——家和万事兴，和气生财。再加个第三条——和为贵。

一和就贵啦！跟父母和，夫妻和，和兄弟姐妹和，和同事和，和老板和，和领导和。你看，他都和，大家都是你的贵人了。

你看，你一和，生财了。家和，就万事兴了，以和为贵呀。就这三个和，你抓到手里面，我告诉你，心想事成，福禄寿齐啊。

很多老板，挣一大堆钱，出事生病被抓。和气生财，他没和气，这个财是争来的，抢来的。我们看到很多开发商，把老百姓撵走，房给人拆了，要不把人家饭店推了，这个财就是凶财。它不是和气生财，他是不择手段生的这个财。

你要与人失和，挣来的钱，我告诉你，这个财也是凶财啊。

所以我们古人讲的东西，就是和合文化。人与天和，人与地和，人与人和。你要与财和，你看，家和万事兴，讲的就是内德，我们跟家里人如何去和？你和家里要是内德一和，你万事都兴了。

你要是和你爸妈不和，和你妻子不和，和你丈夫不和，和你孩子不和，告诉你，你外面所有的事情，绝对不兴旺。

我们跟所有人要是都能和上，我告诉你，了不得啊。

所以我讲的所有的运气，里面的核心就是三和。你今天出的事，得的病，出的任何事情，我告诉你，你就在这三和里面，你找吧。

家和万事兴，和气生财，以和为贵。如果都能和合，那你这一生，好命、好运、好福，真是这样啊。

好，全部课就讲到这里，谢谢大家。